RADIODIAGNOSTICO Y RADIOTERAPIA

Las radiaciones al servicio de la medicina

Alvaro Tucci Reali

Radiodiagnóstico y Radioterapia
Alvaro Tucci Reali

Cubierta: Paul Tucci K.

ISBN: 978-1-4716-6972-9

Reservados todos los derechos
© Alvaro Tucci Reali. 2012
Published by Lulu

Agradecimientos

A mi hija, Dra. Sonia A. Tucci K., por su aporte en la corrección de algunos aspectos relacionados con la ciencia médica.
A mi hijo, Ing. Paul E. Tucci K., por su infinita paciencia en esclarecer mis enormes dudas relacionadas con la informática.
A mi esposa, preocupada por limitar mis largas horas frente al computador, y finalmente a mi hijo Dr. Kay A. Tucci K., por sus valiosas sugerencias.

INDICE

Presentación 9
Notas del autor 10
Introducción 12

CAPITULO 1
Radiaciones Ionizantes 17
    Radiaciones 18
    Radiaciones ionizantes 20
    Radiobiología 28
    Transferencia Lineal de Energía 33
    Radiosensibilidad 34
    Efectos biológicos 39
    Referencias 43

CAPITULO 2
Rayos X 45
    Naturaleza de los rayos X 49
    Propiedades 50
    Generación de rayos X 52
    Unidades y dosis de radiación 55
    Tubo de rayos X 56
    Equipo de rayos X 66
    La radiografía 74
    Intensificador de imagen 77
    Fluoroscopia 80
    Angiografía 86
    Mamografía 94
    Radiología digital 99
    Referencias 105

CAPITULO 3

Tomografía Computada **109**
    Atenuación de los rayos X 113
    Tipos de escáner 114
    Configuración de adquisición 121
    Componentes de un tomógrafo 125
    Adquisición y procesamiento de datos 128
    Unidades de Hounsfield 133
    Definiciones 136
    Estudio tomográfico 137
    Referencias 140

CAPITULO 4

Medicina Nuclear **143**
    Radioactividad 145
    Isótopos radioactivos 156
    Procesos radioactivos 164
    Producción de radioisótopos 167
    Detectores de radiación 170
    Radioimágenes 173
    Cámara gamma 176
    SPETC 181
    PET 185
    PET/CT y PET/MRI 189
    Gammagrafía ósea 190
    Gammagrafía renal 193
    Gammagrafía tiroidea 196

Apéndices

    Medicina nuclear 199
    Serie de desintegración del U-238 201
    Isótopos en medicina 202
    Referencias 203

CAPITULO 5
Densitometría Osea 207
    El sistema esquelético 207
    Osteoporosis 209
    Densitometría ósea 211
    Técnicas densitométricas 215
    Densitometría periférica 225
    Densitometría cuantitativa computarizada 227
    Interpretación de los resultados 229
    Composición Corporal 232
    Referencias 237

CAPITULO 6
Radioterapia **241**
    Historia de la radioterapia 244
    Tipos de radioterapia 247
        Radioterapia externa 248
        Radioterapia interna 249
        Radioterapia sistémica 256
    Bomba de cobalto 256
    Acelerador lineal 258
    Procedimientos de radioterapia externa 265
        Radioterapia conformada en 3D 266
        Radioterapia con intensidad modulada 267
        Radioterapia guiada por imagen 270
        Radioterapia con electrones 272
        Tomoterapia helicoidal 273
        Radioterapia estereotáctica 276
    Conceptos físicos 280
    Fundamentos físicos de la aceleración lineal 285
    Componentes del acelerador lineal 289
    Sala de tratamiento o bunker 296
    Referencias 298

Otros títulos del autor
    Instrumentación biomédica 303
    Obtención de imágenes médicas 304

PRESENTACION

El Ingeniero en Electrónica, Telecomunicaciones y Electricista Alvaro Tucci Reali es Profesor Titular de la Facultad de Medicina de La Universidad de Los Andes. Tiene acreditados y destacados conocimientos adquiridos en su andar por instituciones extranjeras y venezolanas: The Northern Polytechnic de Londres, la Universidad de Los Andes y en el Instituto Venezolano de Investigaciones Científicas (IVIC). Es maestro, escritor de textos de apoyo docente, e inquieto desarrollando y construyendo instrumentos electrónicos; gran parte de ellos dedicados la investigación y a la enseñanza médica y biológica. También abordó los problemas de reparación y mantenimiento de equipos de investigación y docencia.

Ante las necesidades existentes en torno al conocimiento de la tecnología aplicada al área de la medicina, este texto constituye un aporte importante. Actualmente, para combatir las dolencias humanas observamos que diversas ramas de la ciencia como la física, la química, la electrónica y la computación participan en el diagnóstico y la terapia. En esta oportunidad, el se preocupó por narrar en forma exquisitamente sencilla sus experiencias y percepciones. En esta publicación, enfoca los principios físicos de los diferentes recursos actuales para el radiodiagnóstico y la radioterapia. Allí, se pasea pedagógicamente desde los Rayos X hasta recursos más reciente como la tomografía computada, la medicina nuclear, la densitometría ósea y la radioterapia, es decir, el empleo de las radiaciones ionizantes que acuden al servicio de la medicina.

                    Gustavo Alfredo Espinoza
                    Profesor Titular de la Facultad de Medicina
                    Universidad de Los Andes

NOTAS DEL AUTOR

El radiodiagnóstico y la radioterapia son procedimientos rápidos, limpios, seguros, no invasivos o mínimamente invasivos que se han utilizado en forma continua desde el descubrimiento de las radiaciones ionizantes hasta la actualidad.

Las radiaciones ionizantes irrumpieron el las practicas médicas tan pronto como fueron halladas. Los rayos X fueron descubiertos por el científico Wilhelm Röntgen y la radiactividad por Antoine Henri Becquerel y los esposos Curie en la última década del siglo XIX.

Inicialmente se emplearon, sin conocer exactamente sus «mecanismos de acción», para diagnosticar fracturas y tratar tumores superficiales. Actualmente el radiodiagnóstico ha incrementado su campo de acción. Los rayos X se utilizan en procedimientos diagnósticos como fluoroscopia, angiografía, mamografía, estudios tomográficos en sus diferentes modalidades y densitometría ósea.

Las radiaciones nucleares, aparte de ser utilizadas para irradiar células cancerosas, han dado origen a instrumentos tan valiosos coma la gammacámara, SPETC y PET, que por medio de sus imágenes suministran información funcional de diversos órganos.

Finalmente, las radiaciones generadas por el acelerador lineal junto a la quimioterapia son utilizados para combatir neoplasias.

Las imágenes de las estructuras internas suministradas por estos equipos aportan valiosos detalles para que el médico pueda llegar al diagnóstico acertado y documentado.

Este libro, expone en forma sencilla y amigable una visión general de cómo se generan y se emplean las radiaciones ionizantes, y los principios físicos y fisiológicos que los equipos médicos utilizan para generar imágenes diagnósticas.

Aunque está principalmente dirigido a médicos, ingenieros, estudiantes y técnicos, por su forma sencilla de presentarlo, puede ser útil a cualquier persona interesada en el tema. Podría ser considerado como el primer contacto con estas modernas tecnologías, y, por tal motivo, probablemente no llenará las expectativas del especialista que quizás tenga que recurrir a publicaciones más especializadas.

El narrar hechos históricos, lugares y nombres de prominentes científicos, tiene el propósito es describir los acontecimientos y las obras relevantes que marcaron hitos. Esto no significa que los fantásticos avances científicos sean debidos únicamente a sus loables esfuerzos. El desarrollo es consecuencia del trabajo de muchos; se construye día a día, paso a paso, y cuando el progreso científico se cruza con el tecnológico, llega el momento en que los acontecimientos permiten dar el siguiente paso.

Alvaro Tucci R.
email: atucci@ula.ve

INTRODUCCION

La imagen se emplea para representar un objeto, una persona, un órgano o una estructura. La imagen médica, al presentar aspectos internos del cuerpo sin tener que recurrir a la cirugía abierta, suministra importantes datos diagnósticos y dota al facultativo de poderosas herramientas de apoyo en su actividad clínica. La imagenología médica utiliza una serie de técnicas que producen imágenes del interior del cuerpo. Los rayos X, la tomografía computada, la ecografía, la endoscopia, los estudios de medicina nuclear y la resonancia magnética, son los principales métodos utilizados en la actualidad. En tanto que la radioterapia se implementa por medio de radiaciones provenientes de radioisótopos o provenientes de un acelerador lineal de electrones.

Radiografía Los rayos X fueron las primeras radiaciones utilizadas para producir imágenes. La imagen, llamada *radiografía*, es la representación plana de los órganos internos de una zona anatómica. Cada tipo de tejido absorbe cantidades distintas de radiación, por lo que en la placa radiográfica se crea una imagen que reproduce la absorción relativa de cada tejido. Debido a su bajo costo, alta resolución, y en ciertas aplicaciones por la baja dosis de radiación a que se somete el paciente, la radiografía es el método de diagnóstico por imagen de uso más frecuente.

Existen dos formas de presentar la imagen: la radiografía y la fluoroscopia. La radiografía determina, por ejemplo, el tipo y extensión de una fractura, los cambios patológicos en los pulmones y, mediante el suministro de un medio de contraste, se pueden examinar órganos huecos como el estómago e intestinos. La fluoroscopia produce imágenes en tiempo real que aparecen sobre una pantalla fluorescente, utilizando un flujo continuo de rayos X. Normalmente para mejorar la imagen se utilizan medios de contraste radiopacos como el bario, el yodo o el aire. Puesto que la fluoroscopia proporciona información en tiempo real, es también empleada en procedimientos guiados por imágenes.

Angiografía La angiografía permite observar el flujo sanguíneo en los vasos con el fin de localizar coágulos u otra obstrucciones. Para visualizar el movimiento de la sangre en los vasos se emplean los rayos X y material de contraste. La angiografía cardíaca, por ejemplo, permite observar la circulación en el corazón, así mismo se puede examinar la circulación en riñones, pulmones, cuello, cerebro, hígado, arco aórtico y extremidades.

Tomografía Axial Computada (TAC) Es un método de diagnóstico que, mediante el empleo de los rayos X, permite obtener imágenes anatómicas de una sección o corte del cuerpo con contraste adecuado para distinguir los diferentes tejidos blandos. La imagen plana del corte puede examinarse individualmente o «ensamblarse» para reproducir el órgano en estudio en forma tridimensional. El examen de la vascularización cerebral, por ejemplo, posibilita localizar estrecheces, obstrucciones arteriales y la caracterización de ciertas malformaciones vasculares o aneurismas. En el abdomen, facilita el análisis de los vasos más importantes, permite visualizar en forma muy precisa las arterias renales, y en las coronarias, detecta la presencia de cambios ateroscleróticos. También es empleada para guiar procedimientos destinados a obtener muestras de tejidos, aspirar líquidos, eliminar pequeños tumores e infecciones localizadas.

Imagenología mamaria Comprende varios procedimientos de exploración destinados al estudio de enfermedades benignas y a la detección precoz del cáncer. Los exámenes más frecuentes son la mamografía, la eco tomografía y la resonancia magnética. La mamografía es el estudio de las mamas mediante los rayos X.

Medicina Nuclear Es la especialidad médica que emplea isótopos radioactivos, llamados radionúclidos o radiofármacos, con fines diagnósticos o terapéuticos. Para el diagnóstico, se suministra al paciente una pequeña dosis de material radiactivo fácilmente absorbido por tejidos biológicamente activos, como los tumores o punto de fractura de los huesos. Una vez absorbido el radionúclido, se mide la radiación emitida por medio de una Gamma Cámara que produce una imagen llamada *cintigrafía o cintigrama*. La cintigrafía revela la forma, dimensiones, estructura y el funcionamiento de ciertos órganos.

El cintigrama óseo, por ejemplo, detecta cambios en el metabolismo del hueso antes que pueda determinarse por otros métodos. La linfocintigrafía estudia la dirección del drenaje linfático de un tumor hacia los ganglios; su localización ayuda al cirujano a extraerlo, examinarlo y determinar si está comprometido o libre de enfermedad. Los radionúclidos, administrados para el tratamiento o para aliviar los síntomas de ciertas enfermedades reducen su severidad, disminuyen el dolor y su avance, y mejoran la calidad de vida del paciente, sin pretender curarlo completamente.

Tomografía por emisión de positrones La tomografía por emisión de positrones o PET (Positron Emission Tomography) mide parámetros fisiológicos tales como el flujo sanguíneo, el uso de oxígeno y el metabolismo del azúcar. Emplea un isótopo de vida media corta, el F-18, que incorporado a una sustancia como la glucosa, es absorbido por el tejido. Para evitar el traslado del paciente, los escáner PET se sitúan normalmente adyacentes a los escáner TAC.

Las imágenes detectadas por el escán PET pueden ser analizadas conjuntamente con las imágenes del resto de la anatomía suministrada por la TAC. Los estudios por PET y PET/TC se llevan a cabo con el fin de detectar tumores y determinar si se han diseminado, evaluar la eficacia del tratamiento, medir el flujo sanguíneo en el músculo cardíaco y definir las áreas que se beneficiarían mediante la angioplastia o un bypass coronario. También se utilizan para valorar anomalías cerebrales, trastornos de memoria, epilepsias y otras enfermedades del sistema nervioso central.

Densitometría ósea La densitometría ósea es una técnica diagnóstica que utiliza rayos X u otras radiaciones para medir la densidad mineral de los huesos. Es el principal método utilizado para evaluar la osteoporosis, ya que permite detectar la enfermedad en su etapa precoz y valorar la respuesta al tratamiento. Los resultados densitométricos indican la salud ósea, y a lo largo del tiempo permiten evaluar de la pérdida o recuperación de la masa ósea y determinar el riesgo de fractura.

La densitometría explora con dosis bajas de rayos-X todo el cuerpo o parte de él, tomando una radiografía principalmente en la región lumbar de la espina dorsal y la cadera. También existen aparatos menos sofisticados que permiten medir la densidad ósea en la muñeca o en el talón.

Composición corporal La composición corporal es una medida del porcentaje de grasa, hueso y músculo presente en el cuerpo. Su análisis permite valorar estado nutricional del paciente. La alteración de las proporciones de grasa, hueso y músculo puede dar origen a algunas enfermedades crónicas, y hasta determinar el grado de aceptación social, por lo que su detección temprana permite adoptar medidas correctivas.

La composición corporal puede medirse de varias formas, sin embargo, la resonancia magnética y tomografía son actualmente los método más precisos conocidos hasta ahora. La alimentación, el ejercicio y el envejecimiento tienen consecuencias importantísimas en la composición corporal de una persona.

La información obtenida de la composición corporal puede resultar valiosa para el tratamiento de ciertas enfermedades como obesidad, anorexia, fibrosis quística, e insuficiencia renal crónica.

Radioterapia La Radioterapia es un tipo de tratamiento que utiliza radiaciones ionizantes de alta energía para destruir células cancerosas, evitando que crezcan, se reproduzcan y se propaguen. En consecuencia interrumpe el crecimiento de los tumores y se reduce su tamaño. Más de la mitad de las personas con cáncer son tratadas con radioterapia y a veces es el único tipo de tratamiento que se necesitan.

La radioterapia puede administrarse de dos maneras:
- Radioterapia externa: cuando una máquina fuera del cuerpo dirige la radiación a las células cancerosas.
- Radioterapia interna: cuando la radiación se introduce dentro del cuerpo, en las células cancerosas o cerca de ellas.

A veces el paciente recibe ambos tipos de radioterapia.

CAPITULO 1

RADIACIONES IONIZANTES

Las radiaciones ionizantes se utilizaron a partir de 1895 cuando Wilhelm Roentgen produjo por primara vez los rayos X. Con ello nace la radiología diagnóstica, una de las disciplinas más jóvenes, pero convertida en pilar fundamental de la medicina moderna. En la mayoría de los paises, la radiología fue ejercida conjuntamente con la terapéutica de radioterapia.

A pesar de la precipitada opinión del genial Royo Villanova, que escasamente un año después del descubrimiento de Roentgen afirmaba: *« Ni los Rayos X acusan una novedad tan grande como se cree, ni mucho menos representan para la medicina un descubrimiento tan útil como se piensa, porque no llegarán a obtenerse retratos del cerebro dentro del cráneo, de los pulmones dentro del tórax, ni de las vísceras abdominales dentro de la pelvis»*

En el año 1903, a raíz del descubrimiento de la radiactividad por Antoine Becquerel, también se empezaron a emplear las radiaciones ionizantes procedentes de los núcleos atómicos de los materiales radiactivos naturales. Después de algunos años, en 1933, los esposos Frederic Joliot e Irene Curie incorporaron los radionúclidos artificiales como productores de radiaciones ionizantes. ¿Pero que son las radiaciones y las radiaciones ionizantes?

RADIACIONES

Se entiende por radiación, la propagación de energía en el vacío o a través de un medio material de ondas electromagnéticas o de partículas subatómicas. Algunas de las radiaciones electromagnéticas son la luz visible, los rayos ultravioleta (UV) y los rayos gamma. Dichas radiaciones no involucran el transporte de materia; mientras que en la *radiación corpuscular* la energía la transmiten las partículas subatómicas que se mueven a gran velocidad, como los electrones, neutrones o partícula alfa; y por tanto está involucrado el transporte de materia.

La luz visible procedente del sol es radiación electromagnética, su longitud de onda está comprendida entre los 390 nm, en el extremo del violeta, y los 780 nm, en el extremo del rojo. El color blanco es la combinación de todos los colores básicos de la luz visible en la misma proporción de la luz solar. Un nanometro es la milmillonésima parte del metro ($1m = 10^9 nm$), el Angstrom es diez veces menor ($1\ m = 10^{10} A$).

Las radiaciones con longitud de onda inferior al violeta son las ultravioleta (UV), los rayos X, los rayos gamma y ciertos rayos cósmicos. Las radiaciones de longitud de onda superior al rojo son las infrarrojas (IR), las microondas, las ondas de radio y TV. La longitud de onda de las radiaciones se extiende desde los nanometros, en el caso de la radiación gamma, hasta en las ondas de radio que llegan a medir cientos de metros.

Radiación Electromagnética

La radiación electromagnética es la combinación de campos eléctricos y magnéticos oscilantes que se propagan tanto por el espacio vacío como en un medio material. El físico escocés, James Clerk Maxwell (1831-1879) es conocido principalmente por haber formulado la *Teoría Electromagnética*. Asoció varias ecuaciones, actualmente denominadas *Ecuaciones de Maxwell*, de las que se desprende que la variación de un campo eléctrico genera un campo magnético, y la variación del campo magnético genera un campo eléctrico. Es decir, dos campos perpendiculares entre sí que se generan mutuamente y se propagan a la velocidad de la luz ($c = 299.792,458\ Km/seg$) en el vacío, en dirección perpendicular a las oscilaciones de los campos.

James Maxwell

Maxwell fue una de las mentes matemáticas más brillantes; muchos físicos lo consideran el científico del siglo XIX que más influencia tuvo sobre la física del siglo XX. Su trabajo sobre electromagnetismo ha sido llamado la «*segunda gran unificación de la física*», después de la primera que le corresponde a Sir Isaac Newton.

Su teoría, sugirió la posibilidad de generar ondas electromagnéticas en el laboratorio, hecho que corroboró Heinrich Hertz en 1887, ocho años después de la muerte de Maxwell, lo que posteriormente supuso el inicio de la era de la comunicación inalámbrica. En la comunicación inalámbrica o sin cables, la transmisión se efectúa por medio de ondas electromagnéticas que se propagan por el espacio, lo que hizo posible el desarrollo de la radio, la televisión, la telefonía, la informática y la comunicación satelital.

La radiación electromagnética puede considerarse como la radiación de «paquetes de energía» o *cuanto*, llamados *fotones*. El fotón no tiene masa, viaja en el vacío a una velocidad constante «c», y presenta propiedades corpusculares y ondulatorias (dualidad onda-corpúsculo). Se comporta como una onda en fenómenos como la refracción que tiene lugar en una lente; y se comporta como una partícula cuando interacciona con la materia al transferir una cantidad fija de energía.

La discusión sobre la naturaleza de la luz se remonta a la antigüedad. En el siglo XVII, Newton se inclinó por la interpretación corpuscular de la luz, mientras que sus contemporáneos Huygens y Hooke apoyaban la hipótesis ondulatoria. La creencia de estos dos científicos fue reforzada por los experimentos de interferencia, como el realizado por Young en el siglo XIX, que confirmaron el modelo ondulatorio de la luz.

La idea de la luz como partícula, retornó con el concepto moderno del fotón desarrollado gradualmente entre 1905 y 1917 por Albert Einstein, quien se apoyó en trabajos anteriores de Plank en los cuales se introdujo el concepto de *cuanto*. El modelo del fotón, permitió explicar las observaciones experimentales que no encajaban con el modelo ondulatorio clásico. En particular, este modelo explicaba cómo la energía de la luz depende de su frecuencia.

La energía del fotón «E» es dada por la expresión:

$$E = h\,f$$

donde «f» es la frecuencia de oscilación de la onda y «h» es la Constante de Plank, igual a $4.13566733(10) \times 10^{-15}$ eV.s. La longitud de onda «λ» y la frecuencia están relacionadas por la constante «c», la velocidad de la luz en el en el vacío:

$$c = \lambda\,f$$

Según la relación de Plank, a mayor longitud de onda menor energía. En el caso de la luz visible, la energía transportada por un fotón es de unos 4×10^{-19} joules; la cual es suficiente para excitar la retina.

RADIACIONES IONIZANTES

La radiación electromagnética puede ser ionizante o no ionizante. Si la radiación transporta suficiente energía para provocar ionización en el medio que atraviesa, se dice que es ionizante; en caso contrario no lo es. Dentro de las radiaciones ionizantes se encuentran los rayos X y gamma, las partículas alfa y beta, ciertos rayos cósmicos y parte del espectro de la radiación UV. Por otro lado, las ondas de radio, TV o de telefonía móvil, las ondas de calor y la luz visible, son algunos ejemplos de radiaciones no ionizantes.

La ionización es el proceso mediante el cual se producen iones. Los iones son átomos o moléculas cargadas eléctricamente, debido a que poseen un exceso o una falta de electrones respecto a un átomo o molécula neutra. El poder de ionización es directamente proporcional a la energía de la radiación, sea esta un fotón o una partícula y es independiente de la naturaleza corpuscular u ondulatoria de la radiación.

Los fotones, para que sean ionizantes deben tener suficiente energía para ionizar la materia. Según su origen y su energía se clasifican en rayos X, rayos gamma y algunas radiaciones cósmicas. La radiación corpuscular ionizante incluye a las partículas alfa (núcleos de Helio), beta (electrones y positrones de alta energía), protones, neutrones y partículas, que sólo están presentes en los rayos cósmicos o se producen en aceleradores de muy alta energía.

Las radiaciones ionizantes interactúan con la materia viva produciendo diversos efectos. Del estudio de esta interacción y de sus efectos se encarga la radiobiología. Los seres humanos no poseemos ningún sentido que perciba las radiaciones ionizantes, sin embargo, existen diversos tipos de instrumentos que las pueden detectar y medir.

Las radiaciones ionizantes, al interactuar con los tejidos pueden lesionar y destruir las células, especialmente las cancerosas; al alterar su material genético hacen imposible que crezcan y se dividan. Pueden utilizarse para tratar la mayor parte de tumores sólidos; entre ellos los cánceres de cerebro, seno, cérvix, laringe, pulmón, páncreas, próstata, piel, espina dorsal, estómago, útero o sarcoma de tejidos blandos. Las radiaciones pueden también usarse para tratar leucemias y linfomas. Actualmente se estima que alrededor del 50% de los pacientes con cáncer reciben algún tipo de radioterapia. La medicina, es el área que más se ha beneficiado con las propiedades de la radiaciones ionizantes.

Rayos X y rayos gamma

Los rayos X y los rayos gamma son las radiaciones más empleadas con fines diagnósticos y terapéuticos. Los rayos X son radiaciones electromagnéticas cuya longitud de onda esta comprendida entre 10 nm y 0,1 nm, lo que corresponde a frecuencias en el rango de $30 \cdot 10^{15}$ hasta $3.000 \cdot 10^{15}$ Hz.

Hace algo más de un siglo, el científico alemán Wilhelm Röntgen descubrió un tipo de radiación que tenía la propiedad de penetrar los cuerpos opacos, crear una impresión en una placa fotográfica y provocar fluorescencia en algunos materiales, y por desconocer su naturaleza los llamó rayos X.

Cuando los rayos X interactúan con la materia en parte son absorbidos y en parte transmitidos; esta característica hace que sean utilizados en medicina con fines diagnósticos, como en el caso de radiografías, angiografías y tomografías, y con fines terapéuticos en la radioterapia.

Con referencia a su energía, los rayos X se encuentran ubicados entre la de la radiación ultravioleta y la radiación gamma. La energía de las radiaciones utilizadas en medicina está comprendida entre algunas decenas y unos cientos de kiloelectronvoltios (KeV), alcanzando incluso las decenas de megaelectronvoltios (MeV) en los aceleradores lineales.

La emisión gamma es una radiación electromagnética proveniente del núcleo de un elemento, o procedente de procesos subatómicos como la aniquilación de un par positrón-electrón, o también es producida en fenómenos astrofísicos. La energía de los rayos gamma se mide en MeV. Los rayos gamma tienen una longitud de onda comprendida entre 0,1 nm a 1 nm, lo que corresponde frecuencia de $0,3 \cdot 10^{18}$ hasta $3 \cdot 10^{18}$ Hz.

Debido a la alta energía, tanto los rayos gamma, y en menor grado los rayos X, poseen poder ionizante. Ambos son capaces de penetrar tejidos profundos y causar daño en el núcleo de las células, pudiendo producir alteraciones en el ADN.

No existe una marcada diferencia entre la energía más elevada de los rayos-X y la energía más baja de los rayos gamma; de hecho, en esta zona se solapan. La diferencia entre los rayos X y los rayos gamma se basa en el origen de la radiación y no en su energía. Los rayos gamma proceden de los núcleo de los átomos radiactivos, mientras que los rayos X surgen de fenómenos extranucleares a nivel de las órbitas electrónicas, fundamentalmente producidos por desaceleración de electrones.

INTERACCION DE LA RADIACION CON LA MATERIA

Una de las características de las radiaciones, ya sean corpusculares o electromagnéticas, es la capacidad de penetrar los medios materiales y crear en ellos fuerzas de atracción o repulsión con sus átomos. El resultado es una modificación de su trayectoria y/o pérdida de energía que es absorbida por el medio. Si no se produce ninguno de estos fenómenos, se dice que no se ha producido interacción.

Al fenómeno de interacción se le suele llamar «colisión», lo cual no implica contacto físico entre partículas, sino expresa la situación en que interactuan durante un tiempo muy breve.

En ese lapso, aparecen fuerzas entre cargas eléctricas que producen ionización o excitación atómica. Como resultado, la radiación incidente pierde energía y acaba por ser absorbida por el material. La interacción entre la radiación y la materia es de naturaleza aleatoria, emplea distintos mecanismos cuyas probabilidades de ocurrencia dependen del tipo de radiación, su energía y del medio donde interactúa.

El conocimiento de estos mecanismos es fundamental para comprender los sistemas de detección, la medición de las radiaciones y sus efectos, especialmente cuando la interacción es con un medio biológico.

IONIZACION ATOMICA

En el modelo atómico de Bohr los electrones orbitan alrededor del núcleo, a cada órbita le corresponde una nivel energético equivalente a la energía que hay que suministrar a los electrones pertenecientes a dicha órbita para separarlos del átomo.

Mientras el electrón se mueve en cualquiera de esas órbitas no emite ni absorbe energía, sólo lo hace cuando cambia de órbita. Cuando pasa de una órbita externa a una interna, la diferencia de energía entre ambas órbitas se emite en forma de radiación electromagnética. Si pasa de una orbita interna a una externa, absorbe la energía equivalente a la diferencia de energía que existe entre las dos órbitas.

Un átomo se encuentra en estado de mínima energía cuando la suma de los electrones en las órbitas es igual al número de protones en el núcleo y además todos ocupan los menores niveles de energía permitidos (o mayor energía de enlace).

Si mediante algún mecanismo se suministra a un electrón energía mayor o igual a la energía de enlace, será «expulsado» de la órbita y quedará libre. El átomo, al perder una carga negativa, queda ionizado y se genera un par ionico; el átomo se convierte en un ion positivo con carga (+1) y el electrón libre con carga (-1). En la órbita donde se encontraba el electrón se produce una vacante que es llenada por un electrón de una órbita superior. La vacante generada por el segundo electrón es llenada por otro de nivel superior y así sucesivamente. Al final, todos los electrones quedan ocupando los niveles mínimos de energía permitida.

El «salto» de un electrón de una órbita externa a otra interna sólo se produce si se emite un «paquete de energía electromagnética» igual a la diferencia de energías entre las dos órbitas. Como la energía emitida es propia de cada elemento, recibe el nombre de *energía característica*.

En ocasiones, la energía electromagnética emitida no abandona el átomo, sino es absorbida por un electrón en una capa externa dando lugar a su expulsión. Los electrones así expulsados reciben el nombre de *electrones Auger*. El átomo queda ionizado y tiende a capturar un electrón libre del medio en que se encuentra.

También se produce excitación atómica cuando la energía suministrada a un electrón no es suficiente para «expulsarlo del átomo», pero es suficiente para que cambie de órbita. En estas condiciones, el átomo queda excitado y busca estabilidad mediante la emisión de radiación electromagnética.

INTERACCION DE LOS ELECTRONES

La interacción de los electrones con los átomos da lugar a colisiones elásticas. Se dice que dos cuerpos experimentan colisión elástica cuando no sufren deformaciones permanentes durante el impacto y se conserva el momento lineal, es decir, la energía cinética del sistema. Las colisiones, donde la energía no se conserva y se producen deformaciones permanentes se denominan colisiones inelásticas. En la colisión se reparte la energía del electrón incidente con el átomo, pero debido a la gran diferencia de masa no se produce ningún desplazamiento, sólo el electrón sufre modificación en su trayectoria. La figura 1.1 muestra este tipo de interacción.

Al interferir un electrón con los del átomo, el electrón incidente pierde energía y produce excitación e ionización atómica.

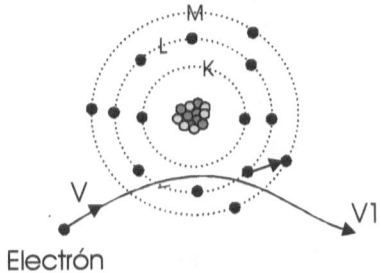

Figura 1.1. Interacción con los electrones del átomo

La figura 1.2 muestra la interacción de un electrón con un núcleo, la cual da lugar a una modificación importante de su trayectoria. La alteración de la trayectoria es debida a la fuerza de atracción ejercida por la carga eléctrica positiva del núcleo sobre el electrón.

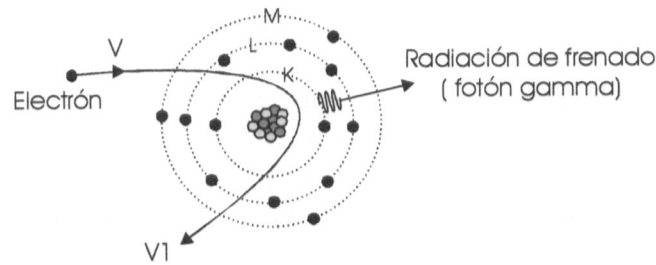

Figura 1.2. Producción de radiación de frenado.

La modificación de la trayectoria del electrón da lugar a la emisión de energía en forma de radiación electromagnética llamada *radiación de frenado o bremsstrahlung*. La radiación de frenado se manifiesta con la emisión de radiación gamma, cuya energía está comprendida entre cero y la energía del electrón incidente.

INTERACCION DE LA PARTICULA ALFA

La partícula alfa está formados por dos protones y dos neutrones, similar a un núcleo de helio. Por tratarse de una partícula «pesada» con masa de 4 uma y con dos cargas positivas, la partícula alfa interactúa con los átomos del material excitándolos e ionizándolos. Esto hace que pierda energía rápidamente y deje a su paso una estela de pares iónicos. Su trayectoria es una línea recta y su penetrabilidad es muy inferior a la de los electrones de igual energía. En promedio, la penetrabilidad de electrones con energía de 1 MeV en el aire en condiciones normales es de unos 330cm, mientras que las partículas alfa con la misma energía es de sólo 0,5cm. Un par iónico está formado por dos iones de carga opuesta que se mantienen unidos por atracción de Coulomb.

INTERACCION DE LOS FOTONES

La interacción de los fotones con la materia depende de su energía y de la naturaleza del medio. Por no tener carga no experimentan interacción electrostática, lo que hace que el fenómeno de interacción sea completamente probabilístico, pudiéndose dar el caso de que traspasen el medio sin alterarse y sin producirse interacción alguna. Cuando los fotones se propagan en un medio absorbente, la energía perdida por unidad de longitud se llama *pérdida específica de energía* y el número de pares de iones producidos por unidad de longitud la *ionización específica*.

La interacción de los fotones con la materia puede ocasionar efecto fotoeléctrico, efecto Compton y la formación de pares; y como se produce ionización, esta interacción es considerada ionizante. En el caso de fotones de baja energía, el proceso predominante es el fotoeléctrico, mientras que en el caso de fotones de alta energía predomina la producción de pares. Para cada proceso, el coeficiente de atenuación es diferente. Sin embargo, el concepto importante en la dosimetría para la radioterapia es el coeficiente de atenuación total.

1.- Efecto fotoeléctrico o absorción fotoeléctrica

Cuando un fotón de rayos X o gamma con suficiente energía interactúa con un átomo, un electrón puede ser expulsado de las capas internas. En la interacción, el fotón incidente «desaparece» y en su lugar se produce un fotoelectrón. La energía cinética del fotoelectrón más la energía de enlace que lo «ataba» a su órbita es igual a la energía del fotón incidente. Para que se produzca absorción se requiere que la energía del fotón incidente sea mayor o igual que la energía de enlace, si es mayor, la diferencia es igual a la energía cinética del fotoelectrón. El efecto fotoeléctrico ocurre principalmente cuando se absorben de rayos X de baja energía.

2.- Efecto Compton

El efecto Compton fue descubierto en 1923 por el físico estadounidense Arthur Hally Compton. Se produce cuando un fotón de alta energía choca con un electrón orbital, normalmente perteneciente a una capa externa, al que transfiere suficiente energía para «arrancarlo» del átomo. El resto de la energía aparece como un fotón disperso con mayor longitud de onda que el fotón incidente. Tal situación se muestra en la figura 1.3.

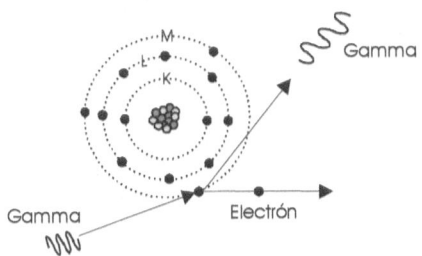

Figura 1.3. Interacción Compton

Ambas radiaciones son desviadas, formando un ángulo respecto a la trayectoria de la radiación incidente. A estas desviaciones, acompañadas por el cambio de longitud de onda, se conocen como *dispersión Compton*. El ángulo que forma la trayectoria del fotón disperso con la dirección del fotón incidente puede variar entre 0° y 180° y recibe el nombre de *ángulo de dispersión* (scattering angle). La forma en que se reparte la energía entre el electrón y el fotón depende del ángulo de dispersión. Después de esta interacción, los electrones se «reacomodan» y se produce la radiación característica.

3.- Formación de pares

La formación de pares ocurre especialmente cuando se irradian elementos pesados con fotones de alta energía. El núcleo del material absorbe el fotón y da origen a un electrón con carga negativa y otro con carga positiva o positrón. En este proceso se convierte la energía en masa. Para que se puedan generar pares se requiere que el fotón incidente tenga energía superior a 1,02 MeV, que es el doble de la energía correspondiente a la masa del electrón en reposo. El exceso se utiliza para impartir energía cinética a las dos partículas.

Seguidamente, tanto el electrón como el positrón ceden su energía mediante procesos de interacción de partículas cargadas con la materia. El electrón es absorbido en el medio, en tanto que el positrón «finaliza su existencia» combinándose con un electrón; se produce una reacción de aniquilación y aparecen dos fotones con energía 0,511 MeV cada uno que se propagan en sentido opuesto.

Interacción de los neutrones

Los neutrones interaccionan con los núcleos de la materia por medio de colisiones elásticas e inelásticas y producen activación y fisión. La activación es una interacción inelástica de los neutrones con los núcleos, mediante la cual el neutrón es absorbido generándose un isótopo diferente. El núcleo impactado se vuelve inestable y emite rápidamente una o más radiaciones gamma características (prompt gamma rays). En muchos casos, el nuevo núcleo radiactivo también se desexcita y decae emitiendo uno o más fotones gamma característicos. Esta nueva emisión se llama retardada (delayed gamma rays) y su producción depende de la vida media del nuevo elemento.

La fisión es la base del desarrollo de la energía nuclear, de los reactores nucleares y de la bomba atómica. Cuando el núcleo de uranio-235 es bombardeado con neutrones, se produce una violenta inestabilidad que hace que se divida en dos fragmentos aproximadamente iguales, hay pérdida de masa y se libera una gran cantidad de energía. La reacción en cadena es posible debido a que en la fisión se liberan neutrones capaces de causar nuevas fisiones.

RADIOBIOLOGIA

La radiobiología, estudia los efectos que producen en los seres vivos la absorción de energía procedente de las radiaciones ionizantes y no ionizantes. El efecto biológico de las radiaciones es estudiado por dos disciplinas: la protección radiológica y la radioterapia. La protección radiológica establece los procedimientos a seguir para utilizar en forma segura y proteger al hombre y otros seres vivos de los efectos nocivos de las radiaciones; en tanto que la radioterapia, valiéndose de los efectos dañinos de las radiaciones ionizantes, establece los procedimientos a seguir para atacar y destruir las células neoplásicas.

A finales del siglo XIX, los médicos ya habían observado que los rayos X parecían destruir células tanto normales como cancerosas. En 1896, Leopold Freund, un médico radiólogo austríaco considerado el fundador de la radiología y la radioterapia, los empleó por primera vez con fines terapéuticos para tratar una malformación en la espalda y cuello de un paciente; sin embargo, como efecto secundario se produjo una gran úlcera en el área tratada. Además Freund notó que la radiación había provocado la caída del pelo de uno de sus colaboradores, así que intentó tratar con rayos X un nevus piloso que cubría toda la espalda de un niño. En 1903 publicó el primer libro de texto sobre radioterapia.

El propio Becquerel, por llevar un tubo de ensayo que contenía radio en el bolsillo de su chaleco, se causó una quemadura en el vientre, y Pierre Curie se produjo deliberadamente una lesión similar en su antebrazo. Unos días después, Pierre Curie presentó una comunicación en la Academia de Ciencias Francesas que decía: «*La piel comenzó a enrojecer en una superficie de seis centímetros cuadrados; la apariencia es la de una quemadura, pero la piel no me dolía o me dolía muy poco. Al cabo de cierto tiempo, el enrojecimiento, aunque sin extenderse, se hizo más intenso. Al vigésimo día se formaron costras, luego una llaga que cubrimos con vendajes. El cuadragésimo segundo día, la epidermis comenzó a regenerarse por los bordes hasta llegar al centro. Cincuenta y dos días después de la acción de los rayos, queda aún en estado de llaga una superficie de un centímetro cuadrado, que adquiere un aspecto grisáceo, indicando una lesión más profunda*» (Eric J. Hall. Radiobiology for the radiologist J.B. Lippincott Company, 1988).

En 1901, Foveau de Courmelles, el creador de la palabra *radioterapia*, tras producirse una lesión similar con radio, describió las propiedades biológicas de este tipo de radiaciones como «químicas, penetrantes y destructivas». En 1899, un médico sueco reportó la curación del primer carcinoma, y así, los tratamientos exitosos obtenidos por medio de la radioterapia no habían hecho más que empezar.

Independientemente de la inmensa utilidad de los rayos X, para 1910 ya se sabía que la radiación producía efectos tan adversos en el organismo que podía dejarlo gravemente enfermo o hasta matarlo, se desconocía cómo actuaba la radiación, cuáles eran sus consecuencias y los daños que podía producir a largo plazo.

Gran parte de las disciplinas evolucionaron con los conocimientos acumulados durante largo tiempo por la ciencia, sin embargo, la radioterapia es una excepción a la regla. Se formó durante los últimos cien años a partir de estudios clínicos y conocimientos empíricos. Así, por ejemplo, los primeros tratamientos que se proporcionaban a principio de 1900 se suministraban en forma fraccionada, no porque se sabía que eran favorables para el paciente, sino porque los tubos de rayos X de la época se calentaban demasiado al suministrar una alta dosis de una sola vez. Así, se descubrió de forma empírica que al fraccionar la radiación se podían evitar las reacciones tardías en los tejidos sanos.

El hecho de que el fraccionamiento era beneficioso para el paciente se demostró con los experimentos realizados en las décadas de los 20 y 30 en París, donde al esterilizar los machos cabríos con una sola dosis de radiación se causaba daño a la piel del escroto. Por el contrario, al fraccionar la radiación y suministrarla a intervalos diarios durante cierto tiempo, se podía esterilizar el animal sin dañar su piel. Posteriormente, los testículos se utilizaron para simular un modelo tumoral y la piel como un tejido normal cuyo daño indicaba el límite de la dosis.

También se convino suministrar una fracción al día por 5 días a la semana, no porque se hubiera comprobado su efectividad, sino por la comodidad de irradiar al paciente una vez al día y descansar los fines de semana. También se determinó que la fracción estándar para muchos tumores estaba entre 1,6 y 2,5 Gy/día con una duración de 4 a 8 semanas, dado que estudios clínicos demostraron que con esta rutina el porcentaje de curación era aceptable y las secuelas y complicaciones relativamente pocas.

Una vez descubiertas estas modalidades, cada grupo las interpretaba y las aplicaba a su mejor saber y entender, de forma que proliferaron tratamientos muy disímiles. En un esfuerzo para estandarizar y comparar los distintos tipos de tratamientos y fraccionamientos, a partir de los años 40 aparecieron fórmulas matemáticas; surgieron las curvas de isoefecto (Strandquist 1944), la dosis nominal estándar NSD (Ellis 1971) y la ecuación linear cuadrática (Fowler 1980) entre otras.

Con la finalidad de comparar distintos resultados, Strandquist estudió durante cinco años diversos tipos de cáncer, relacionando la dosis total y el tiempo de tratamiento. Obtuvo una serie de líneas denominadas *curvas de isoefectos* que vinculaban el programa de tratamiento con los resultados clínicos. Con estas curvas, se establecieron programas que no superaban la tolerancia de los tejidos normales y tenían buenas posibilidades de controlar el tumor.

Así se determinó, que la tolerancia de un órgano es más dependiente de la dosis y del número de fracciones que del tiempo total de tratamiento. Por ejemplo, el tratamiento del cáncer de mama con irradiación externa con acelerador lineal de 6MeV, se realiza con dos haces tangenciales a la pared torácica paralelos y opuestos de forma que no se lesionan los órganos internos. La dosis a administrar es de 45 a 50 Gy con fraccionamiento convencional de 180 a 200 cGy/día. La dosis total oscila entre 4600 y 5200 cGy en un periodo de unas 5 o 6 semanas.

Se suponía que los blancos de la radiación podrían ser las proteínas, las membranas del núcleo, los organelos y la molécula ADN de las células, sin embargo, el efecto principal de la radiación produce alteración del ADN. En el caso de radiaciones de baja transferencia lineal de energía, como los rayos X, este efecto ocurre de manera directa cuando se ioniza la molécula de ADN y de manera indirecta al ionizar el agua, que es la molécula predominante en los tejidos. La ionización de las moléculas de agua que rodean el ADN origina radicales libres OH y H altamente reactivos, los cuales reaccionan con la molécula de ADN produciendo roturas en sus enlaces químicos. El efecto indirecto, cuya incidencia es del 70%, es la causa principal del daño a la molécula de ADN.

Debido a que el ADN es más sensible a la radiación, y que dicha molécula es la responsable de la división celular o mitosis, el efecto de las radiación es más evidente en células que están en proceso de replicación. Esto explica porque las radiaciones tienen efecto diferente en diferentes tejidos. Por ejemplo, en los tejidos de replicación rápida como la piel, mucosas o medula ósea, donde hay un alto índice de mitosis, la consecuencia de la radiación se evidencia por efectos como mucositis, epitelitis, citopenias. Estas manifestaciones agudas de la radiación, pueden observarse desde el comienzo del tratamiento hasta semanas después de terminado. Los tumores, en general, se comportan como los tejidos de replicación rápida.

En los tejidos de recambio celular lento, como el tejido conjuntivo, endotelio, estroma de órganos como, riñón, pulmón o sistema nervioso central, el efecto sólo se manifiesta a medida que se producen los recambios, lo que puede ocurrir meses o años después de ocurrida la irradiación.

Para combatir los diferentes daños en el ADN, las células disponen de varios «mecanismos de reparación». Se ha determinado que el tiempo mínimo para que ocurra la reparación es de 6 a 8 horas, por lo que el lapso entre las fracciones de irradiación debe ser mayor.

Cuando una determinada dosis de radiación, por ejemplo 2Gy, se suministra en dos fracciones de 1Gy con intervalo de 8 horas, se observa que la cantidad de células que sobreviven es mayor que si la radiación se administra de una sola vez. Esto significa que entre ambas dosis se produce reparación celular. Se verifica, además, que las célula sanas tienen mejor capacidad de reparar el daño subletal que las células tumorales. Esta es la gran ventaja del fraccionamiento de la dosis, lo cual proporciona una forma de eliminar los tumores sin dañar excesivamente los tejidos normales que lo rodea.

Se llama *daño subletal,* el que produce una dosis ligeramente inferior a la que ocasiona la muerte celular. Se considera que una célula está esterilizada cuando ya no puede replicarse, aunque esté morfológicamente intacta.

Estudios clásicos sobre la biología de la radiación incluyen la construcción de curvas de supervivencia. Las primeras curvas in vitro fueron realizadas por Puck y Marcus en 1956, quienes determinaron la supervivencia de células procedentes de un cáncer de cérvix tras exponerlas a diferentes dosis de radiación.

Estas curvas permitieron determinar que para cada tejido o tumor debe optimizarse el fraccionamientos; en algunos tumores es preferible emplear fracciones pequeñas, mientras que en otros las fracciones pueden ser mayores, pero en ambos casos debe administrarse el tratamiento completo y la dosis total.

TRANSFERENCIA LINEAL DE ENERGÍA

Para facilitar la comparación entre distintos tipos de radiación, se emplea el término *Transferencia Lineal de Energía o TLE* (LET, Linear Energy Transfer) que expresa la cantidad de energía media cedida por una determinada radiación en un determinado medio continuo penetrado por ella. Expresa la energía transferida por unidad de longitud, y su valor depende tanto del tipo de radiación como de las características del medio material por donde se propaga.

Los diferentes tipos de radiación: alfa, beta, neutrones, rayos X o gamma, tienen diferente TLE.

La energía cedida está relacionada directamente con la capacidad de penetración de la radiación. Por ejemplo, las radiaciones con alta TLE, como la radiación alfa, que tiene alto poder ionizante; perderá su energía rápidamente y no podrá atravesar grandes espesores. Por este motivo cederá una dosis alta a poca profundidad en el tejido.

Análogamente, la radiación con baja TLE, como los rayos X o gamma, provocan ligera ionización a lo largo de su recorrido, por lo que antes de haber perdido toda su energía, son capaces de atravesar un gran espesor del material. Por ello, la energía transferida por unidad de longitud en el medio en que se propagan es baja. Tipos diferentes de radiación tienen niveles diferentes de TLE.

La radiación X, gamma y electrones es de baja TLE, mientras que la radiación de neutrones, iones pesados y piones es de alta TLE. Esto explica el por qué es posible obtener protección de las partículas alfa con una simple hoja de papel y, sin embargo, es necesario un gran espesor de plomo u otro metal pesado para bloquear la radiación gamma. Es importante notar que la dosis no sólo dependen de la TLE; un haz de fotones muy energético puede depositar grandes dosis de energía. Cuanto mayor es la energía depositada, mayor es el número de células que mueren por sesión de radioterapia.

El daño producido en el cuerpo humano depende del tipo de radiación, de su intensidad y de la TLE. Mientras mayor sea la TLE, mayor es la ionización y por lo tanto mayor es el daño biológico. Para el tratamiento de lesiones cancerosas, se aprovecha precisamente la capacidad de lesionar de las radiaciones para atacar los tejidos malignos.

La interacción de la radiación con las células es una función de probabilidad; tiene lugar al azar y se realiza en fracciones de microsegundos. Un fotón o partícula puede alcanzar una célula u otra, dañarla o no dañarla, y si al daña, puede ser en el núcleo o en el citoplasma.

RADIOSENSIBILIDAD

La radiosensibilidad expresa la sensibilidad que tienen los diferentes tejidos y células a las radiaciones ionizantes. La células más radiosensibles son las que tienen mayor actividad reproductora, más largo porvenir reproductor y tienen menos definida su morfología y sus funciones. Debido a que las células tumorales se reproducen más y son menos diferenciadas, son más radiosensibles que las células normales.

Un elemento biológico es más sensible cuanto mayor es su respuesta a una dosis determinada de radiación, o cuando necesita menos dosis para alcanzar un efecto determinado. El concepto opuesto a radiosensibilidad es radioresistencia. La radiosensibilidad no es un efecto medible, sino un concepto comparativo.

No existe célula ni tejido normal o patológico radioresistente de forma absoluta; si se aumenta ilimitadamente la dosis siempre se logra su destrucción. Distintos tipos de material biológico tienen sensibilidad diferente. Administrando dosis mínimas en órganos o tejidos, se observaran diferentes grados de alteraciones morfológicas o funcionales según las líneas celulares de que se trate. Entre las células más sensibles se encuentran los leucocitos y entre las menos sensibles las células musculares y nerviosas.

RADIOTERAPIA

La Radioterapia, es el tratamiento que utiliza radiaciones ionizantes para aniquilar células tumorales, generalmente cancerígenas, impidiendo que estas crezcan y se reproduzcan.

Tipos de radioterapia

La efectividad de un tratamiento radica en «depositar» en la zona afectada la energía suficiente para destruir las células tumorales. Para lograr los mejores resultados, existen diferentes formas de administrar las radiaciones. Las formas de administración depende del tipo, extensión y el lugar donde se encuentra el tumor. Basándose en estas consideraciones, la radioterapia a seleccionar puede ser externa, interna o sistémica.

Un tumor maligno se origina y crece en un tejido sano, invadiendo y sustituyendo progresivamente las células normales por células tumorales que con el tiempo se propagan e invaden otros tejidos. Los tumores se clasifican en cuatro categorías:

Leucemias: Grupo de enfermedades de la médula ósea que implica un aumento incontrolado de glóbulos blancos o leucocitos.

Linfomas: Es un cáncer del sistema linfático donde un tipo de glóbulos blancos, generalmente células B y T, se vuelven malignas pudiendo diseminarse al resto del cuerpo.

Sarcomas: Son tumores malignos que se originan en los tejidos conectivos como los huesos, músculos, cartílagos, tejido fibroso o grasa.

Carcinomas: Son tumores malignos que se originan en los tejidos que recubren los órganos del cuerpo. El 80% de los cánceres son carcinomas.

El tratamiento de estos tumores implica irradiar la zona donde se encuentran, administrándoles una alta dosis durante cierto tiempo. A pesar que la zona irradiada recibe de 40 a 60 Gy, no se producen lesiones graves en los tejidos sanos circundantes, debido a que la irradiación es fraccionada y las zonas irradiadas son normalmente pequeñas y localizadas.

Los tejidos sanos tienen un límite en cuanto a la cantidad de radiación que pueden recibir sin alterar sus funciones. Por esta razón, la radiación que se utiliza para tratar un determinado tumor está limitada por la tolerancia del tejido normal que lo rodea.

MEDIDA DE LA DOSIS ABSORBIDA

A principios del siglo pasado se utilizaron sistemas rudimentarios para medir la dosis. En 1904, Sabouraud y Noiré, desarrollaron un dosímetro que basa la medida en el cambio de color que experimenta un disco que contiene bario platino-cianuro cuando se expone a los rayos X; se emplearon también métodos biológicos como la dosis eritema, pero ambas técnicas resultaron insuficientes.

La dosis absorbida es la medida de la energía depositada en un medio por la radiación ionizante y se expresa en Julio/kilogramo (J/kg);

unidad a la cual se le da el nombre de Gray (Gy). Esta magnitud, no es un buen indicador de los efectos biológicos de la radiaciones sobre los tejidos vivos. Por ejemplo, 1 Gy depositado por la radiación alfa puede ser mucho más nocivo que 1 Gy depositado por fotones. Para valorar los efectos biológicos de las radiaciones se emplea la dosis equivalente.

Dosis equivalente: es una magnitud física que describe el efecto relativo de los distintos tipos de radiaciones ionizantes sobre los tejidos vivos. Se calcula multiplicando la dosis absorbida por un factor de ponderación (*radiation weighting factor*). Su unidad es el Sievert (Sv), nombre del físico sueco Rolf Sievert, uno de los pioneros en el desarrollo de la protección contra las radiaciones ionizantes.

Dosis efectiva: El riesgo a los efectos estocásticos debidos a la exposición a la radiación pueden ser medidos con la dosis efectiva. La dosis efectiva es el promedio ponderado de la dosis equivalente de cada tejido expuesto, tomando en cuenta la radiosensibilidad de las poblaciones celulares que lo forman. Esta magnitud es un indicador cuantitativo de la probabilidad de que pueda ocurrir un efecto estocástico, generalmente cáncer, en el tejido irradiado. Efectos estocásticos son aquellos cuya probabilidad de producirse crece conforme aumenta lo dosis. La unidad de la dosis efectiva es también el Sievert.

Dosis equivalente efectiva: se calcula a partir de la dosis absorbida por los distintos tejidos, multiplicada por factores de ponderación o de peso, que tienen en cuenta el tipo de radiación (alfa, beta, gamma, X o neutrones), de las modalidades de exposición (externa o interna) y la sensibilidad específica de los órganos o tejidos. Por definición, la dosis equivalente efectiva no puede utilizarse sino para evaluar el riesgo de aparición de efectos estocásticos en humanos y no aplica para los efectos agudos ni para la fauna y la flora.

Las unidades con que se expresan los distintos tipos de dosis (absorbida, equivalente, efectiva) pueden prestarse a confusión, usándose el Sievert para las dos últimas, a pesar de referirse a distintos efectos.

Frecuentemente se emplean dos submúltiplos del sievert: el millisievert (mSv); y el microsievert o (μSv). Las unidades utilizadas con anterioridad a la adopción del Sievert fueron:

rad: (radiation absorbed dose), donde 1 rad = 0.01 J/ kg. es decir, un Gy equivale a 100 rad.

rem: (Roentgen equivalent man) dosis absorbida *equivalente* a cada tipo de radiación (alfa, beta, gamma...) sobre distintos tejidos del organismo. (1 rem = 0.01 Sv = 1 cSv).

Factores de ponderación de las radiaciones

Fotones (rayos X, y gamma)	1
Electrones (beta)	1
Protones	5
Neutrones	5 a 20
Partículas alfa y otros iones pasados	20

El factor de ponderación de los neutrones depende de su energía, en tanto que los iones pesados son productos de la fisión nuclear de núcleos atómicos pesados que no tienen aplicacion en la radioterapia. Sólo son importantes si se presentan incidentes en reactores nucleares.

Los factor de ponderación de los órganos y tejidos

A partir de los estudios epidemiológicos realizados en los supervivientes de Hiroshima y Nagasaki, de los estudios de los efectos de las radiaciones en los trabajadores de las minas de uranio y de los pacientes expuestos a radiaciones aplicadas con fines terapéuticos, se calculó la probabilidad de que un cáncer pudiera aparecer debido a una irradiación dada en un órgano señalado. Se determinó este factor para varios órganos y grupos de órganos y se estableció la probabilidad promedio para el resto de los órganos.

El factor de ponderación correspondientes a algunos órganos es:
Gónadas = 0.20
Médula ósea, colon, pulmón, estómago = 0.12
Vejiga, seno, hígado, esófago, tiroides = 0.05
Piel, superficies óseas = 0.01
Resto = 0.05

Los órganos que componen el «Resto» son las glándulas suprarrenales, el cerebro, el intestino grueso superior, el intestino delgado, los riñones, los músculos, el páncreas, el bazo, el timo y el útero. Cada uno de ellos se pondera en función de la masa asignada a la persona de referencia.

Ejemplo

Un haz formado por 2×10^6 neutrones/cm^2 con energía de 2MeV es atenuado un 25% al pasar por una muestra de tejido de 1,2 cm de espesor cuya densidad es 1gr/cm^3. ¿Cual es la dosis absorbida y la dosis equivalente depositada por el haz en el tejido?

Dosis absorbida = $(2MeV)(2 \times 10^6 cm^2 s^2)/(1,2 cm^2)(1 gr/cm^3)(4)$
= $10^6 MeV/1,2 gr\ s$

Si $1eV = 1,602\ 10^{-19}$ J, se obtiene:
Dosis absorbida = $(1,602\ 10^{-19})(10^{-12} J)/(1,2 gr\ s)$
= $1,34\ 10^{-4} J/Kg\ s = 1,34\ 10^{-4} Gy/s$

Para calcular la dosis equivalente para neutrones de esa energía se estima el factor de ponderación = 10
    Dosis equivalente = 1,34 mSv/s
Obsérvese que la dosis equivalente biológica para algunos tipos de radiación, como los neutrones o las partículas cargadas, es considerablemente mayor que la dosis absorbida.

Todos estamos expuestos permanentemente a las radiaciones proveniente de fuentes naturales. Una persona promedio en los Estados Unidos recibe una dosis efectiva de unos 3 mSv por año proveniente de materiales radiactivos naturales y de la radiación cósmica. Las personas que viven en las montañas reciben 1,5 mSv adicionales respecto a las que viven al nivel del mar. Un viaje en avión de unas 8 horas de duración añade 0,03 mSv.

La altitud tiene un papel importante, sin embargo, la principal fuente de radiación ambiental es el gas radón que emana de suelos que contienen uranio superficial, lo cual aporta unos 2 mSv por año. Esta cifra varía de una zona a otra de la Tierra. Se estima, que la exposición a la radiación proveniente de una radiografía de tórax es equivale a la dosis recibida del entorno durante 10 días.

En general, el riesgo de contraer cáncer a causa de la exposición médica no es una preocupación importante en comparación con los beneficios del procedimiento. El médico toma la decisión de hacer un examen que implique el uso de radiaciones ionizantes basándose en el riesgo-beneficio involucrado. Para una radiografía simples, la decisión es fácil, sin embargo para los exámenes de dosis altas, como la tomografía axial computada (TAC) y los que usan materiales de contraste como el bario o el yodo, debe hacerse un estudio previo de la historia de las radiaciones a que estuvo sometido el paciente. Para ayudar al médico a tomar la decisión, es conveniente que el paciente guarde la historia de los tratamientos a que estuvo sometido.

Antes de un examen de abdomen o pelvis, es importante informar al médico si se sospecha o existe embarazo. Para minimizar posibles riesgos para el feto, el médico debe seleccionar cuidadosamente el tipo de examen a utilizar. El riesgo depende de la etapa del embarazo y del tipo de radiación a emplear. Los estudios radiológicos de la cabeza, brazos, piernas y tórax, en general, no exponen directamente al bebé a las radiaciones. Sin embargo es conveniente tomar precauciones y utilizar blindajes a fin de asegurar que el feto no sea expuesto directamente.

Las pacientes que están amamantando deben informar al médico antes del examen, ya que algunos de los compuestos utilizados para el estudio pueden pasar a la leche materna y afectar al bebé.

Muchos procedimientos complejos, como los usados para eliminar una obstrucción en un vaso sanguíneo, reparar un área debilitada en un vaso dilatado, o desviar el flujo sanguíneo de malformaciones vasculares, emplean dosis bastante elevadas. Sin embargo, estos procedimientos son a menudo utilizados para salvar la vida del paciente, en tales casos, los riesgos asociados con la radiación son una consideración secundaria.

EFECTOS BIOLOGICOS

El daño biológico causado por las radiaciones ionizantes es conocido hace tiempo. El primer caso de lesión ocurrida en seres humanos fue reportado poco después que Roentgen anunciara, en 1895, el descubrimiento de los rayos X. En 1902, se describió el primer caso de cáncer inducido por los rayos X. Con excepción de algunas mutaciones beneficiosas, que son muy poco probables, la radiación siempre ocasiona lesión celular.

Los efectos nocivos en organismos vivos se deben a la energía absorbida por las células de los diferentes tejidos. La energía, al ser absorbida produce ionización, excitación atómica y descomposición química de las moléculas. Como resultado, las funciones celulares pueden deteriorarse de forma temporal o permanente, e incluso morir. La gravedad de la lesión depende del tipo de radiación, la dosis absorbida, la velocidad de absorción y la sensibilidad del tejido a la radiación. Los efectos son los mismos, tanto si la radiación procede del exterior como si se origina en un material radiactivo colocado en el interior del cuerpo. El lapso que trascurre entre la irradiación y la primera manifestación detectable de sus efectos, es el tiempo de incubación o periodo latente.

En ciertas ocasiones los daños orgánicos se puede recuperar; la recuperación depende de la severidad de la lesión, de la parte afectada y del poder de regeneración del individuo, siendo su edad y el estado general de salud factores importantes. El daño en un cromosoma no se repara; se transmite y puede ocasionar consecuencias hereditarias graves.

Cualquier dosis, por pequeña que sea, es perjudicial; la exposición a pequeñas dosis de radiación no produce ninguna respuesta clínica observable, sin embargo, puede generar alteraciones a largo plazo. Como consecuencia del poder de recuperación del organismo, una dosis dada produce menos efecto si se suministra fraccionada y en un lapso mayor, sin embargo, la regeneración nunca es total, siempre quedan lesiones residuales.

Los daños agudos o a corto plazo son los que aparecen después de una radiación intensa y rápida. Son debidos a la muerte de las células y se hacen visibles pasadas algunas horas, días o semanas. Los daños diferidos o a largo plazo aparecen después de años, décadas y a veces en generaciones posteriores.

La persona irradiada en forma intensa en todo el cuerpo presenta náusea, vómito, anorexia, pérdida de peso, fiebre y hemorragia intestinal. Su recuperación es lenta y a veces imposible.

La interacción a nivel celular se puede producir en la membrana, el citoplasma y el núcleo. En la membrana se altera la permeabilidad y los intercambios de fluidos se vuelven anormales; generalmente la célula no muere pero sus funciones de multiplicación no se llevan a cabo. Dependiendo de la dosis recibida, la cesación puede ser temporal o permanente.

En el citoplasma se forman radicales inestables y se produce ionización del agua, que es su principal componente. Algunos radicales tienden a unirse para formar moléculas de agua y moléculas de hidrógeno, otros se combinan para formar peróxido de hidrógeno (H_2O_2) el cual produce alteraciones en el funcionamiento celular. La situación más crítica se presenta cuando en el agua se genera hidronio (HO) y cationes de hidrógeno H^+ que produce envenenamiento celular.

Si la interacción es en el núcleo, pueden producirse alteraciones de los genes e incluso rompimiento de los cromosomas. Las células pueden sufrir aumento o disminución de volumen, entrar en un estado latente, morir, o sufrir mutaciones genéticas durante la mitosis y desarrollar cáncer. Un daño genético que produce mutación en un cromosoma o un gen, tiene efecto hereditario sólo cuando el daño afecta a una línea germinal. El daño a las células germinales; espermatozoide u óvulo, produce efecto en la descendencia del individuo.

La radioterapia aprovecha las propiedades destructivas de las radiaciones. Al aplicar altas dosis en áreas limitadas se origina un daño localizado, sin embargo, es inevitable afectar los órganos cercanos. El daño localizado se manifiesta con eritema local, necrosis de la piel, caída del cabello, necrosis de tejidos internos, esterilidad temporal o permanente, reproducción anormal de tejidos, como el epitelio del tracto gastrointestinal, funcionamiento anormal de los órganos hematopoyéticos (medula ósea y bazo) o alteraciones funcionales del sistema nervioso. Un buen tratamiento de radioterapia se caracteriza por proporcionar dosis letales al tumor y mínima exposición a los tejidos sanos.

Se mencionó anteriormente que los efectos estocásticos son aquéllos cuya probabilidad de ocurrencia se incrementa con la dosis recibida y con el tiempo de exposición. No tienen dosis umbral para manifestarse y pueden ocurrir o no ocurrir; no hay un estado intermedio. La inducción al cáncer en particular, es un efecto estocástico; no se puede asegurar que se presente y menos aún determinar la dosis que lo provoca. La protección radiológica trata de limitar los efectos estocásticos manteniendo la dosis lo más baja posible.

Una dosis alta de radiación sobre todo el cuerpo, superior a 40Gy, provoca lesiones características; particularmente el deterioro severo del sistema vascular. Se origina edema cerebral, trastornos neurológicos, coma profundo y muerte en 48 horas.

Cuando el organismo absorbe entre 10 y 40Gy se produce pérdida de fluidos; los electrolitos pasan a los espacios intracelulares y al tracto gastrointestinal. El individuo muere antes de los diez días a consecuencia del desequilibrio osmótico, deterioro de la médula ósea e infección terminal.

Si la cantidad absorbida está comprendida entre 1,5 y 10Gy se destruye la médula ósea, lo que provoca infección y hemorragia. La persona puede morir cuatro o cinco semanas después de la exposición.

La irradiación de algunas zonas del cuerpo produce daños locales; se lesionan los vasos sanguíneos de la parte expuesta y en consecuencia se alteran las funciones de los órganos que irrigan. Cantidades más elevadas producen necrosis y gangrena. El tejido irradiado puede degenerarse, destruirse o desarrollar cáncer.

Las consecuencias más graves del deterioro de los vasos sanguíneos se manifiestan en la médula ósea, riñones, pulmones y el cristalino. El efecto retardado más importante es la mayor incidencia de cáncer y leucemia; el aumento estadístico de leucemia, cáncer de mama, tiroides y pulmón es significativo en poblaciones expuestas a más de 1Gy.

La células y tejidos más sensibles a las radiaciones ionizantes son:
  1.- El tejido linfático, particularmente los linfocitos.
  2.- Células rojas jóvenes de la médula ósea.
  3.- Células que revisten el canal gastrointestinal.
  4.- Células de las gónada y ovario (alteraciones hereditarias)
  5.- Piel, en particular la porción que rodea el folículo capilar.
  6.- Células endoteliales, vasos sanguíneos y peritoneo.
  7.- Epitelio del hígado y adrenales.
  8.- Huesos, músculos y nervios.

Los tejidos jóvenes y en pleno crecimiento son más sensibles que los adultos e inactivos.

REFERENCIAS
1.- es.wikipedia.org/wiki/Radiación
2.- es.wikipedia.org/wiki/Rayos_gamma
3.- es.wikipedia.org/wiki/Transferencia_lineal_de_energía
4.- www.biocancer.com/.../12-transferencia-lineal-de-energia
5.- www.radiologyinfo.org/sp/safety/index.cfm?pg=sfty_xray
6.- es.wikipedia.org/wiki/Radiación_electromagnética
7.- astronomos.net23.net/radiacionelectromagnetica.html
8.- es.wikipedia.org/wiki/Fotón
9.- es.wikipedia.org/wiki/Radiobiología
10.- www.tsid.net/radioproteccion/radioproteccion.htm
11.- es.wikipedia.org/wiki/Rayos_X
12.- www.xtal.iqfr.csic.es/Cristalografia/parte_02.html
13.- www.windows2universe.org/.../em_gamma_ray.html&lang
14.- www.foronuclear.org/.../115711-76-ique-es-el-radiodiagno
15.- www.encuentros.uma.es/encuentros72/radiobiologia.htm
16. nuclear.fis.ucm.es/research/thesis/TAD-vanessa-morcillo.pdf
17. josalud.com/la-radiacion-en-la-medicina/
18. www.mednet.cl/link.cgi/Medwave/PuestaDia/Cursos/3181
19. www.slideshare.net/azanero33/radiobiologia - Estados Unidos
20. www.esacademic.com/dic.nsf/es_mediclopedia/.../dosis
21. www.sievert-system.org/WebMasters/sp/mesure.html
22. es.wikipedia.org/wiki/Dosis_absorbida
23. www.ugr.es/~amaro/radiactividad/tema7/node18.html

CAPITULO 2

Wilhelm Röntgen

RAYOS X

Los rayos X son una radiación electromagnética ionizante. Desde su descubrimiento, se han empleado para el radiodiagnóstico y la radioterapia. En el radiodiagnóstico se utilizan para obtener radiografías analógicas y digitales, fluoroscopia, mamografía, densitometría ósea y tomografía computada, también se usan en procedimientos *en tiempo real*, tales como la angiografía y la angioplastia, o en estudios de contraste. En otras aplicaciones, el uso de rayos X tiene limitaciones, en cuyo caso se recurre a la resonancia magnética nuclear o los ultrasonidos. La radioterapia emplea las radiaciones ionizantes para el tratamiento de neoplasias y otras enfermedades.

Los rayos X fueron descubiertos por el físico alemán Wilhelm Conrad Roentgen (1845-1923). En 1895, Roentgen y otros científicos del Instituto de Física de la Universidad de Würzburg estudiaban el paso de la electricidad a través de los gases, para lo cual utilizaban el tubo de Crookes.

Con el tubo totalmente cubierto con un grueso cartón negro y trabajando en una habitación completamente oscura, Roentgen se sorprendió al ver un débil resplandor amarillo-verdoso sobre una superficie que estaba recubierta con una solución de cristales de platinocianuro de bario. El resplandor desaparecía al apagar el tubo y aparecía al encenderlo. Alejó la superficie y comprobó que la fluorescencia se seguía produciendo. Repitió el experimento y determinó que el paso de corriente por el tubo generaba una radiación invisible y muy penetrante. Observó que los rayos atravesaban grandes capas de papel e incluso metales poco densos.

Pensó en fotografiar el fenómeno, y entonces hizo otro descubrimiento, halló que las placas fotográficas que tenía en su caja estaban veladas. Para comprobar el alcance de los rayos colocó en el cuarto de al lado detrás de la puerta cerrada una placa fotográfica. Obtuvo la imagen del gozne de la puerta e incluso los trazos de la pintura que la cubría.

Fig. 2.1. Laboratorio en la Universidad de Würzburg donde Roentgen experimentaba con el tubo de Crookes

Interpuso sobre una placa la mano inmóvil de su esposa Berta durante 15 minutos, y después de revelada obtuvo la imagen de los huesos y del anillo flotando sobre estos, rodeado todo por la penumbra de los tejidos circundantes, fácilmente penetrados por los rayos. Así nace la primera imagen radiográfica del cuerpo humano y la rama de la Medicina: la Radiología.

RAYOS X

El 23 de enero de 1896, ante la Sociedad Físico-Médica de Würzburg, Röntgen presentó por primera vez en público sus experimentos. Después de la exposición, mostró a los asombrados presentes la radiografía de la mano del famoso anatomista Albert von Kölliker.

Aunque se acercaba la terrible amenaza de la guerra, un periódico inglés, el London Daily Chronicle, anunciaba: «*Los rumores de guerra no deben distraer la atención del maravilloso triunfo de la ciencia que acaba de comunicarse en Viena. Se anuncia que el profesor Röntgen de la Universidad de Würzburg ha descubierto una luz que, al efectuar una fotografía, atraviesa la carne, el vestido y otras sustancias orgánicas*». El interés suscitado en el mundo científico, hizo que muchos laboratorios intentaran en seguida repetir el experimento.

Estaba claro que se disponía de un método de gran utilidad para el diagnóstico de fracturas complicadas, o para localizar cuerpos extraños en el organismo.

Debido a que Röntgen desconocía la naturaleza de los rayos que observaba, los llamó *rayos X*. Sin embargo, a pesar de los escasos conocimientos relacionados con su naturaleza, dos semanas después ya se estaban empleando como una herramienta de apoyo al diagnóstico médico, y desde entonces se volvieron indispensables.

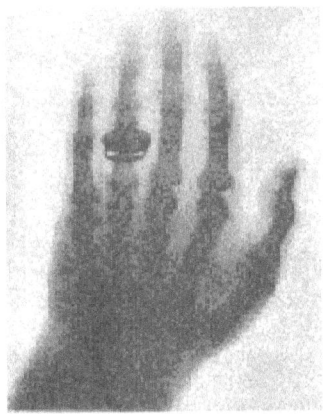

Fig.2.2. Radiografía de la mano de Albert von Kölliker

Esta novedad científica se propagó rápidamente por todo el mundo. El 8 de febrero de 1896 fue empleada en Dartmouth, Massachusetts, Estados Unidos, por el profesor Edwin Brant Frost, para tomar una radiografía de una fractura transversal de una muñeca, también llamada fractura de Colles.

Después que Roentgen descubriera la «misteriosa radiación», se inició entre los científicos una fase de experimentación en torno a los rayos X, al punto de que para 1896 había más de mil publicaciones sobre el tema. A principios de ese mismo año, en una revista vienesa apareció el primer anuncio para vender aparatos de rayos X.

A raíz de su hallazgo, Roentgen se convirtió en uno de los científicos más conocidos y apreciados de la época. Rechazó patentar su descubrimiento, gracias a lo cual, todo el mundo pudo beneficiarse de los rayos X. Sólo unas pocas invenciones han influenciado tanto la medicina, la tecnología y la ciencia como los rayos X. Roentgen murió en 1923 en Munich, víctima de un carcinoma intestinal.

Lo que Roentgen no llegó a descubrir es que los rayos X son radiaciones ionizantes nocivas para la vida. Debido a este desconocimiento, durante varias décadas se perdieron muchas vidas de científicos, médicos y pacientes, que murieron de cáncer y otras enfermedades causadas por la radiación. En el capítulo dedicado a la medicina nuclear se describen los efectos de las radiaciones ionizantes sobre los tejidos.

El primer generador de rayos X fue el tubo de Crookes, llamado así en honor a su inventor, el químico y físico británico William Crookes. Se trata de una ampolla de vidrio (figura 2.3), que contiene gas a muy baja presión y dos electrodos: el ánodo y el cátodo.

Fig.2.3. Tubo de Crookes   Fig.2.4. Tubo de Coolidge

Cuando la corriente eléctrica pasa por el tubo, el gas residual se ioniza y produce fluorescencia. Los iones positivos «golpean» el cátodo frío y expulsan electrones de su superficie. Los electrones, atraídos por el ánodo, forman un haz llamado *rayo catódico* que bombardea las paredes de vidrio produciendo rayos X de baja energía.

Un gran aporte lo realizó el físico norteamericano William D. Coolidge, quien en 1913 desarrolló un tubo de vidrio al vacío (figura 2.4), que contiene un filamento y un ánodo. Por el filamento, que actúa como cátodo, circula una corriente eléctrica que lo lleva a la incandescencia y a la emisión de electrones por efecto termoeléctrico. El efecto termoeléctrico es la propiedad que tienen algunos materiales de emitir electrones cuando se calientan.

A pesar de que los rayos X emitidos por este nuevo tubo eran de mayor energía, su funcionamiento no era satisfactorio; ya que la generación dependía del grado de vacío, el cual era bastante deficiente para la época.

Con el transcurrir de los años, los equipos de rayos X tuvieron mejoras técnicas importantes; con menor exposición se obtuvo mejor resolución y mayor contraste entre los diferentes tejidos, es decir, mejor calidad de la imagen.

NATURALEZA DE LOS RAYOS X

Los rayos X son radiaciones electromagnéticas que se generan cuando electrones con alta energía cinética interaccionan con la materia, generalmente un blanco metálico. Los rayos X tienen longitud de onda comprendida entre 10 nm - 0,1 nm, lo que correspondiendo a frecuencias en el rango de 30 10^{15} hasta 3.000 10^{15} Hz.
(1nm o nanometro equivale a 10^{-9}m).

Se propagan en línea recta a la velocidad de la luz en forma de paquetes de energía, llamados *fotones*. La energía de un fotón es el producto de su frecuencia por la constante de Plank. Cuanto mayor es la energía mayor es el poder de penetración, y si es superior a 15 KeV tienen poder ionizante.

Los rayos X de mayor longitud de onda, cercanos a la banda ultravioleta del espectro electromagnético, se conocen como «rayos X blandos»; los de menor longitud de onda, próximos a la zona de rayos gamma y que incluso se solapan con estos, se denominan «rayos X duros». A los rayos X formados por una amplia mezcla de longitudes de onda se le llama *rayos X blancos*, para diferenciarlos de los rayos X monocromáticos compuestos por una reducida banda de frecuencia.

Tanto la luz visible como los rayos X surgen de fenómenos extranucleares. Se producen cuando un electrón de alta energía pasa cerca del núcleo, se desvía debido a la interacción electromagnética, pierde energía y entrega la diferencia en forma de fotones de rayos X. También se producen cuando un electrón de alta energía expulsa un electrón de la órbita cercana al núcleo, el lugar se llena con un electrón de una capa superior de mayor energía que entrega la diferencia en forma de fotones de rayos X. Los rayos X tienen la propiedad de penetrar la materia, lo que se aprovecha para obtener radiografías.

PROPIEDADES

1. - Se propagan en línea recta a la velocidad de la luz.
2. - Siguen la Ley Inversa de los Cuadrados.
3. - No son afectados por campos eléctricos o magnéticos.
4. - No tienen carga ni masa.
5. - Pueden reflejarse, difractarse y polarizarse.
6. - Penetran los cuerpos sólidos.
7. - Son heterogéneos.
8. - Tienen poder ionizante; descargan objetos cargados.
9. - Producen cambios químicos y biológicos en la materia viva.
10.- Producen radiación secundaria.
11.- Al pasar por un agujero pequeño (pin hole) pueden colimarse.
12.- Son divergentes; no se pueden enfocar.
13. - Son invisibles; pueden detectarse sobre una pantalla fluorescente, película fotográfica o cámara de ionización.

Ley Inversa de los Cuadrados

La ley de la inversa del cuadrado establece que para una radiación, que se propaga desde una fuente puntual por igual en todas direcciones, su intensidad disminuye con el cuadrado de la distancia a la fuente emisora. Es decir, si la intensidad de los rayos X a la distancia de un metro de la fuente es de 81 mR, a la distancia de dos metros será de 9 mR y a la distancia de tres metros será de 3 mR.

Atenuación

Los rayos X, al igual que otras radiaciones ionizantes, al propagarse por un medio son atenuados. La atenuación es debida a la interacción de los fotones de rayos X con los átomos del material que están atravesando.

La atenuación es debida a la absorción y la dispersión (scattering). En la absorción, los fotones interaccionan con la materia excitando los átomos que encuentran a su paso, y en el proceso pierden energía. En la dispersión, el fotón de rayos X interacciona con el medio cambiando de dirección, con o sin pérdida de energía; por este motivo el cuerpo absorbente produce radiación secundaria o dispersa que se propaga en todas direcciones.

La radiación secundaria, está formada por las mismas radiaciones incidentes que han cambiado dirección; constituye la mayor fuente de degradación de la imagen puesto que reduce el contraste, difumina los bordes y altera su intensidad.

El poder de atenuación de un material depende de su peso atómico; los materiales más pesados tienen mayor poder de atenuación. La radiografía se obtiene gracias a que los rayos X son atenuados por la materia. La atenuación relativa de los órganos, es la propiedad física que permite distinguirlos en la imagen radiográfica.

Espesor medio

Si se coloca un material perpendicular en la trayectoria del haz de rayos X, se observa que la intensidad del haz disminuye a medida que aumenta el espesor del material. El espesor medio se refiere al grosor del material capaz de reducir a la mitad la intensidad de la radiación incidente. La figura 2.5. muestra la gráfica de atenuación del cobre en función de su espesor.

Se observa que una lámina de cobre de un milímetro de espesor colocada perpendicularmente a la trayectoria de los rayos X reduce su intensidad en un 50%. De esta forma, el poder de penetración se puede cuantificar en términos del espesor medio.

En aplicaciones médicas, para atenuar la intensidad de los rayos X, es frecuente intercalar un espesor de aluminio o cobre. A los materiales empleados con este propósito se les llama filtro.

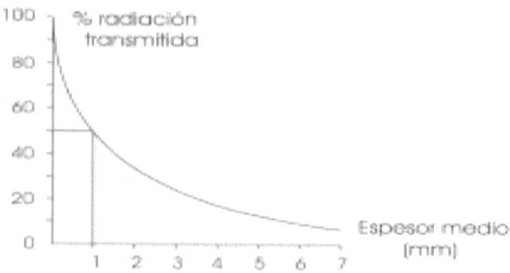

Fig.2.5. Curva de atenuación del cobre

Penetrabilidad

El poder de penetración o penetrabilidad de los rayos X se refiere su capacidad de penetrar la materia. La penetrabilidad es proporcional a la energía de los fotones; los de mayor energía penetran más profundamente.

La energía de los fotones que emergen de un tubo de rayos X puede controlarse por medio de la tensión aplicada entre el ánodo y el cátodo. En consecuencia, la penetrabilidad puede incrementarse o disminuirse actuando sobre el valor de la alta tensión.

La distribución de energía de los fotones emergentes de un tubo de rayos X se puede ver en la figura 2.6. El espectro está caracterizado por parámetros como: rango de energía, energía máxima, radiación característica y energía promedio, por lo que cabe esperar que la penetrabilidad sigue una distribución similar.

GENERACION DE RAYOS X

Los fotones de rayos X se producen cuando los electrones provenientes del filamento, acelerados por la alta tensión, chocan en un blanco metálico, pierden rápidamente velocidad y entregan su energía; el 99,8% se transforma en calor y el 0,2% en rayos X.

Los rayos X se generan a partir de dos procedimientos: por radiación de frenado (bremsstrahlung) y por emisión de la capa K. En ciertas condiciones, los dos procesos concurren en el material del ánodo.

En el proceso de frenado, el electrón incidente pierde energía cinética y la entrega en forma de rayos X. Los rayos X emitidos pueden tener cualquier energía menor que su energía cinética, por tal motivo en la figura 2.6, que muestra el espectro de radiación del tungsteno, se observa un corte neto de la energía máxima.

En consecuencia, la radiación por frenado no es monocromática, se compone de una amplia gama de longitudes de onda; el electrón incidente puede ser «frenado por etapas y en de diferentes formas» y a cada una de ellas le corresponde una longitud de onda. Aproximadamente el 70% de los rayos X son producidos por este proceso. Se verifica, además, que la cantidad de radiación de frenado aumenta con el número atómico del material del ánodo, por lo cual se lo prefiere para la construcción del ánodo.

La radiación característica se produce cuando un electrón incidente interactúa con un electrón de la capa interna de un átomo. El nombre, «radiación característica», se deriva del hecho que la energía de enlace de los electrones de un elemento es única, es decir, característica de cada elemento.

En la producción de rayos X por emisión de la capa K, el electrón incidente le transfiere a un electrón que ocupa la capa K suficiente energía para «desplazarlo» de su órbita. Se produce una vacante que es llenada rápidamente por un electrón de mayor energía proveniente de una órbita externa más energética. En el proceso, el electrón emite un fotón de rayos X cuya energía corresponde a la diferencia de energía entre las dos capas. Los fotones producidos de esta forma son monocromáticos, ya que su energía es igual a la diferencia entre capas de un mismo átomo.

Aproximadamente el 30% de los rayos X derivan de la radiación característica. Debido a que su longitud de onda depende exclusivamente del número atómico del elemento que forma el blanco, este tipo de rayos se emplean, por ejemplo, en cristalografía, para el estudio de la estructura atómica de los elementos

La mayoría de los materiales cuando son «bombardeados adecuadamente» generan rayos X. Se prefiere el tungsteno por tener un elevado punto de fusión, ser buen conductor del calor y emitir mayor cantidad de radiaciones por efecto de frenado. Si en lugar del tungsteno se empleara otro material, los patrones de frenado serían similares, pero la radiación característica K no, ya que es particular para cada elemento; es su «huella digital». Los tubos empleados para producir imagen de la mama emplean ánodo de molibdeno o de rodio.

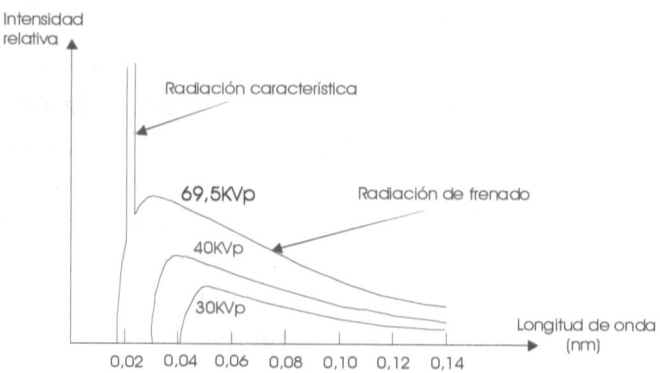

Fig.2.6. Espectro de la radiación de un ánodo de tungsteno operado a 30 KVp, 40 KVp y 69,5 KVp

En el espectro de la figura 2.6 se observa la distribución de los rayos X en función de su energía. Si la tensión ánodo-cátodo es superior a los 69,5 KVp se genera el «pico» de la radiación característica del tungsteno.

La radiación característica ocurre sólo si el alto voltaje excede la energía de enlace de los electrones de la capa K del material del ánodo, que para el tungsteno es de 69,5 KeV y para el molibdeno 20 KeV.

El voltaje ánodo-cátodo determina la energía cinética de los electrones y la energía máxima del espectro de radiación. Cuando se aumenta la tensión ánodo-cátodo, la energía y la cantidad de rayos X aumenta. Si se aplican 100 KVp, la máxima energía de los fotones de rayos X es de 100 KeV. Si se eleva el voltaje se produce mayor cantidad de rayos X, de hecho, su intensidad es proporcional al cuadrado del KVp aplicado.

La corriente de ánodo se mide en mA. Se ajusta por medio del control de intensidad de filamento y es proporcional al número de electrones que «chocan» con el ánodo, por lo que la cantidad de rayos X es directamente proporcional a su valor. La corriente de ánodo circula únicamente durante el tiempo de exposición.

Para el espectro correspondiente a 69.5 KVp, la onda de menor longitud es de 0,018 nm y la de mayor longitud es de 0,14 nm.

Las causas que originan la continuidad del espectro son:

1.- El alto voltaje entre ánodo y cátodo está formado por semiciclos sinusoidales, por lo tanto, la energía de los electrones incidentes en el ánodo varía de esta forma, y así los fotones X.

2.- Los electrones que inciden en la superficie del ánodo pueden «chocar» con varios átomos antes de perder totalmente su energía cinética; en cada colisión se producen rayos X de energía diferente.

3.- Algunos electrones pueden «chocar» con partes del tubo que no es el ánodo y así producir rayos X con otra longitud de onda, conocida como *radiación dispersa*.

En la figura 2.6 también se observa que para 30 KVp la mínima longitud de onda es 0,041nm, que corresponde al fotón de rayos X de mayor energía que se puede obtener con esa diferencia de potencial. Para una diferencia de potencial de 40 KVp o 69 KVp la mínima longitud de onda es de 0,032 nm y 0.018 nm respectivamente. Los rayos X con longitud de onda mayor que 0,14 nm no aparecen en el espectro debido a que son absorbidos por la envoltura de vidrio del tubo.

UNIDADES Y DOSIS DE RADIACION
Röntgen

El Röntgen o Roentgen (r) es la unidad de medida de exposición a las radiaciones ionizantes. Se define como aquella cantidad de rayos X o gamma que libera una unidad electrostática de electricidad (esu) en un centímetro cúbico de aire en condiciones normales.

$$1 Coulomb = 3 \ 10^9 \ esu$$

Lo que corresponde aproximadamente a la generación de 2080 millones de pares ionicos. El Röntgen, no necesariamente refleja el efecto biológico de la radiación en los tejidos.

Intensidad

La intensidad del haz de rayos X es el producto del número de fotones por su energía. Depende del voltaje aplicado, la corriente de filamento, el número atómico del material del ánodo y el filtro. Si se incrementa la corriente de filamento se producen más fotones. Si se aumenta el voltaje se generan fotones de mayor energía y por tanto con mayor poder de ionización.

La intensidad recibida por un cuerpo puede disminuirse si se interpone un material absorbente de cierto espesor entre la fuente de rayos X y el cuerpo. El poder de absorción de un material aumenta con su espesor y su número atómico.

Dosis

La dosis es el producto de la intensidad por el tiempo de exposición y se expresa en r/seg, mr/seg, mr/h. La dosis a que está expuesto un cuerpo es inversamente proporcional al cuadrado de la distancia de la fuente de rayos X.

TUBO DE RAYOS X

El tubo de rayos X (figura 2.7) consiste en una ampolla herméticamente sellada al vacío que contiene un filamento y un ánodo. Es un diodo termoiónico que trabaja cerca de la zona de saturación; sólo permite el paso de corriente del cátodo hacia el ánodo y no en sentido contrario. Puede alimentarse con corriente alterna, rectificada de media onda u onda completa.

Cátodo

El cátodo es el electrodo negativo del diodo, está compuesto por el filamento y el electrodo de Wehnelt, al que se le llama también *copa de enfoque*. El filamento está hecho de un hilo de tungsteno de 0,2 mm de diámetro enrollado en espiral; formando una bobina de unos 2 mm de diámetro por 10 mm de longitud.

La corriente que circula por el filamento lo calienta hasta la incandescencia, a unos 2700 °C. A esa temperatura, por efecto termoiónico alrededor del filamento se produce una «nube» de electrones. El efecto termoiónico consiste en la liberación de electrones de la superficie de un cuerpo caliente, dichos electrones se generan debido a la energía térmica que se le suministra a sus átomos.

Los electrones son atraídos hacia el ánodo, formando así una corriente eléctrica llamada *corriente anódica*. La corriente anódica requerida para obtener exposiciones radiográficas para el diagnóstico está comprendida entre 0,1 A y 2 A.

La evaporación y los cambios bruscos de temperatura del filamento son las causas principales de la reducción de la vida útil del tubo. Para reducir la evaporación, el filamento sólo alcanza la incandescencia durante el breve tiempo de exposición, mientras que el tiempo restante es mantenido en un estado de precalentamiento, a unos 1500 °C, en el cual la evaporación es despreciable. El precalentamiento se logra haciendo circular por el filamento constantemente una fracción de la corriente nominal.

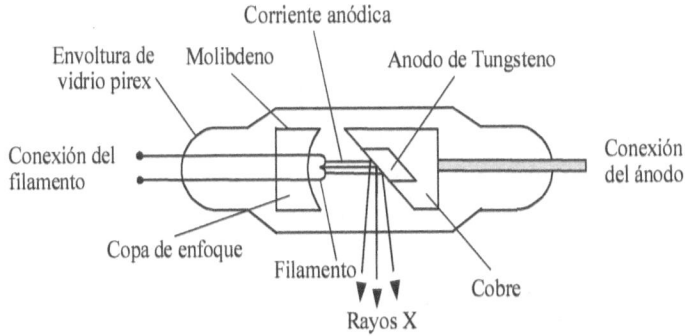

Fig.2.7. Tubo de rayos X de ánodo estacionario

El filamento está colocado en el punto focal de la copa de enfoque. La copa, polarizada negativamente, actúa como un lente electrostático que tiende a concentrar los electrones en un punto focal en la superficie del ánodo. Para asegurar la localización y el tamaño del punto focal, el filamento, la copa de enfoque y el ánodo son montados con precisión micrométrica.

Tubo de doble foco

La mayor parte de los tubos empleados en para el diagnóstico tienen dos y hasta tres puntos focales de diferente tamaño. El foco más pequeño, de 0,3 a 0,6 mm de diámetro, se emplea para obtener radiografías con detalles más finos. El de mayor tamaño, de 1 a 2 mm, es empleado cuando es necesario obtener radiografías de masas muy extensas y de gran espesor.

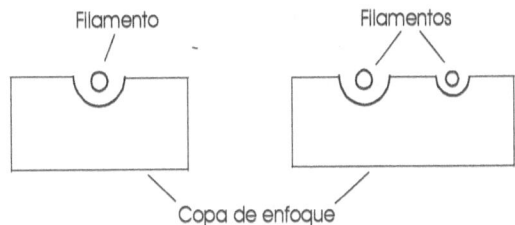

Fig.2.8. Cátodos para un foco y para doble foco

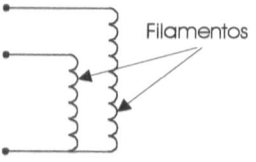

Fig.2.9. Conexión de dos filamentos para la obtención de dos focos

Los dos focos se producen utilizando dos filamentos en el cátodo, cada uno colocado en una copa de enfoque generando cada uno su propio punto focal en la superficie del ánodo. Este tipo de tubo se llama *tubo de doble foco*. El operador selecciona el foco apropiado para obtener los mejores resultados. Uno de los factores que afectan la calidad de la imagen es la borrosidad geométrica o de foco, la cual depende de la distancia foco-objeto, la distancia objeto-imagen y del tamaño del foco. La definición mejora si se aumenta la distancia foco-objeto, y se deteriora con la distancia objeto-imagen. En general, purde afirmase que mientras más pequeño es el foco más nítida es la imagen.

Anodo

El ánodo es el electrodo positivo del diodo, su zona más vulnerable es el punto focal o blanco: una pequeña superficie donde se enfocan los electrones procedentes del filamento, del cual emergen los rayos X generándose gran cantidad de calor.

Los electrones, en su recorrido hacia el ánodo son acelerados y adquieren una velocidad considerable. Al «chocar» en el blanco, pierden rápidamente su energía cinética que se convierte en calor. Dado que la energía cedida por los electrones calienta el ánodo, el material con que este está hecho debe tener un elevado punto de fusión.

El calor generado es proporcional al voltaje ánodo-cátodo, la corriente anódica y el tiempo de exposición. Su valor no debe exceder la máxima capacidad de disipación del ánodo, valor que es suministrado por el fabricante. Si el tubo está trabajando en el límite de disipación, una disminución del punto focal debe ir acompañada de una disminución de por lo menos uno de estos tres valores, en caso contrario, se corre el riesgo que se evapore el material.

Un método muy utilizado para evitar la evaporación de la superficie del blanco y aumentar su vida útil, es aumentar el área del blanco sin deteriorar la calidad de la imagen, lo cual se logra haciendo rotar el ánodo, con ello, la energía térmica se distribuye sobre una pista circular. Así, los tubos de rayos X se construyen con ánodo estacionario y con ánodo giratorio.

TUBO DE ANODO ESTACIONARIO

El tubo de ánodo estacionario es de la forma mostrada en la figura 2.7. El ánodo está compuesto por una cápsula de tungsteno embutida en una pieza de cobre. Los electrones que inciden en el ánodo lo hacen sobre el tungsteno cuyo punto de fusión es de 2700 °C. El cobre, por ser un excelente conductor de calor, ayuda a disipar la energía localizada en el blanco.

Para una tensión ánodo-cátodo de 200 Kv y una corriente de 3 mA, los electrones pueden alcanzar la velocidad de unos 200.000 Km/seg y entregar 150 cal/seg.

Se estima que para el radiodiagnóstico, la máxima carga de un tubo de ánodo estacionario no debe exceder los 100 vatios por milímetro cuadrado y para la fluoroscopia, que es un procedimiento que puede demorar decenas de minutos, no debe exceder los 30 vatios por milímetro cuadrado.

Otro mecanismo utilizado para disipar el calor, consiste en hacer circular alrededor del ánodo o por su interior un refrigerante como aire, agua o aceite. Un sistema de seguridad interrumpe el alto voltaje si la circulación del refrigerante no es suficiente.

El tubo de ánodo estacionario es simple, confiable y económico, y por sus características de disipación, es empleado en equipos para radiografías menores y odontológicas, y en unidades móviles de fluoroscopia.

TUBO DE ANODO GIRATORIO

Los tubos de ánodo giratorio, como el que se muestra en la figura 2.10, se han empleado desde 1929. El ánodo, rota a unas 3000 rpm, que está formado por un disco de tungsteno de 1 a 2 mm de espesor, o de molibdeno para tubos dedicados a la radiografía de la mama. Debido a la mayor área de disipación, el punto focal puede ser más pequeño, con lo que se obtienen imágenes con mejor resolución.

Los tubos de ánodo giratorio con dos filamentos normalmente tienen dos pistas distintas, una para el foco fino y otra para el grueso. Con este sistema, la capacidad de disipación de calor se incrementa unas seis veces y la carga térmica máxima que puede soportar es de unos 10 Kw por milímetro cuadrado.

Durante la exposición, la temperatura en el foco puede alcanzar los 2500 °C y en la masa del ánodo unos 1400 °C. Generalmente, los equipos de rayos X disponen de un sistema de enfriamiento que controla la temperatura del tubo. Para asegurar que su operación se mantenga dentro de los límites permitidos, un sistema de protección computarizado en tiempo real «vigila» la temperatura del foco, ánodo, rodamientos y aceite refrigerante.

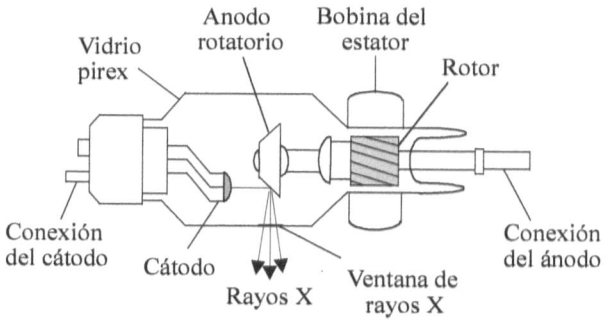

Fig. 2.10. Tubo de rayos X con ánodo rotatorio

A pesar de las precauciones citadas anteriormente, es inevitable que el tungsteno se volatilize, formándose con el tiempo una capa de material evaporado en la superficie interior del tubo, ennegreciéndolo y degradando la calidad del haz de rayos X. Cuando la capa de tungsteno depositada en el interior del tubo se vuelve suficientemente conductora, incluso para bajos voltajes se producen arcos eléctricos desde el cátodo a la capa y de allí al ánodo, alterando, en consecuencia, el camino regular de la corriente anódica. El arco causa inestabilidad en el tubo (crazing) por lo que debe ser reemplazado. Con el propósito de aumentar su vida útil, la tecnología de fabricación del ánodo está en continua evolución. Recientemente se están ensayando nuevas aleaciones de tungsteno, renio, titanio y circonio.

Uno de los problemas que se presentó en la construcción de

estos tubos fue la lubricación de las rolineras del motor, ya que deben funcionar por varios años al vacío, por lo que la lubrificación debe ser «en seco». El polvo de plata o el bario han dado buenos resultados, pero su conducción térmica es pobre, contribuyendo muy poco al enfriamiento del ánodo. Actualmente se está empleando el galio líquido; elemento que resiste altas temperaturas sin contaminar el vacío. La gran superficie de contacto de las rolineras y la lubricación con el metal ofrecen un excelente vehículo para disipar el calor.

Todos los componentes del tubo, a excepción del estator del motor, están montados dentro de una envoltura metálica o de vidrio. La envoltura tiene una «ventana» elaborada con berilio, aluminio o mica de donde emergen los rayos X. Tiene la función de mantener el vacío, sostener el ánodo, el cátodo y los elementos del motor en posición y asegurar un buen aislamiento eléctrico. Si la envoltura es metálica, el aislamiento es suministrado por aisladores de cerámica.

El tubo de rayos X se coloca dentro de un envase de aluminio y un blindaje de plomo, que por motivos de seguridad se conecta a tierra. Usualmente, por el espacio entre el envase y la ampolla de vidrio circula algún tipo de refrigerante. La protección de plomo evita que las radiaciones dispersas emerjan de otros lugares que no sea la ventana.

Con este sistema, se asegura una precolimación del haz emergente y se evita que las radiaciones alcancen al paciente en lugares distintos al deseado. Generalmente, en la ventana se coloca un filtro de aluminio que absorbe las radiaciones de baja energía.

Fig. 2.11. Tubo de rayos X contenido en el envase de aluminio donde puede apreciarse la ventana donde emergen las radiaciones

En el envase están los terminales del filamento y del ánodo, así como los terminales para suministrar corriente al motor y a los transductores de seguridad de presión y temperatura. También dispone de terminales para acoplar las mangueras donde circula el refrigerante.

En la figura 2.11 se muestra un tubo de rayos X con doble foco marca Siemens, Modelo Biangulis 125-30/52, 30/50 Kw de carga máxima, focos de 0,6 x 0,6 mm y de 1,2 x 1,2 mm.

Tubo con rejilla de control

Algunos tubos están equipados con un tercer electrodo llamado *rejilla de control* colocado entre el ánodo y el cátodo. Al igual que en el triodo termoiónico, tiene la finalidad de controlar el flujo de electrones. Si es suficientemente negativa respecto al filamento, el flujo de electrones es detenido. De esta manera, la tensión de rejilla regula la producción de rayos X o los interrumpe.

TUBOS PARA MASTOGRAFOS

Los tubos de ánodo rotatorio, fabricados especialmente para realizar la radiografía de la mama, son adaptados para obtener la mejor imagen de las estructuras fibroepiteliales internas de la glándula. Operan con menos tensión y generan fotones de menor energía, adecuados para producir imágenes con buena resolución y buen contraste de los tejidos blandos propio de ese órgano.

La energía de los de rayos X óptima para realizar la mamografía es la comprendida entre 16 KeV y 26 KeV. Un espectro tan «estrecho» se obtiene seleccionando un material del ánodo con radiación característica en ese rango, como el molibdeno o el rodio.

Los fotones cuya energía es inferior a los 16 KeV no penetran suficientemente en los tejidos, sólo contribuyen a aumentar la dosis a que se somete la paciente, por lo que deben ser excluidos.

El tubo más empleado es el llamado *Mo/Mo*. El ánodo y el filtro están hechos de molibdeno y los rayos X emergen de una ventana muy delgada de berilio. Esta combinación produce un espectro bastante «estrecho», entre 15 KeV y 20 KeV.

Por ser el molibdeno un elemento bastante liviano, cuyo número atómico es sólo 42, la producción de rayos X es bastante ineficiente. Esto hace que deba emplearse un punto focal relativamente grande y aumentar el tiempo de exposición a algunos segundos.

Para realizar la misma tarea, también se utilizan tubos con ánodo de tungsteno que operan con 30 KV, los rayos se filtran con una capa muy delgada de paladio y la ventana del tubo está hecha con una lámina muy delgada de vidrio. Su espectro es ideal para el estudio de mamas voluminosas.

El tungsteno, por ser un material más pesado (número atómico 74), es más eficiente en la producción de rayos X. Permite un punto focal más pequeño, del orden de los 0,1 a 0,2 mm, con lo que se obtiene mejor resolución.

FUNCIONAMIENTO DEL TUBO DE RAYOS X

Por efecto termoeléctrico, en torno al filamento incandescente se establece una carga negativa formada por una nube de electrones que «pululan» en su alrededor. Cuando se aplica un pequeño voltaje entre ánodo y cátodo, parte de esos electrones son atraídos hacia el ánodo. A medida que aumenta la tensión, la cantidad de electrones que alrededor del filamento disminuye, mientras los atraídos por el ánodo aumentan, hasta llegar a una tensión donde todos los electrones producidos por el filamento son rápidamente capturados por el ánodo.

Cuando el tubo trabaja en estas condiciones se dice que está saturado y el voltaje aplicado entre ánodo y cátodo se le llama *voltaje de saturación*. La curva que relaciona la corriente de ánodo con la tensión ánodo-cátodo se muestra en la figura 2.12, la parte plana corresponde a la zona de saturación.

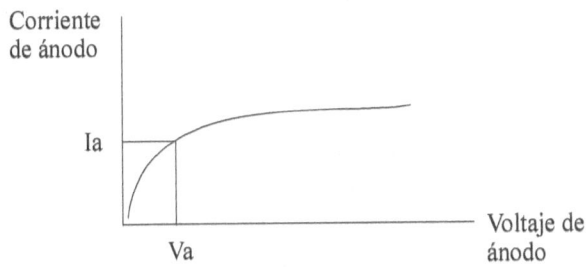

Fig. 2.12. Relación entre la corriente y el voltaje de ánodo en un tubo de rayos X

En condiciones de saturación, la corriente de ánodo está limitada por el número de electrones emitidos por el filamento y es casi independiente de la tensión ánodo-cátodo. Sólo podría ser aumentada si se incrementa la temperatura del filamento. Los tubos de rayos X operan con tensión un poco menor que la de saturación, con lo que se logra un control preciso de la corriente de ánodo.

El tubo de rayos X es un elemento costoso y de vida limitada. En algunos casos donde el trabajo es intenso debe ser reemplazado dos veces al año. Las causas principales de su deterioro son producto de la evaporación de la superficie del ánodo y la evaporación del filamento que finalmente se «abre».

CARACTERISTICAS DE DISIPACION

Las características de disipación de un tubo se pueden esquematizar por medio de una gráfica conocida como *carta de carga* (X ray tube rating chart o exposure rating chart), en la que se expresa la relación entre el alto voltaje, la corriente de ánodo y el tiempo de exposición, con lo que se determina la carga del tubo.

La carga térmica se refiere a la energía en forma de calor que el sistema de refrigeración debe extraer del tubo.

Para un tubo específico y para un alto voltaje dado, la corriente de ánodo máxima permisible depende del tiempo de exposición y de la superficie del punto focal. Para el tubo, cuya característica de disipación es la mostrada en la figura 2.13, se observa que para 65 Kv y corriente de ánodo de 0,3 A, el tiempo de exposición no puede exceder los 3 segundos. Si la corriente de ánodo aumentara a 0,5 A, el tiempo de exposición sería mucho menor; unos 0,3 segundos.

Si el voltaje aumentara a 80 KV, para una corriente de ánodo de 0,3 A el tiempo de exposición se vería reducido a 1,3 segundos. Los datos que aporta la gráfica se aplican a una exposición única, seguida de un periodo de enfriamiento del tubo de unos 15 minutos.

Cuando se hacen varias exposiciones en poco tiempo, debe tomarse en cuenta la máxima capacidad de disipación del ánodo, para lo cual deben conocerse algunas características del tubo. Con esas especificaciones se puede calcular el máximo número de exposiciones por unidad de tiempo. Para un tubo determinado, la capacidad de disipación de calor es fija y está fundamentada en la efectividad de la eliminación del calor por parte del sistema de enfriamiento.

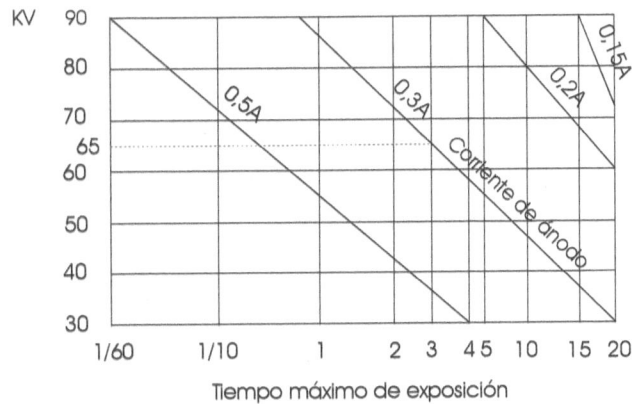

Figura 2.13. Características de disipación de un tubo de rayos X

Algunas de las características de disipación suministradas por el fabricante podrían ser:

Punto focal: 1 o 2 mm.
Capacidad calórica de ánodo: 135 Kcal.
Capacidad calórica máxima: 1250 Kcal.
Capacidad máxima de disipación: 45 Kcal/min.
Máximo voltaje ánodo-cátodo: 120 Kv.

Como el tubo tiene una disipación máxima de 45 Kcal/min permite, por ejemplo, 10 exposiciones por minuto donde se disipan 4,5 Kcal en cada una de ellas, o 5 exposiciones con 9 Kcal en ese mismo tiempo.

Carga térmica. La carga térmica (heat loading) de un tubo puede encontrarse también con los datos que suministra la carta de carga. El tubo, cuya gráfica es la mostrada en la figura 2.14, puede ser «cargado» con 0,3 A y 65 KVp durante 5 segundos.
La carga térmica en este caso es:

$$0,3 \text{ A} \times 65000 \text{ v} \times 5 = 97.500 \text{ Julios}$$

Ejemplo: Un tubo de rayos X con máxima disipación de ánodo de 45 Kcal/min es operado con 200 KVp, su sistema de alimentación es monofásico, 60 Hz, con rectificación de onda completa. Calcular la máxima corriente de ánodo si se desean hacer tres exposiciones por minuto, cada una con duración de 10 segundos?
La representación gráfica del voltaje de ánodo es la siguiente:

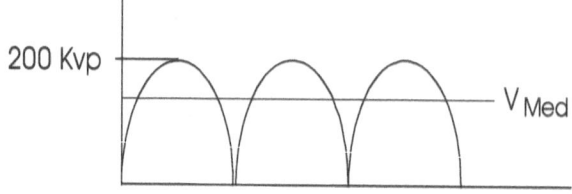

El valor promedio del voltaje de ánodo es:

$$V_{med} = \frac{1}{\pi} \int_0^\pi 200 \cdot 10^3 \, sen\theta \delta\theta = 127.000 v$$

45 Kcal/min. equivale a 193.000 Julios/min.

En cada exposición se generan 193.000/3 = 64.330 Julios.
Corriente máxima de ánodo = 64.330/127.000 = 0,507 A.
Pero como cada exposición dura 10 segundos y en los siguientes 10 segundos no circula corriente de ánodo, la corriente durante el tiempo de exposición puede ser de hasta 0,507 x 2 = 1,014 A.

EQUIPOS DE RAYOS X

Los equipos de rayos X tienen por finalidad producir imágenes radiográficas de alta densidad, alto contraste y alta definición y con mínima exposición para el paciente.

Son sistemas electromecánicos que generan y controlan la producción de rayos X. Se fabrican de varias formas y tamaños, y se clasifican de acuerdo a la energía de los rayos X que producen o a la forma en que son utilizados. El tubo puede estar sobre una guía móvil instalada en el techo o unido a la mesa, en los equipos portátiles.

El sistema eléctrico está formado por tres circuitos principales que cumplen las siguientes funciones:

1.- Suministrar alta corriente y baja tensión para la alimentación de filamento.
2.- Suministrar de baja corriente y alta tensión a aplicarse entre el ánodo y el cátodo.
3.- Controlar el tiempo de exposición (Exposure time).

Una pieza importante del equipo es el banco de transformación que contiene el transformador que alimenta el filamento, el transformador de alto voltaje y los diodos rectificadores. El filamento es alimentado por un arreglo de transformadores como el mostrado en la figuras 2.16, 2.17 y 2.18, los cuales suministran unos 12 voltios y 5 A. Los devanados de este transformador deben estar muy bien aislados ya que soportan la diferencia de potencial entre el cátodo y la tierra.

Los rectificadores son diodos que están conectados a la salida del transformador de alta tensión, se encargan de suministrar alto voltaje continuo al tubo de rayos X. Los primeros rectificadores eran diodos termoiónicos, luego se emplearon los diodos de selenio y finalmente los diodos de silicio. Estos últimos tienen un máximo voltaje reverso de ruptura (peak inverse voltage) de 1 Kv. Para obtener un rectificador de 150 Kv se requiere una serie de 150 diodos integrados en un solo bloque.

Debido a la alta diferencia de potencial entre el circuito de alta tensión y el circuito del filamento, que puede alcanzar 150 Kv, los transformadores y el rectificador están inmersos en aceite, el cual actúa como aislante y previene posibles descargas eléctricas.

LA CONSOLA

Los equipos de rayos X poseen una consola desde la cual el operador controla los parámetros de exposición; el alto voltaje, la corriente de ánodo, el tiempo y la corriente de filamento.

El alto voltaje se expresa en Kilovoltios pico (KVp), la corriente de ánodo en miliamperios (mA) y la corriente de filamento en amperios (A). Estos valores se visualizan en instrumentos de medida colocados en el panel. El equipo, normalmente dispone de un botón de exposición con la función «listo» (stand by) que inicia la rotación del ánodo y precalienta del filamento antes de que ocurra la exposición.

TIEMPO DE EXPOSICION

La exposición es el tiempo durante el cual el paciente está sometido a los efectos de las radiaciones. Puede controlarse en forma manual o automática.

1.- Exposición manual: Un reloj detiene la producción de rayos X después de transcurrido cierto tiempo.
2.- Exposición automática: Mide la cantidad de radiaciones que «llegan» a la placa fotográfica y detiene la exposición cuando alcanzan el valor preestablecido.

El sistema con exposición manual es más económico. Tiene la desventaja que la cantidad de rayos X que inciden en la placa radiográfica depende únicamente del buen juicio del operador y la radiografía puede ser sobre expuesta o subexpuesta.

La exposición automática, conocida también como «autotimer» o «phototimer», emplea tres detectores colocados próximos a la placa radiográfica y dispuestos en forma similar a la mostrada en la figura 2.14.

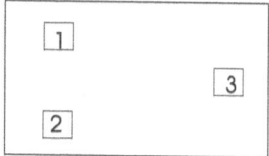

Fig.2.14. Disposición de los detectores del phototimer

Cada detector es una cámara de ionización o una capa de material centelleante que mide la cantidad de rayos X. Cuando la cantidad recibida es la adecuada, se interrumpe la exposición. El funcionamiento de la cámara de ionización y del detector de centelleo se describe en el capítulo dedicado a la Medicina Nuclear.

INTERRUPTOR DE EXPOSICION

Es el dispositivo que durante el tiempo de exposición conecta el alto voltaje al tubo. En los equipos antiguos, pero aun en uso, la interrupción se efectúa por medio de un relé electromecánico que actúa en el primario del transformador de alta tensión. El sistema no es adecuado para tiempos de exposición muy cortos; requiere de mucho mantenimiento de los contactos y es cada vez es más difícil de reemplazar. Por estos motivos, ha sido sustituido por conmutadores de estados sólido, como los rectificadores controlados de silicio (SCR) o los tiristores.

Cuando se requieren exposiciones cortas y repetitivas, la interrupción se efectúa en el secundario del transformador. Algunos equipos emplean triodos de alto voltaje intercalados en el circuito o por medio de la grilla de control del tubos de rayos X.

Si el equipo incorpora una fuente conmutada, la interrupción se efectúa en el primario del transformador desactivando el circuito inversor. La interrupción del primario es posible debido a la baja inductancia del transformador de núcleo de ferrita, lo que permite que el tiempo de alzada y de caída del alto voltaje en el secundario sea mucho menor, por lo que las exposiciones pueden ser de muy corta duración. Para obtener precisión en el tiempo de exposición, los equipos modernos utiliza temporización digital.

SISTEMA DE ENFRIAMIENTO

Durante la exposición, a causa de la energía disipada en el ánodo y en el filamento, se genera gran cantidad de calor en el tubo. Para mantenerlo en funcionamiento y prolongar su vida, el calor debe ser eliminado por medio de un sistema de enfriamiento.

Algunos tubos de baja potencia son enfriados por medio de la radiación natural, otros, de mayor potencia, utilizan un sistema de enfriamiento en circuito cerrado formado por una bomba, un tanque que contiene el refrigerante y un intercambiador de calor. Generalmente el equipo opera con unos 300 litros de refrigerante y tiene intercalado por lo menos un sistema de filtrado. Una bolsa incorporada en el tanque y en comunicación con la atmósfera permite la expansión térmica del líquido, mientras mantiene la presión atmosférica en su interior.

El circuito de enfriamiento incluye un sensor diferencial que mide la presión en la entrada del dispositivo reductor y la presión en el tanque. El valor de la presión diferencial es empleado para determinar el flujo del refrigerante; si este no es suficiente para garantizar una operación confiable y segura, el sistema de protección detiene la generación de rayos X.

El sistema de seguridad es sensible al volumen y a la presión del refrigerante. El generador no enciende a menos que el flujo sea adecuado y la presión correcta.

MESA RADIOGRAFICA

Las mesas radiográficas pueden ser fijas o basculantes. Están construidas de fibra de carbono suficientemente fuerte para sostener pacientes corpulentos. Deben ser radiotransparentes y su espesor uniforme, de forma que puedan ser atravesadas fácilmente por los rayos X. Debajo de la superficie de la masa, se encuentra una bandeja que sujeta el chasis que contiene la película radiográfica y la rejilla de Bucky. Para poderla desplazar de un lado a otro, la bandeja corre sobre rieles. Existen dos tipos de bandejas: de mesa y de pared, pero su función es la misma.

ALIMENTACION MONOFASICA Y TRIFASICA

Los equipos alimentados con una sola fase se emplean en instrumentos donde los requerimientos de potencia son moderados, como los portátiles o los utilizados en odontología.

La figura 2.15 muestra el diagrama eléctrico de un equipo de rayos X de diseño tradicional. La fuente monofásica alimenta el transformador de filamento y el autotransformador. La alta tensión puede variarse por medio del selector del autotransformador, en tanto que la tensión de filamento es fija.

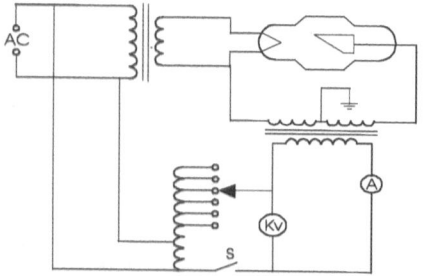

Figura 2.15. Diagrama eléctrico de un equipo de rayos X con alimentación monofásica y rectificación de media onda

El operador dispone de medidores de la corriente de ánodo y de alta tensión, ambos están colocados en la consola de control del equipo. Por motivos de seguridad y facilidad de diseño, el kilovoltaje y miliamperaje del tubo de rayos X se mide en forma indirecta, así se evita la presencia de la alta tensión en la consola de control del instrumento.

El kilovoltímetro en realidad mide el voltaje eficaz de baja tensión en la salida del autotransformador, pero está calibrado en Kv e indica la alta tensión pico aplicada al tubo de rayos X. El amperímetro, calibrado en mA, indica la corriente de ánodo, aunque en realidad mide la corriente eficaz en el circuito del autotransformador.

El tubo de rayos X actúa por sí solo como un rectificador de alto voltaje de media onda. En el semiciclo, cuando el ánodo es positivo respecto al filamento, los electrones fluyen y se generan los rayos X. En el semiciclo siguiente se invierte la polaridad, los electrones dejan de fluir y no hay producción de radiaciones. Por lo tanto, la emisión de rayos X sólo se produce durante la mitad del tiempo.

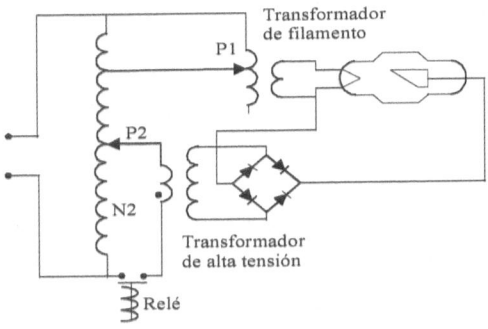

Fig. 2.16. Diagrama eléctrico con alimentación monofásica y rectificación de onda completa

La figura 2.16 muestra el diagrama eléctrico de un equipo monofásico con rectificación de onda completa. Por medio de P1 se ajusta el voltaje de filamento y con P2, se selecciona la tensión que será aplicada al primario del transformador de alto voltaje.

La alimentación del equipo mostrado en la figura 2.17 es trifásica, contiene seis diodos rectificadores y el filamento es alimentado por un transformador independiente del sistema trifásico.

El alto voltaje es aplicado por medio de un cable de alta tensión que puede conectarse al tubo de dos maneras:

1.- El polo negativo conectado al cátodo y el ánodo a tierra.

Con este sistema se evita aislar el ánodo de tierra.

2.- La mitad del alto voltaje aplicado al ánodo y la otra mitad al cátodo. Para una diferencia de potencial entre ánodo y cátodo de 100Kv, el ánodo tiene aplicados +50 Kv y el cátodo -50 Kv, con lo que se reduce el aislamiento.

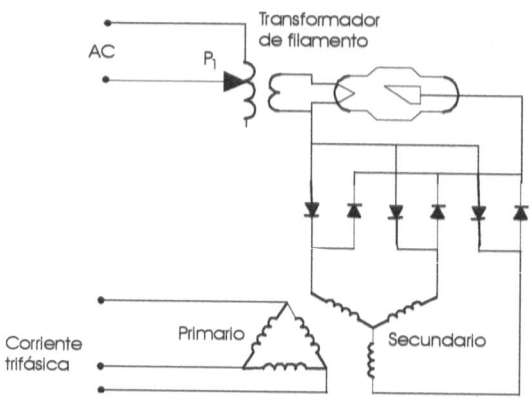

Fig.2.17. Diagrama eléctrico con alimentación trifásica y rectificación de onda completa

FACTOR DE ONDULACION

La energía eléctrica se distribuye por medio de un sistema trifásico con frecuencia de 50 o 60 Hz, el periodo de la onda de 60 Hz es 1/60 de segundo, es decir 16,67 ms.

Los equipos de rayos X se construyen para ser alimentados con corriente rectificada monofásica o trifásica, por lo que la alta tensión aplicada al tubo tiene ondulación. La ondulación es un componente no deseado, causa que la energía de los rayos X sea dispersa y con gran cantidad de fotones de baja energía.

El factor de ondulación (ripple factor) se define como la variación de voltaje, expresado en porcentaje, respecto al voltaje máximo, es decir:

%factor de ondulación = $100 (V_{max} - V_{min})/V_{max}$

Para la alimentación monofásica, el factor de ondulación es 100%, ya sea para rectificación de media onda o de onda completa. Para la trifásica, dependiendo del tipo de rectificación, se producen 6 o 12 crestas cada 1/60 segundo. De esta forma, el factor de ondulación se reduce drásticamente; 13% a 15% para 6 crestas y

3% a 10% para 12 crestas por periodo. Debido a la reducción en la ondulación, la producción de fotones de baja energía se reduce apreciablemente y la generación de rayos X es mucho más eficiente.

La ondulación es prácticamente inexistente en los equipos modernos, ya que la anterior fuente de alimentación se ha reemplazado por la pequeña y eficiente fuente conmutada.

FUENTE DE PODER CONMUTADA

Hasta la década de 1980, la fuente de poder estaba constituida por un banco de transformadores y rectificadores como los descritos anteriormente. Hacia el final de dicha década, se desarrollaron nuevos métodos que dieron origen a la fuente de poder conmutada, con la que se obtuvo un mejor control de producción de los rayos X, mejor calidad de la imagen y menos exposición para el paciente.

Las fuente de poder conmutada (Switch Mode Power Supply o SMPS) o fuente de alta frecuencia (High frecuency generators), se caracteriza por ser menos pesada y voluminosa, más económica y eficiente. Su ondulación es inferior al 2%, de forma que la energía de los rayos X es muy poco dispersa. Tiene la desventaja que genera ruido eléctrico de alta frecuencia que debe ser neutralizado para no causar interferencia en los equipos cercanos.

Generalmente la fuente conmutada es alimentada con corriente monofásica, que después de rectificada y filtrada es empleada para alimentar los transistores de conmutación que operan entre 100 KHz y 500 KHz. La onda cuadrada resultante es aplicada a un transformador con núcleo de ferrita que eleva la tensión. La ferrita es un material mal conductor, formado por la aglomeración de partículas de óxido de hierro, que por sus propiedades magnéticas es empleado en altas frecuencias.

Para obtener un voltajes de salida continuo, la alta tensión alterna es rectificada, filtrada y utilizada para alimentar el tubo. La magnitud del voltaje de salida es controlado por medio de la frecuencia de conmutación.

La rectificación se efectúa con diodos rápidos. El filtro está formado por inductores y condensadores. Debido a la alta frecuencia de conmutación, los condensadores utilizados son de capacidad relativamente pequeña.

La fuente conmutada posee la ventaja que puede ser activada por muy corto tiempo, algunos milisegundos, por lo que es adecuada para realizar exposiciones de muy corta duración.

Al principio, estos generadores fueron empleados en equipos pequeños y portátiles; actualmente se instalan en equipos de cualquier potencia. Debido a sus reducidas dimensiones, los principales componentes de la fuente conmutada pueden colocarse en el mismo recipiente que contiene el tubo, en el brazo del equipo, o en su cercanía.

LA RADIOGRAFIA

La radiografía es una imagen permanente registrada en una placa o película fotográfica que se obtiene al exponerla a una fuente de radiación X o gamma. Para facilitar su interpretación debe tener buenas condiciones visuales y geométricas, lo que incluye una adecuada densidad y contraste, contornos nítidos, abundantes detalles y no debe producir distorsión ni alterar el tamaño de los objetos radiografiados.

Al interponer parte del cuerpo entre la fuente de radiación y la placa, la imagen se forma con las radiaciones que logran atravesar las estructuras internas después de haber sido absorbidas en forma diferencial por los tejidos.

Las regiones de la placa muy expuestas a los rayos X, como las que están en la «sombra» de los tejidos blandos, aparecen más obscuras. Las menos expuestas, como las que están detrás de los huesos que tienen mayor densidad, aparecen más claras.

La opacidad o brillantez de una imagen depende de la cantidad de rayos X a la que estuvo expuesta. Puede controlarse modificando la corriente de ánodo, el tiempo de exposición y la tensión ánodo-cátodo. Depende también del proceso químico de revelado, fijado y secado de la placa radiográfica.

La imagen se percibe a causa de la diferencia de contraste entre sus partes. El contraste entre dos tejidos blandos es máximo para un voltaje dado, así, en cada caso la optimización de la imagen se obtiene ajustando el voltaje ánodo-cátodo, lo que modifica la energía de la radiación X.

La claridad de los bordes (sharpness) es un término empleado para describir su calidad. Una imagen con buena resolución reproduce fielmente los detalles «finos» del objeto. Los bordes se difuminan si el punto focal es grande y por la presencia de radiación secundaria.

Para someter el paciente sólo a la radiación necesaria, el tiempo de exposición debe ser cuidadosamente limitado, el área de radiación debe confinarse a la región de interés y el haz debe ser colimado y filtrado.

Gran parte de los rayos X se originan por efecto de frenado; el espectro contiene un amplio rango de energía cuya distribución es similar a la mostrada en el espectro de la figura 2.18A. La composición energética no es la ideal para producir imágenes radiográficas; los rayos X de baja energía, por no poder atravesar el cuerpo del paciente no contribuyen a formar la imagen, sólo exponen a radiaciones innecesarias la piel y en los tejidos subcutáneos y sólo contribuyen a aumentar la dosis y a degradar la calidad de la radiografía.

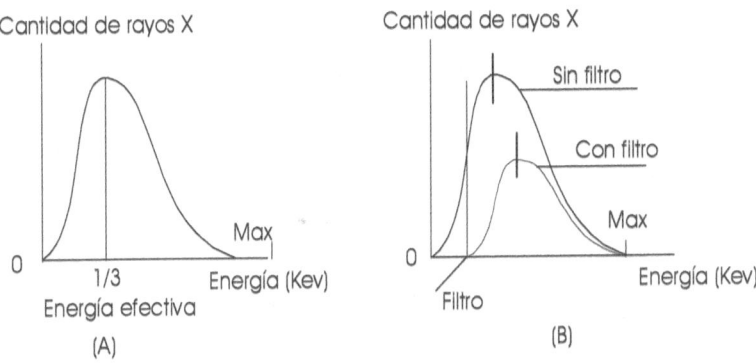

Fig.2.18. Efecto del filtro sobre el espectro de energía

Los fotones de baja energía se eliminan por medio de filtros. Los filtros, son láminas metálicas que se colocan en el recorrido del haz con la finalidad de absorberlos. Láminas de aluminio de espesor adecuado colocadas entre el tubo y el paciente cumplen con esa función.

La figura 2.18B muestra el efectos que produce el filtro sobre el espectro: la cantidad de rayos X que alcanzan la placa fotográfica se reduce, el espectro se desplaza a la derecha y la energía promedio de los fotones es mayor.

A medida que el filtrado se incrementa, la energía de los fotones restantes se eleva, aumentando consecuentemente su poder de penetración. De esta forma se logra que sólo los rayos X de mayor energía alcancen la placa radiográfica. Sin embargo, con un filtrado excesivo muy pocos fotones podrían alcanzar la placa y contribuir a crear la imagen. Normalmente, el filtro forma parte del diseño del equipo y está incluido en la caja que aloja el tubo de rayos X. Aparte del filtrado, el equipo debe cumplir con las regulaciones y normas de seguridad establecidas por las autoridades que supervisan el empleo de las radiaciones ionizantes para que el paciente no recibirá más dosis de la requerida.

La rejilla Bucky

Anteriormente, se indicó que los rayos X al interactuar con la materia son afectados por el fenómeno de absorción y de dispersión. La absorción de los diferentes tejidos es precisamente lo que permite que se forme la imagen, por el contrario, la dispersión tiende a difuminarla. Para evitar que la radiación dispersa alcance la placa se emplea la rejilla Bucky, la cual está formada por un material muy absorbente, generalmente plomo. Se especifica por su espesor y superficie; a mayor espesor, mejor poder de absorción de las radiaciones dispersas. La superficie, que podría ser de 24 cm por 18 cm, debe ser suficiente para cubrir la placa fotográfica. Su localización y principio de funcionamiento lo ilustra la figura 2.19, donde se observa cómo a las radiaciones no dispersas alcanzan la placa fotográfica, mientras que las dispersas son absorbidas por el plomo.

La rejilla de Bucky, inventada por Gustave Bucky en 1913, es un dispositivo rectangular de algunos centímetros de espesor que se coloca entre el paciente y la placa radiográfica. Su geometría evita que la radiaciones dispersas alcance la placa, con lo que se obtiene una radiografía de mejor calidad, más clara, «limpia», con más detalles y con mejor definición de los bordes, a expensas del tiempo de exposición y de someter al paciente a una dosis mayor.

La rejilla puede ser lineal, cuando las tiras están dispuestas siguiendo un patrón como el mostrado en la figura, o puede ser cruzada cuando está formada por dos rejillas lineales con las tiras dispuestas perpendicularmente. También se clasifica en estacionaria y móvil, la estacionaria (stationary grid) puede proyectar en la radiografía la «sombra» de sus propias tiras de plomo, en tanto que en la móvil (moving grid), la sombra tiende a ser borrosa e imperceptible.

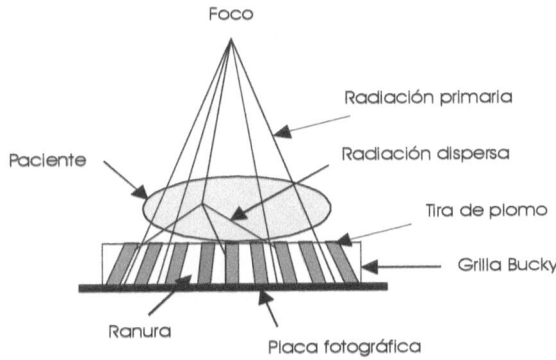

Fig.2.19. La rejilla Bucky suprime la radiación dispersa

Las rejillas modernas son elementos bastante costosos, tienen de 60 a 70 tiras absorbentes por centímetro y las ranuras no son visibles a simple vista. Las tiras son tan delgadas que, a pesar de permanecer estáticas, su sombra prácticamente no afecta la calidad de la imagen.

La rejilla móvil fue inventada por Hollis Potter en 1920, se le conoce también como Rejilla Potter-Bucky. Cuando el ánodo comienza a girar, la grilla inicia un movimiento oscilatorio que se mantiene mientras dure la exposición.

Las tiras de la rejilla lineal no son perfectamente paralelas, están orientadas hacia un foco que es el punto focal del ánodo situado a la distancia focal, por lo que la rejilla es efectiva sólo para esa distancia.

INTENSIFICADOR DE IMAGEN

El intensificador de imagen (X-Ray Image Intensifier) es un instrumento introducido en el mercado por Philips en 1955; se emplea principalmente en fluoroscopia y angiografía. Su implementación fue consecuencia del desarrollo de dispositivos para la visión nocturna, donde la imagen por ser muy tenue precisa ser intensificada para poderla observar en condiciones normales de iluminación ambiental.

En los estudios fluoroscópicos el tiempo de exposición es bastante prolongado. Para evitar someter al paciente a radiación excesiva se utiliza la mínima dosis posible. Las imágenes obtenidas con poca radiación son de baja calidad, poco nítidas y con poco contraste.

El intensificador de imagen puede ser fijo o móvil. El primero, mostrado en la figura 2.20, es empleado para el análisis rutinario. El móvil, mostrado en la figura 2.21, más pequeños y alimentado con baterías, es utilizado principalmente en quirófanos para realizar estudios endoscópicos, de fertilidad, angiográficos y cardíacos.

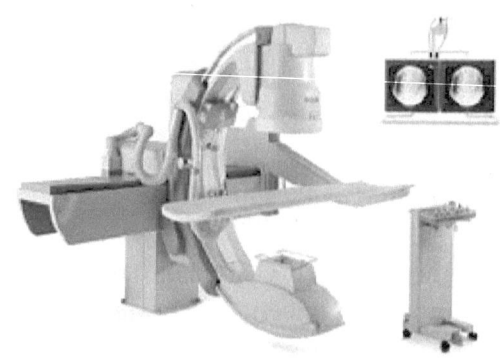

Fig.2.20. Equipo Philips Multi Diagnostic Eleva fijo

La figura 2.22 muestra una sección longitudinal del instrumento. El elemento intensificador tiene forma cilíndrica y en los extremos del cilindro se encuentran las superficies de fósforo y en su interior el fotocátodo y la óptica electrónica, todo en un ambiente al vacío.

Los rayos X, atenuados por los tejidos del paciente, penetran por la ventana de entrada y alcanzan la superficie de fósforo. El fósforo excitado centellea y emite fotones. Los fotones chocan con el fotocátodo y lo excitan para que emita electrones. Los electrones, acelerados y enfocados por la óptica electrónica, chocan con la superficie de fósforo adosada a la ventana de salida, que al ser excitada emite luz visible. La luz emitida forma una imagen mucho más intensa que original.

El diámetro de la ventana de entrada es de 15 a 40 cm. En los primeros intensificadores dicha ventana era de vidrio y producía absorción y dispersión de los rayos X incidentes. Esta limitación, fue superada al reemplazar el vidrio por una lámina delgada de aluminio o titanio con un espesor de 0,25 a 0,5 mm lo cual produce muy poca atenuación y a la vez es suficientemente fuerte para soportar la fuerza ejercida por la presión atmosférica. Además, actúa como dispositivo de seguridad en caso que se produzca implosión.

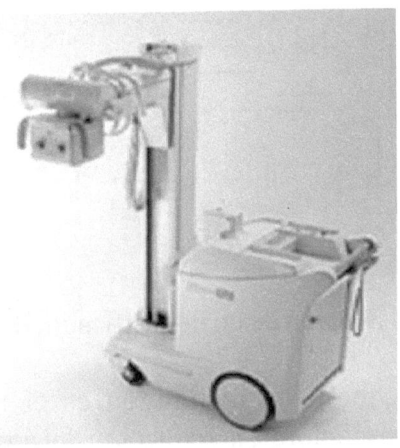

Fig. 2.21 Equipo móvil alimentado con baterías

La fuente de alta tensión, cuyo voltaje está comprendido entre 25 y 35 Kv, es empleada para acelerar los fotoelectrones hacia el ánodo y la óptica electrónica los enfoca sobre la superficie de la ventana de salida. Para compensar por la diferente trayectoria de los electrones y minimizar la distorsión, la superficie del fotocátodo es curva y la imagen proyectada sobre la ventana está invertida respecto a la imagen de la entrada.

El fósforo depositado sobre la ventana de salida es del tipo ZnCdS, conocido también como P20. Tiene un espesor de unos 0,005 mm y diámetro entre 25 y 35 mm y convierte la energía cinética de los electrones en luz visible de color verde.

La magnificación de la imagen se logra variando la tensión aplicada a los electrodos de la óptica. Algunos equipos tienen la opción de magnificación discreta, otros poseen la opción del zoom, con lo que es posible adecuar la dimensión de la imagen en forma continua. La imagen resultante es recogida por una cámara fotográfica o de video, o por la combinación de ambas.

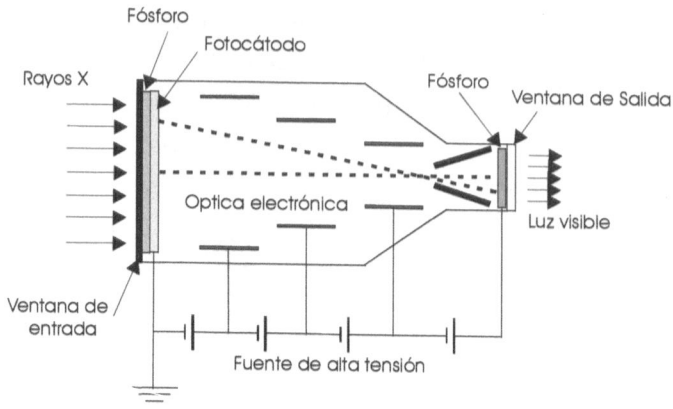

Fig. 2.22. Sección de un intensificador de imagen

La intensificación de la imagen es el resultado de la combinación de dos factores: la reducción del área de imagen y la aceleración de los electrones. El aumento de brillo por la reducción de la imagen se debe a que el área de la ventana de salida es menor que el área de la ventana de entrada, lo que hace que el número de electrones por unidad de área sea mayor en la ventana de salida. La ganancia es dada por la relación de las áreas. Si el diámetro de la ventana de entrada es 30 cm y el de salida 3 cm, la ganancia del brillo es 100.

La aceleración de los electrones depende del alto voltaje entre ánodo y cátodo; a mayor voltaje, mayor es la energía que entregan los electrones al chocar el ánodo, con lo que se producen más fotones de luz visible en la ventana de salida. La ganancia debida a la aceleración de los electrones está comprendida entre 50 y 100. La amplificación del brillo es dada por el producto de estos dos factores; en este caso $100 \times 50 = 5000$.

FLUOROSCOPIA

La fluoroscopia, es una técnica no invasiva frecuentemente empleada en medicina para obtener imágenes en tiempo real de las estructuras internas del cuerpo. El instrumento empleado para obtenerlas es el fluoroscopio, que en su forma más simple consta de una fuente de rayos X y una pantalla fluorescente entre las que se sitúa el paciente. La figura 2.23 muestra un instrumento de fabricación reciente.

Los fluoroscopios modernos poseen un intensificador y una cámara de video acoplados a la pantalla, lo que permite la observación y la grabación de las imágenes.

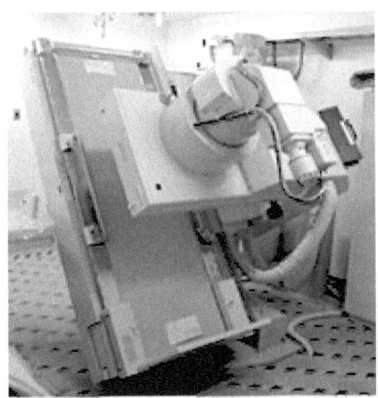

Fig. 2.23. Un Fluoroscopio moderno

Para poder observar los órganos y tejidos en tiempo real, durante el estudio la emisión de rayos X es continua. Aunque la emisión es continua, la dosis por imagen que recibe el paciente es pequeña en comparación con la radiografía tradicional.

El instrumento, además de posibilitar la observación de los órganos internos en movimiento, también se emplea en la cirugía guiada por imágenes (Image-guided surgery). Durante la intervención muestra al cirujano la posición de los instrumentos quirúrgicos en relación con los órganos y tejidos. En cirugía ortopédica, por ejemplo, guía la reducción de la fractura y la colocación de prótesis metálicas.

Los equipos de fluoroscopia modernos permiten una amplia variedad de aplicaciones; desde los exámenes gastrointestinales y urogenitales hasta los radiológicos rutinarios. Generalmente las imágenes obtenidas por fluoroscopia no son empleadas para el diagnóstico, sino que son utilizadas preferentemente para procedimientos como la colocación de catéter, marcapaso o la monitorización del tránsito de sustancias radio opacas por los órganos internos o en los vasos sanguíneos. Los órganos internos o los vasos se pueden visualizar gracias al empleo de material de contraste, que por tener alta densidad, absorbe la radiación.

Los fluoroscopios modernos se construyen en dos versiones: con el tubo de rayos X colocado por encima de la mesa del paciente (Over-table system) o con el tubo debajo la mesa (Under-table system). Ambos sistemas son adecuados para individuos con características muy disímiles, desde pacientes pediátricos hasta adultos muy obesos, su manejo es muy eficiente y la dosis aplicada es generalmente baja. También se construyen sistemas multifuncionales, adecuados para la fluoroscopia y la angiografía. Esta versatilidad conduce a exámenes más rápidos y de menor costo.

La técnica fluoroscópica se remonta a 1895, cuando Röntgen notó que el platinocianuro de bario expuesto a los rayos X se volvía fluorescente. A los pocos meses de este descubrimiento fue creado el primer fluoroscopio que era un simple embudo de cartón. Por la abertura estrecha, el observador podía ver el extremo ancho del embudo donde se colocaba una hoja fina de cartón recubierta en la parte interna con una capa de material fluorescente. La imagen obtenida de esta forma era bastante tenue, así que el norteamericano Thomas Edison (1847-1931) utilizó pantallas de tungstenato de calcio que producía imágenes más brillantes. Por este hecho, se le acredita el haber diseñado y producido el primer fluoroscopio comercialmente disponible.

Muchos predijeron que el fluoroscopio reemplazaría completamente la radiografía estática, sin embargo, la calidad superior de las imágenes radiográficas evitó que esto ocurriera.

Por desconocerse los efectos biológicos adversos de las radiaciones, no se tomaron las precauciones debidas. Los radiólogos detrás de la pantalla recibían altas dosis de radiación. Los médicos y científicos colocaban sus manos directamente en la trayectoria del haz, por lo que sufrieron importantes quemaduras. A causa de este desconocimiento, al fluoroscopio se le dieron aplicaciones tan triviales como la de observar la posición de los pies dentro del zapato; practica que se utilizó por varias décadas, hasta los años 50 del siglo pasado.

Para satisfacer estas frivolidades, en los Estados Unidos habían unas 10.000 zapaterías que lo utilizaban. El Servicio Público de Salud determinó que el cliente se exponía a unos 10 Röntgen. Sin embargo, estudios posteriores determinaron que la exposición era de hasta 116 Röntgen. A efecto de comparación, una persona parada a 1500 metros de la explosión de Hiroshima hubiera recibido unos 300 Röntgen en todo el cuerpo, no sólo en sus pies.

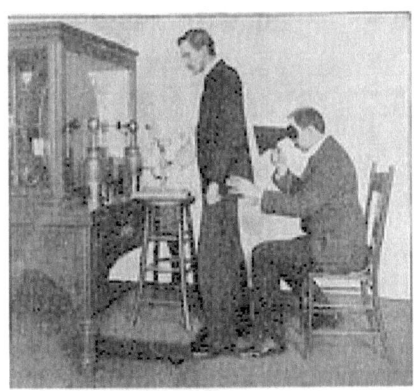 

Fig.2.24. Médico examinando un paciente con fluoroscopio y el fluoroscopio utilizado para determinar la talla ideal del zapato

Existe una correlación entre la exposición a los rayos X y el cáncer. Esta enfermedad, que puede manifestarse décadas después de la exposición, seguramente atacó a muchos clientes que murieron prematuramente debido a este invento publicitario. Los que más sufrieron fueron los vendedores que estaban expuestos diariamente a dosis enormes.

Debido a la poca luminosidad producida en la pantalla, para poder ver las tenues imágenes fluoroscópicas los primeros radiólogos debían adaptar sus ojos a la oscuridad; antes de realizar las exploraciones debían permanecer en habitaciones obscuras unos 20 minutos. En 1916, el fisiólogo alemán W. Trendelenburg (1877-1946) desarrolló unos anteojos de adaptación al rojo (red adaptation goggles) dirigidos a resolver este inconveniente.

Con el desarrollo del intensificador de imagen se produjo un gran avance en la técnica fluoroscópica. La primitiva pantalla fluorescente y las gafas de adaptación se volvieron obsoletas. Fueron rápidamente reemplazadas por el intensificador, que genera imágenes suficientemente intensas que pueden percibirse en ambientes normalmente iluminados.

En los años 1980, se desarrolló la angiografía por sustracción digital (DSA, Digital Subtraction Angiography) que amplió el campo de aplicaciones angiográficas, especialmente las exploraciones cardiovasculares con contraste. Con este método, las señales analógicas de video procedentes de la cámara de TV se convertían en digitales y veinte años después, en los primeros años de este siglo, estuvo disponible la radiología digital y el detector plano de digitalización directa.

DIAGRAMA EN BLOQUES

La figura 2.25 muestra el diagrama en bloques de un fluoroscopio donde se distingue la parte de producción de rayos X, el sistema de generación de la imagen y el sistema de video. Los rayos X emitidos por el tubo inciden en la pantalla fluorescente donde se forma la imagen. La pantalla, compuesta de sulfato de zinc y cadmio, cuando es excitada emite luz visible.

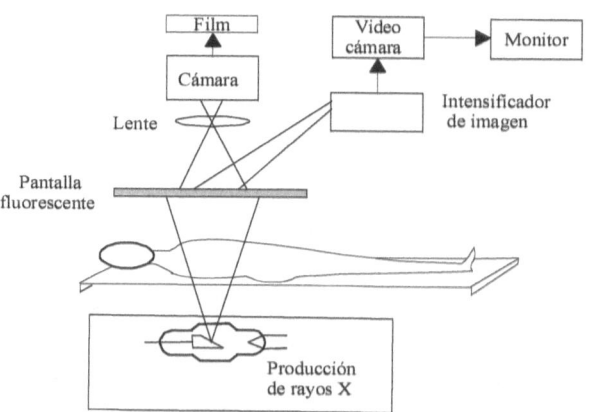

Figura 2.25. Diagrama del fluoroscopio con el tubo bajo la mesa

Para observar en tiempo real los órganos en movimiento, se emplea el mismo principio de las proyecciones cinematográficas; se toma una secuencia de imágenes, que proyectadas una tras otra, dan la sensación de movimiento. De esta forma podría analizarse, por ejemplo, el tránsito de un medio de contraste por los vasos.

Muchos fluoroscopios disponen de un sistema de control automático de brillo. Es empleado para evitar exponer al paciente a dosis excesivas y para estandarizar la intensidad de la imagen. Para lograrlo se utilizan dos métodos: En el primero suele medirse el brillo de la imagen en el centro de la ventana de salida del intensificador. El brillo es detectado por medio de un tubo fotomultiplicador, cuya señal de salida se utiliza para controlar la ganancia del intensificador.

Si en el centro de la ventana estuviera presente un órgano altamente absorbente, el control automático de brillo puede dar origen a que el paciente reciba una dosis excesiva. Para evitar este riesgo, los sistemas fluoroscópicos poseen sistemas que fijan la máxima dosis permisible. El segundo, mide el nivel de video proveniente de una cámara de TV que está enfocada en la salida del intensificador y lo utiliza para controlar su ganancia.

Con las nuevas generaciones de fluoroscopios que utilizan imágenes digitales, este problema se ha superado totalmente y los pacientes reciben dosis mucho menores.

En algunos fluoroscopios modernos, el detector plano (flat-panel detector) reemplaza al intensificador de imagen. Estos detectores, por ser más sensibles a los rayos X y por tener mejor resolución temporal, producen una imagen con menos exposición y reducen considerablemente la distorsión producida por los movimientos del paciente. Por ser mucho mas costosos, su uso está restringido a especialidades como la cardiología donde se requiere la producción de imágenes a alta velocidad.

RIESGOS

El estudio fluoroscópico implica el uso de rayos X y todos los procedimientos donde se emplean radiaciones ionizantes suponen un daño para la salud del paciente. Por tal motivo, el riesgo-beneficio de este examen debe ser cuidadosamente evaluado por un especialista. Aunque se procure emplear la mínima dosis posible, el tiempo de exposición es normalmente prolongado, la dosis absorbida por el paciente es relativamente alta, depende del volumen expuesto y de la duración del estudio. Una dosis típica es del orden de 20-50 mGy/min y el tiempo de exposición está supeditado al procedimiento a realizar, dándose el caso que algunas sesiones pueden durar hasta 75 minutos.

Un procedimiento tan prolongado puede producir desde efectos directos, como un eritema leve equivalente a una quemadura solar, hasta quemaduras más importantes. Sin embargo, estas quemaduras no usuales en los estudios fluoroscópicos estándar, sólo ocurren como consecuencia de procedimientos extremos, necesarios para salvar la vida del paciente.

ANGIOGRAFIA

La angiografía es un procedimiento de diagnóstico por imagen que emplea los rayos X para observar la parte interna de los vasos sanguíneos de ciertos órganos como el corazón, el cerebro, los riñones y las piernas. Su nombre deriva de las palabras griegas *angeion*, «vaso», y *graphien*, «grabar». Los vasos a estudiar pueden ser las arterias o las venas; la arteriografía se refiere al estudio de las arterias, mientras que la flebografía, a las venas

Por tener la sangre densidad similar a los tejidos circundantes, las arterias no se distinguen en la radiografías convencionales. Para hacerlas visibles se inyecta un material radio opaco en una arteria periférica por medio de un tubo de plástico, largo, delgado y flexible, del grosor de un espagueti, denominado *catéter,* que se introduce hasta situarlo en el área que se desea estudiar. Una vez en el sitio, se inyecta la sustancia de contraste por medio de un inyector de presión que regula automáticamente el volumen y la velocidad de suministro. El contraste llena el vaso y lo hace radiológicamente visible. Los rayos X, al ser atenuados por el compuesto radiopaco, dejan impreso en la placa fotográfica la morfología del árbol arterial.

Mientras se inyecta el material de contraste se activa una cámara que va registrando su desplazamiento con hasta 30 imágenes por segundo. Las imágenes en su conjunto o individualmente, permiten evaluar con precisión la anatomía de los vasos y determinar la existencia de estrechamientos, obstrucciones, dilataciones o comunicaciones anormales entre ellos.

El neurólogo portugués Egas Moniz, ganador del Premio Nobel en 1949, es considerado uno de los pioneros en este campo. En 1927 desarrolló la angiografía por contraste radiopaco, que luego utilizó para diagnosticar distintos trastornos cerebrales, desde tumores hasta malformaciones vasculares.

Las angiografías más frecuentes son la coronaria, la cerebral, la carotidea, la aórtica abdominal y la femoral. Con el estudio, se busca determinar si la arteria se ha estrechado, si existe un bloqueo y señalar donde se encuentra, o si la pared arterial se ha debilitado.

Para la angiografía cerebral se inyecta el material de contraste en una o ambas arterias carótidas en el cuello. En la angiografía coronaria, el catéter se introduce en una arteria localizada en la ingle o el antebrazo, se avanza cuidadosamente por el sistema arterial hasta alcanzar una de las dos arterias coronarias y una vez allí se inyecta el contraste. Las imágenes del material radiopaco en tránsito y su distribución al ser «arrastrado» por la sangre, permiten ver las ramificaciones arteriales. La figura 2.26 muestra una arteriografía coronaria, en la figura 2.27 la flecha indica una obstrucción en la arteria coronaria derecha.

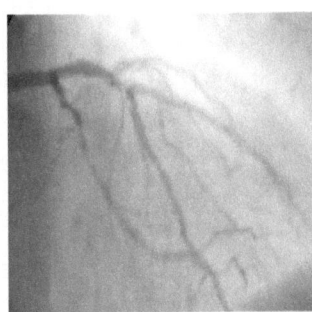 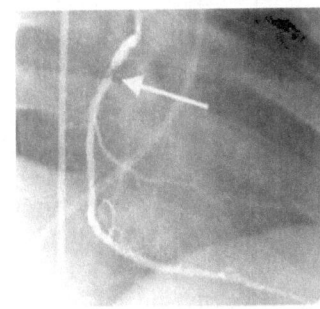

Fig. 2.26. Angiografía coronaria   Fig.2.27. Obstrucción coronaria

En la cerebral, se pueden observar lesiones del cráneo, malformaciones vasculares, tumores y estructuras que alteran la distribución de los vasos en el cerebro. Algunas de las patologías que pueden identificarse por medio de la angiografía son:

Estenosis: Se observa la obstrucción total o parcial del vaso.
Shunt arterio-venoso: Malformación congénita consistente en un «cortocircuito» en el sistema vascular.
Malformación arterio-venosa: Entramado arterial congénito u originado por un tumor.
Aneurisma: La arteria pierde parte de su pared y se hernia, aumentando el riesgo de ruptura y consecuente hemorragia. Según la arteria afectada la hemorragia podría ser intracraneal, aórtica, etc.

ANGIOGRAFIA DIGITAL

La angiografía digital es el resultado de la investigación multidisciplinaria llevada a cabo principalmente en la Universidad de Wisconsin, la Universidad de Arizona y en la Clínica de la Universidad de Heidelberg (Kinderklinik) en Alemania por los años 1980, época en la que los primeros instrumentos comerciales estuvieron disponibles.

Las imágenes que se «capturan» en formato digital tienen excelente resolución y pueden ser rotadas en la pantalla proporcionando vistas que a menudo no se obtienen en las angiografías convencionales, de hecho, esta técnica permite al cirujano obtener una vista comparable al abordaje quirúrgico.

La imagen digitalizada puede ser fácilmente manipulada; la secuencia pueden ser detenida, adelantada o retrocedida, y a cada cuadro puede aplicarse zoom. Normalmente los equipos tienen un sistema denominado *auto-loop*, el cual permite la observación inmediata y en tiempo real de una adquisición. También disponen de programas que en forma automática mejoran el contraste y la definición de los bordes, con lo que se disminuye la cantidad de material de contraste a suministrar.

Esta técnica, permite explorar la circulación de cualquier órgano que este irrigado por vasos de suficiente tamaño, como por ejemplo la circulación coronaria, intracraneal, renal, pulmonar, hepática y hasta los vasos retinianos. En el estudio cardiológico, al analizar la serie angiográfica del ventriculograma y seleccionando una imagen de fin de sístole y otra de fin de diástole, se puede determinar la fracción de eyección, la cual es calculada por el computador en segundos.

El diagrama en bloques de un sistema digital se muestra en la figura 2.28. Los rayos X colimados, después de atravesar los órganos del paciente alcanzan el intensificador de imagen. La cámara de televisión captura la imagen y la transforma en señal analógica de video. En el procesamiento analógico, la señal es amplificada en forma lineal o logarítmica, luego es digitalizada y enviada a memoria del sistema y al monitor para ser observada. A cada cuadro de televisión le corresponde una imagen digital de 512 x 512 píxeles. Cada píxel tiene capacidad de 5 a 8 bits, lo que equivale a una escalas de gris de 32 a 256 tonalidades.

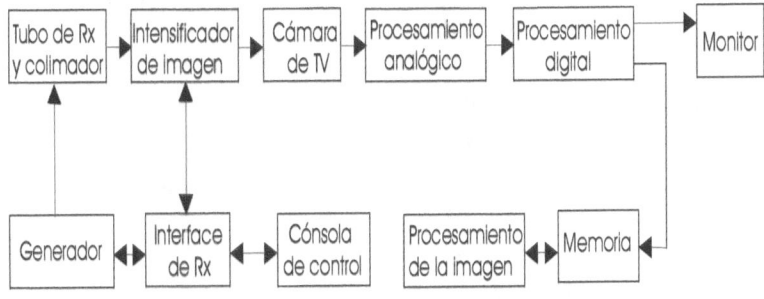

Fig.2.28. Diagrama de un sistema digital

Recientemente, la angiografía por cateterismo tiende a ser reemplazada técnicas menos invasivas como la angiotomografía computarizada o la angiografía por resonancia magnética. Sin embargo, la angiografía convencional es todavía empleada en pacientes que se someten a cirugía, angioplastia o a los que se le coloca un stent.

La angiografía por resonancia magnética es un estudio que, sin emplear ningún medio de contraste, produce imágenes muy detalladas de los vasos sanguíneos, sin embargo, en ciertas circustancias es necesaria la administración de un medio de contraste para clarificar aun más las imágenes.

Aun cuando existe la tendencia a sustituirlo, el examen angiográfico es el método clásico de elección para el diagnóstico de las enfermedades vasculares, y el número de procedimientos que se practican cada año continúan en aumento.

ANGIOGRAFIA POR SUSTRACCION DIGITAL

La angiografía con contraste, además de los vasos sanguíneos muestra imágenes de los tejidos circundantes y de las estructuras óseas. Para eliminar estas imágenes totalmente inútiles que sólo perturban la visualización de los vasos, es necesario disponer de una *imagen base* para sustraerla. La imagen base, llamada también *máscara* (mask), es simplemente la figura de la misma área obtenida antes de administrar el medio de contraste.

Cuando el instrumento trabaja en modo de sustracción digital (mask mode subtraction), la máscara se almacena en la memoria del computador, luego se inyecta el contraste y se procede a obtener una serie de hasta 30 imágenes por segundo que también se almacenan. Cada cuadro de la imagen es sustraído en tiempo real, píxel por píxel, de la máscara. También puede seleccionarse una nueva máscara que ayude a mejorar la calidad. La imagen resultante se muestra en la pantalla del monitor como si se tratara de una película cinematográfica, donde se exhiben únicamente los vasos.

En la angiografía digital, el contraste y la luminosidad de la imagen pueden ser manipulados y la función «recall», permite que cada imagen sea observada en el monitor las veces requeridas.

La angiografía por sustracción digital es un procedimiento basado en técnicas computacionales avanzadas. Fue posible en la medida que se dispuso de computadores y software adecuados, lo que facilitó que el angiograma se convirtiera en un método de rutina para el análisis de las estructuras vasculares. La figura 2.29 muestra una angiografía cerebral donde se observan los vasos. Fue obtenida con sustracción usando contraste de yodo

Con la angiografía por sustracción digital están asociados los artefactos de movimiento (motion artifacts). Estos artefactos se refieren a los generados por el desplazamiento que sufren los tejidos entre el momento de tomar la imagen base y el momento de tomar las imágenes con contraste.

Si no se inyecta el medio de contraste y si no se produce ningún movimiento de los tejidos, al restar las dos imágenes el resultado debería ser una figura en blanco. Sin embargo, en la práctica esto es improbable, la causas principales de los artefactos son la respiración y la circulación del paciente.

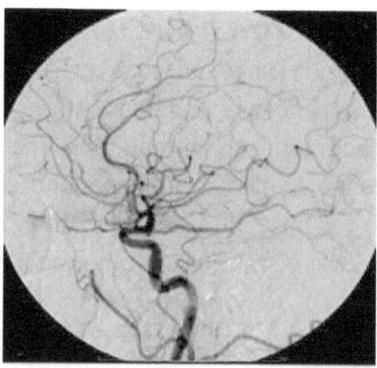

Fig 2.29. Angiografía cerebral con contraste de yodo

ANGIOGRAFIA ROTACIONAL TRIDIMENSIONAL

En la angiografía rotacional, conocida también como angiotomografía computarizada, el equipo toma una secuencia rápida de imágenes de un mismo órgano desde diferentes ángulos, con lo que se obtienen vistas múltiples a partir de una única inyección del contraste. En un instrumento de este tipo (figura 2.30), se observa que el brazo en forma de C rota alrededor de la mesa donde se sitúa el paciente.

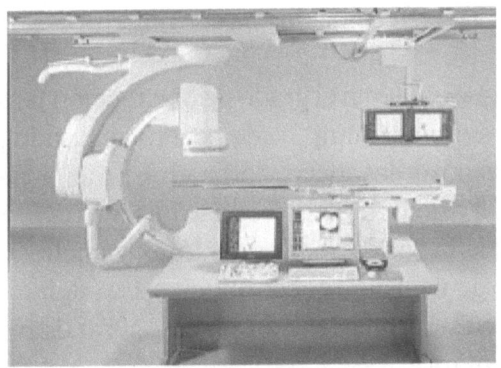

Fig.2.30. Aparato de angiografía

La angiografía por sustracción digital tridimensional basa su funcionamiento en el software capaz de manejar los datos provenientes de la angiografía por sustracción y rotación a fin de reconstruir un modelo tridimensional. Para mostrar la relación entre las varias estructuras de los vasos, el modelo 3D puede rotar en cualquier ángulo. Esta tecnología, disponible a partir de 1997, es todavía desconocida en muchos departamentos de imagenología médica.

ANGIOPLASTIA CON BALON Y COLOCACION DE STENT

La enfermedad arterial coronaria es la afección más común causada por la aterosclerosis. Se produce cuando se deposita una sustancia cérea en las paredes internas de las arterias que irrigan el corazón. Esta sustancia, denominada «placa», está formada por colesterol, compuestos grasos, calcio y una sustancia producto de la coagulación llamada fibrina. La placa, al acumularse en las arterias disminuye su sección transversal dificultando el flujo de la sangre, tal condición se muestra en la figura 2.31.

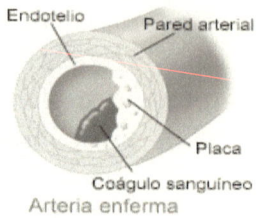

Figura 2.31. Sección de una arteria semi obstruida

A medida que aumenta el grado de obstrucción puede aparecer un síntoma denominado «angina de pecho», causado por el cierre transitorio (espasmo) de las arterias coronarias. La angina se manifiesta con una opresión o dolor temporal que se inicia en el pecho y a veces se extiende hacia la parte superior del tórax y cuello, comienza de repente y por lo general dura pocos minutos. La angina, que tiende a ocurrir en arterias coronarias con placas, si no es tratada podría progresar a un infarto

Dentro de las opciones de tratamiento están la angioplastia con balón y la colocación de un stent, procedimiento que se realiza con la ayuda de la angiografía. El stent, es una malla metálica de forma tubular que cuando se implanta dentro de la arteria actúa como una armazón que la mantiene abierta, y así contribuye a mejorar el flujo sanguíneo y a reducir el dolor.

La angioplastia con balón, es un procedimiento realizado por cardiólogos intervencionistas que tiene como finalidad aumentar la luz de las arterias afectadas. Se utiliza un catéter que lleva un pequeño balón o globo en la punta. Para comprimir la placa contra la pared arterial se infla en el lugar donde se encuentra la obstrucción. Los procedimientos de colocación de stent generalmente se realizan junto con una angioplastia con balón. Alrededor del 80% de los pacientes que se someten a angioplastia con balón también reciben un stent.

Durante la angiografía se observa el progreso del catéter desde la arteria de la ingle hasta el corazón. Cuando se alcanza la arteria obstruida se inyecta el medio de contraste y se obtiene el angiograma coronario, lo que permite descubrir el tamaño y la ubicación de la obstrucción.

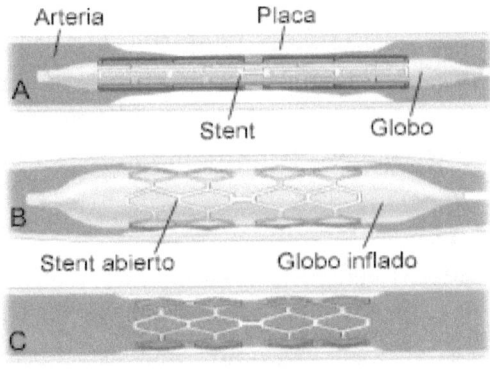

Figura 2.32. Angioplastia con balón y colocación de un stent.

Una vez conocida la ubicación exacta, se introduce hasta que traspase la obstrucción, lo que se denomina el *alambre guía*. Luego, guiados por el alambre, se pasa el catéter con el globo hasta el lugar de la obstrucción y se procede a inflarlo. En la medida en que el globo se dilata presiona la placa comprimiéndola contra la pared arterial, luego se procede a desinflarlo. Después de repetir el procedimiento varias veces se retira el catéter, el alambre guía y el globo desinflado.

Si es necesario colocar un stent dentro de la arteria, el stent se sitúa el extremo del catéter envolviendo el globo, tal como se muestra en la figura 2.32. Cuando el catéter se encuentra en el lugar de la obstrucción se infla el globo para que el stent se abra. Una vez abierto, se desinfla y se retira el catéter, el alambre guía y el globo, dejando el stent instalado.

Alrededor de un 35% de los pacientes que se someten a la angioplastia con balón corren el riesgo de sufrir reestenosis; una nueva obstrucciones en la zona ya tratada.

La ciencia trata continuamente de encontrar la forma de evitar las reestenosis. En años recientes se han empleado nuevos tipos de stent, algunos de ellos recubiertos con medicamentos que reducen la posibilidad que el vaso sanguíneo se vuelva a cerrar, pues liberan gradualmente un fármaco en el tejido circundante que retarda o detiene el proceso de reestenosis. Para evitar la formación de coágulos dentro del stent, algunos se recubren con anticoagulantes.

Las investigaciones están encaminadas al diseño de stents más pequeños para que puedan ser instalados en vasos de menor diámetro y stents hechos a la medida. También se están diseñando para vasos con múltiples obstrucciones, incluso con ramificaciones.

MAMOGRAFIA

La mamografía o radiografía de las mama se realiza con un aparato de rayos X llamado *mamógrafo o mastógrafo*. El instrumento, que emplea una placa radiográfica de alto contraste y alta resolución, está especialmente diseñado para obtener la imagen del tejido blando propio de ese órgano. Los mamógrafos modernos producen rayos X cuya energía es óptima para realizar esa actividad; utilizando muy baja dosis de radiación son capaces de detectar múltiples problemas, principalmente el cáncer de mama, incluso en etapas muy precoces, mucho antes que pueda ser detectado por otros métodos.

La mamografía es un estudio destinado a salvar vidas, dura como máximo media hora y permite descubrir el cáncer unos dos años antes de que pueda detectarse con autoexamen. Considérese que 1 de cada 9 mujeres desarrollan un tumor maligno de mama antes de cumplir los 80 años y esta cifra va en aumento.

La mama esta formada por tejido fibroso, grasa y glándulas los cuales atenúan diferencialmente el paso de los rayos X. La grasa por ser más densa atenúa más; aparece en la imagen como una región obscura. Las masas benignas y cancerosas aparecen como regiones blancas, el resto, incluyendo el tejido fibroso, las glándulas y otras anormalidades, como las microcalcificaciones, muestran varias tonalidades de gris.

Una mamografía normal, implica que en el momento en que se realizó no se encontraron irregularidades ni señales obvias de cáncer. Un resultado anormal no siempre significa la presencia de un tumor maligno, ya que en la placa pueden aparecer muchos tipos de quistes y área irregulares. Las microcalcificaciones, por ejemplo, se presentan como estructuras muy complejas que le toma a radiólogos expertos mucho tiempo analizarlas, siendo algunas veces imposible llegar a un diagnóstico.

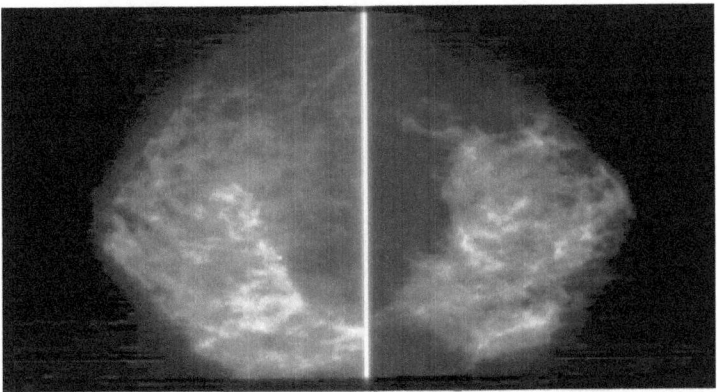

Fig.2.33. Mamografía tomada de arriba hacia abajo donde se observan áreas irregulares que resultaron ser cáncer

Para realizar la mamografía se comprime la mama entre dos placas de plástico y se toma la radiografía. La compresión es necesaria para sujetarlas y reducir su espesor, de esta forma, con menos dosis de radiación se obtienen una buena imagen de todo el tejido mamario.

La radiografía de la mama se viene realizando desde hace unos 80 años, sin embargo, la mamografía moderna sólo existe desde los años 1960, cuando el primer equipo dedicado a este estudio estuvo disponible. Desde entonces, han aparecido muchas innovaciones tecnológicas, de forma que un examen moderno difiere marcadamente de aquellos que se llevaron a cabo al principio.

Fig.2.34. Equipo de mamografía de 1966

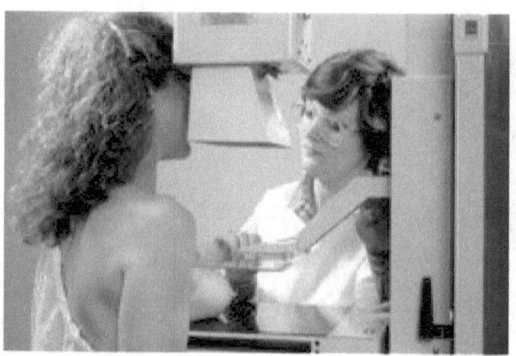

Fig.2.35. Radiólogo tomando una mamografía

El tubo de rayos X utilizado en los mamógrafos es de ánodo giratorio con doble punto focal. Algunos tienen blanco y filtro de molibdeno, otros blanco de molibdeno y filtro de berilio, y otros, blanco de tungsteno y filtro de paladio, con lo que se logra un alto contraste de los tejidos blandos. Tienen punto focal de 0,1/0,3 mm y la máxima potencia es del orden de 1,0/3,0 Kw. El voltaje máximo es de unos 40 Kv y la corriente de ánodo de 35/110 mA. El tubo tiene el cátodo conectado a tierra, genera un haz con ángulo de 10/16 grados y rota a 9700 rpm.

Si el ánodo es de molibdeno, cuando tiene aplicados 28 KVp produce un espectro cuya radiación característica es de 17,5 KeV.

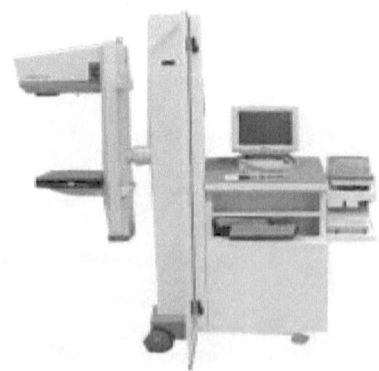

Fig.2.36. Vista de un mamógrafo

Algunas de las especificaciones de un aparato podrían ser:
- Mamógrafo plano digital de alta resolución.
- Control por microprocesador.
- Alta tensión: 21 Kv a 35 Kv en pasos de 0,5 Kv.
- Amperaje: de 2 mA a 500 mA para FG de 2 mA a 200 mA para FF
- Sistema de compresión de mama, motorizada o manual.
- Magnificación 1,5x y 2x
- Estereotaxia computarizada digital.
- Alimentación monofásica: 220 V - 50/60 Hz.
- Control de exposición con tres posibilidades:
   1.- Totalmente automático: Kv automático y mA automático (con disparo previo).
   2.- Semiautomático: Kv manual y mA automático.
   3.- Manual: Kv manual y mA manual.

Si la radiografía de mama no es suficiente para clasificar ciertas anormalidades se recurra a otros métodos tales como:
1.- Ecografía mamaria o sonograma con ultrasonidos.
2.- Resonancia Magnética Nuclear (MRI).
3.- Cintigrama. Este estudio implica la inyección de un trazador radiactivo que se acumula en forma selectiva en los tejidos cancerosos.
4.- t-scan. Llamado también escáner de impedancia eléctrica (Electrical Impedance Scanning, EIS). Mide la forma en que la corriente pasa a través del tejido de la mama e indica si el tejido del tumor es maligno o benigno.

La imágenes obtenidas con estos métodos no muestran los pequeños detalles y no tienen la resolución espacial que suministra la mamografía con rayos X. La MRI produce imágenes con excelente contraste que ayudan a diferenciar el tejido canceroso. La ecosonografía mamaria es útil para identificar quistes y para guiar la biopsia de la mama. El cintigrama es más efectivo en la evaluación de la diseminación o metástasis del cáncer en los ganglios linfáticos, huesos y otros órganos.

El objetivo de estos métodos, es la detección incipiente de tumores malignos mucho antes de ser descubiertos por los mamógrafos; lograrlo con dosis menores y aumentar la seguridad y el confort de la paciente. La dosis absorbida por el tejido mamario debe ser lo más baja posible sin sacrificar la calidad de la imagen. Los mamógrafos de última generación utilizan dosis comprendidas entre 0,1 - 0,2 rads, lo que representa muy bajo riesgo.

MAMOGRAFIA DIGITAL

La mamografía digital se diferencia de la convencional en que la imagen, en lugar de ser captada y almacenada en una placa fotográfica, es adquirida por medio de un detector digital de rayos X y es almacenada en la memoria de un computador. Se obtiene con menos dosis de radiación, es de fácil almacenamiento, presenta mejor contraste entre los tejidos densos y menos densos, requiere menos tiempo para examinarla y es tan precisa como la convencional, no requiere revelado de la placa fotográfica, pero su costo es de 1,5 a 4 veces mayor.

La sobreexposición o subexposición de las imágenes puede ser corregida sin necesidad de repetir el examen. La magnificación, orientación, brillo y contraste pueden ser modificados después de haberse completado el examen, lo cual permite observar mejor ciertas áreas de tejido. Además, la manipulación digital facilita la detección de tumores.

Proporciona el medio para obtener una rápida y precisa biopsia estereotáxica (método muy preciso para tomar muestra de los tejidos), que de otra manera requeriría exponer y revelar la placa fotográfica antes de proceder a tomar la muestra.

La mamografía digital es el método más eficaz para la detección temprana del cáncer, lo cual es esencial para un tratamiento efectivo, además, la imágenes pueden ser fácilmente remitida a otros especialistas.

DETECCION ASISTIDA POR COMPUTADOR

Las imágenes radiográficas de la mama son difíciles de interpretar y los radiólogos no siempre pueden descubrir la presencia de anormalidades. El diagnóstico asistido por computador (Computer-Aided Diagnosis, CAD) es una innovación tecnológica que alerta al especialista sobre las áreas que requieren mayor atención. Trabaja como «un segundo par de ojos», donde un computador revisa la imagen radiográfica en busca de zonas sospechosas y resalta aquellas anormales en densidad, masa o calcificaciones. Si el computador detecta en la imagen digital alguna región sospechosa, es prudente que el radiólogo vuelva a examinarla y determine si requieren un examen adicional o una biopsia.

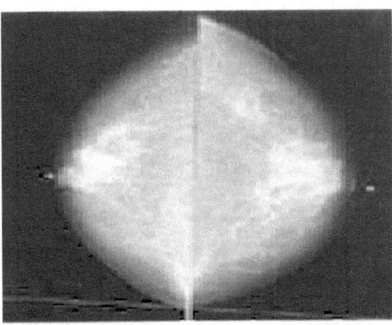

Fig.2.37. Mamografía digitalizada.

El diagnóstico asistido por computador puede realizarse también cuando se dispone de la placa radiográfica, en este caso, la radiografía se introduce en una unidad especial de procesamiento que la digitaliza y resalta las áreas anormales.

Basados en estudios clínicos, se estima que por cada 100.000 casos detectados por los métodos convencionales, con el diagnóstico asistido se descubrieron 20.000 casos adicionales. Por tal motivo, muchos especialistas opinan que el CAD se utilizará más y más en los próximos años.

RADIOLOGIA DIGITAL

Hace más de un siglo que la radiología utiliza la proyección sobre una película fotográfica para capturar imágenes. La película expuesta después de procesada, revela una figura adecuada para el diagnóstico. Sin embargo, con el advenimiento de la computación, la digitalización y las redes de intercambio de información, la radiografía impresa, tan útil durante tanto tiempo, tiende a ser reemplazada por la imagen digital (DI, Digital Image)..

La representación digital es fácilmente manipulable, almacenadable y fácil de enviar a otros destinos, además, al no utilizar las placas fotográficas, no requiere del laboratorio para el revelado, gastos en mano de obra y productos químicos.

Los sensores digitales son mucho más sensibles a la radiación y muestran la imagen en tiempo real. Por tal motivo, los equipos que incorporan esta tecnología exponen al paciente a menos dosis de radiación, no requieren del intensificador de imagen y pueden recurrir al diagnóstico asistido por computador.

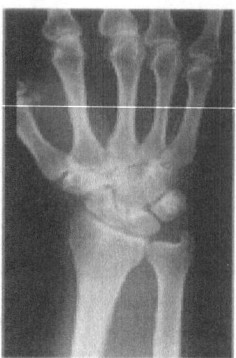

Fig.2.37. Radiología digital

Por estas razones, las innovaciones tecnológicas giran alrededor de la tecnología «sin placa fotográfica» (filmless technology) y los fabricantes de los equipos enfocan sus productos hacia esta técnica.

Pero no sólo la radiología se vale del formato digital, la mayor parte de los instrumentos generadores de imágenes para el diagnóstico lo utilizan. Para lograrlo se tuvo que disponer de monitores de alta resolución y luminancia, computadores capaces de manejar imágenes a alta velocidad, memorias rápidas con enorme capacidad de almacenamiento y sistemas de comunicación y archivo como el PACS (Picture Archiving and Communication System). En ciertas aplicaciones se generan hasta 30 cuadros por segundo, lo que corresponde a una velocidad de transmisión de hasta 1 GBite/seg.

La captura directa de la imagen digital (DDR, Digital Direct Radiology) fue técnicamente posible y económicamente viables después de varias décadas de investigación. Desde el empleo de la radiografía convencional hasta la actual, han habido varias tecnologías de transición.

A principio de la década de 1990, muchos fabricantes centraron sus esfuerzos en el desarrollo de detectores de rayos X capaces de proporcionar imágenes totalmente digitales. El detector debía ser preciso, eficiente, confiable, de precio accesible y sobretodo, que pudiera formar parte de los sistemas de intercambio de información ya existentes.

Después de más de una década y de cientos de millones de dólares invertidos, se consiguieron los objetivos. Por medio de un sistema llamado *detector de captación plano* (FPD, Flat Panel Detector), se logró eliminar completamente la imagen analógica. Los rayos X son capturados directamente en formato digital y la eficiencia de conversión es del orden del 80%.

Fig.2.39. Detector de conversión directa

El formato digital se compone de píxeles dispuestos en forma de matriz sobre una superficie plana rectangular, su contenido es leido periódicamente y enviado directamente al computador.

Actualmente, la digitalización directa ha sido adoptada por muchos fabricantes, llegándose a afirmar que es el aporte tecnológico más significativo de los últimos 30 años. El detector de conversión directa, mostrado en la figura 2.39, tiene la forma y apariencia de una pantalla LCD de un computador.

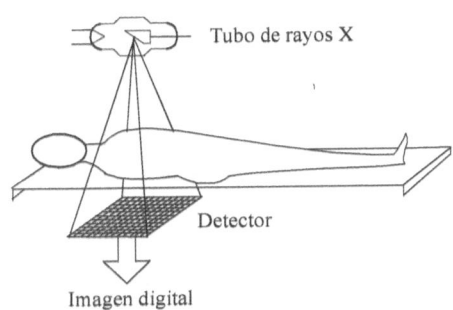

Fig.2.40. Sistema de conversión digital directa

La figura 2.40 muestra un esquema de digitalización directa; la imagen obtenida en el detector plano es digitalizada por el mismo detector y enviada al computador.

En la actualidad existen dos tecnologías para la fabricación de los sensores planos.

Sensor plano tipo CCD

El CCD fue inventado en los Laboratorios Bell por Willard Boyle y George E. Smith en 1969 cuando trataban de desarrollar un teléfono con imagen. En 1974, Fairchild, fue la primera empresa que comercializó el producto; produjo un dispositivo lineal de 500 elementos y un dispositivo bidimensional de 100x100 píxeles.

El primer detector plano de conversión directa fue patentado por Varian y Xerox a principio de los años 1990. Estaba formado por una sola pieza de silicio amorfo con centelleador de yoduro de cesio, el cual proporciona una excelente eficiencia y calidad de imagen. Es sensible a los rayos X, en forma parecida a como una video cámara es sensible a la luz.

Los píxeles están dispuestos en forma de matriz; con filas y columnas. Por ejemplo, un detector con área activa de 41 x 41 centímetros contiene 1024 x 1024 píxeles de 0,4 x 0,4 mm cada uno. Cada píxel consta de un fotodiodo de silicio adosado a una capa de vidrio y recubierto con un material fotoeléctrico, un condensador y un transistor fabricado con la tecnología TFT (Thin Film Transistor).

Cuando son direccionadas, las cargas acumuladas en los condensadores de cada columna se transfieren en paralelo al bus de salida. Las señales son amplificadas por los amplificadores de carga y luego convertidas en formato digital. La conversión la realiza un convertidor analógico-digital (ADC, Analog to Digital Converter). Los datos digitalizados se transmiten a la unidad de adquisición de datos (data adquisition unit). Esta unidad, emplea el bus PCI (Peripheral Component Interconnect) para dirigir los datos a la memoria principal del computador.

Una vez en la memoria, los datos pueden manipularse por métodos computacionales. Normalmente se realizan tres tipos de correcciones: compensación (offset), ganancia y píxel inactivo.

Al igual que en las cámaras con sensor CCD, la correción de

offset se emplea para ajustar la corriente en la oscuridad de cada píxel. La corrección de ganancia (Gain correction) se emplea para homogeneizar su sensibilidad, y la corrección por píxel inactivo (Dead Pixel Correction) permite al software «reparar» aquellos píxeles que por algún motivo quedan «apagados». Normalmente, la reparación consiste en almacenar en el píxel apagado el valor promedio de los píxeles adyacentes; de esta forma los inactivos no se notan el la imagen.

Sensor plano tipo CMOS

El sensor plano tipo CMOS, también llamado sensor de píxel activo (APS, Active Pixel Sensor) se emplea frecuentemente en la fabricación de memorias y circuitos integrados. Fue desarrollado en 1995 por tres ingenieros de la Jet Propulsion Laboratory de la NASA en Pasadena, California, quienes descubrieron que se podía utilizar la misma tecnología CMOS para detectar la luz. Este hallazgo, facilitó el camino para que los CMOS fueran empleados en la webcam, cámaras digitales, y en la detección de los rayos X.

Este sensor, cuya característica principal es su alta resolución espacial y su eficiencia en la detección de rayos X, está formado por una matriz de píxeles, cada uno contiene un fotodiodo y un convertidor analógico-digital.

Los detectores modernos con CMOS generan imágenes con mejor resolución que las producidas por las placas fotográficas. Con esta resolución, se superan las limitaciones que tenían los sistemas digitales y se reemplazan con ventaja los detectores de silicio amorfo utilizados en radiología y fluoroscopia.

Los detectores fabricados con CMOS que emplean la tecnología TFT son compactos y duraderos, reducen en un factor de 100 el consumo de energía y pueden operar con una sola fuente de 5 voltios. Su costo es por lo menos la mitad de los primeros sistemas digitales y de 5 a 10 veces inferior que los detectores planos fabricados con silicio o selenio amorfo. La velocidad de lectura es de hasta 60 cuadros por segundo, por lo que son adecuados para obtener cardioimágenes.

Si se dispone de equipos de rayos X de vieja tecnología y se decide optar por digitalizar la imagen, muchos usuarios recuperan la inversión en cuatro o cinco meses. Además de incursionar en la tecnología del siglo XXI, obtienen la ventaja que el almacenamiento de las imágenes se reduce a un archivo económico y permanente en un disco compacto CD (Compact Disc) o un pen drive.

Sin importar el método mediante el cual se captura la imagen, una vez digitalizada puede ser manipulada por los conocidos métodos computacionales. Por ejemplo, la imagen puede hacerse más clara o más oscura simplemente sumando o restado el mismo número a cada píxel. El contraste puede ser manipulado por medio del gradiente de la escala de grises. La escala de grises podría invertirse, con lo que se logra una imagen con fondo negro.

La señal proveniente del detector digital es fácilmente utilizable en una amplia variedad de rutinas de post-procesamiento, con lo que obtienen mejoras considerables en la calidad de la imagen, Algunas de estas rutinas pueden ser automáticas.

REFERENCIAS

1.-http://nobelprize.org/physics/laureates/1901/rontgen-bio.html
2.-http://mx.encarta.msn.com/text_761579196_0/Rayos-.html3.
3.-La Energía Atómica, Samuel Glastone, Compañia Editorial Continetal, S.A. Calzada de Tlalpan No 4620, México, D.F., 1960 (pag.76 y 851)
4.-http.//www.fda.gov/cdrh/radhlth/resource/diagnosticxraysystems.html
5.-http://en.wikipedia.org (X ray unit)
6.-http://www.amershamhealth.com
7.-http://www.fastcomtec.com
8.-http://www.maloka.org
9.-http://elmedico.metropoliglobal.com
10.-htt://www.xtal.iqfr.csic.es
11.-http://es.encarta.msn.com
12.-http://www.cis.rit.edu
13.-http://rst.gsfc.nasa.gov
14.-http://www.gehealthcare.com
15.-http://epswww.unm.edu
16.-http://www.anatomohistologia.uns.edu.ar
17.-http://en.wikipedia.org/wiki/X-ray_tube
18.-http://www.sprawls.org/ppmi2/XRAYHEAT/

Intensificador

19.-http://en.wikipedia.org/wiki/X-ray_image_intensifier
20.-http://radiographics.rsnajnls.org/cgi/content/full/20/5/1471
21.-http://sales.hamamatsu.com/assets/pdf/catsandguides/x-ray_image_intensifiers.pdf
22.-http://www.e-radiography.net/radtech/i/intensifier.htm
23.-http://www.bh.rmit.edu.au/mrs/kpm/EPCR/CR_XII.html#Top

Fluoroscopia

24.-http://www.droid.cuhk.edu.hk/web/service/angio/dsa.htm
25.-http://es.wikipedia.org/wiki/Angiograf%C3%ADa
26.-http://www.radiologyinfo.org/sp/info.cfm?pg=angiocath&bhcp=1
27.-http://www.texasheartinstitute.org/HIC/Topics_Esp/Diag/diangio_sp.cfm

28.-http://www.salud.gob.mx:8080/JSPCenetec/ArchivosGuiaTecnologica/angiografia.pdf
29.-http://www.southernhealth.com.au/imaging/publications/3d_dsa.pdf
30.-http://www.chestjournal.org/cgi/reprint/84/1/68.pdf
31.-http://wws.princeton.edu/ota/disk2/1985/8506_n.html
32.-http://www.gehealthcare.com/usen/xr/edu/products/dose.html
33.-http://en.wikipedia.org/wiki/Charge-couped_device

Angiografía

34.-http://www.hospitalsanmartin.org.ar/medicina_familiar/temas_interes/angiografia%20digital.htm
35.-http://www.med.unipi.it:8080/crd5/TSRM/Fluoroscopia%20e%20Intensificatore%20di%20Brillanza.doc
36.-http://www.texasheart.org/HIC/Topics_Esp/Proced/angioplasty_sp.cfm

Mamografía

37.-http://www.imaginis.com/breasthealth/advances.asp
38.-http://www.emiamerica.com/newmamografia.ivnu
39.-http://www.bh.rmit.edu.au/mrs/kpm/EPCR/CR_XII.html#Top

Radiología digital

40.-S.T.Smith, D.R.Bednarek, et.al., 1999, Evaluation of a CMOS Image Detector For Low Cost and Power Medical X-ray Imaging Applications, Proc.of SPIE, Vol 3659, pp 952-961
41.-Kinno A, Atsuta M, Tanaka M, et al. Development of a large area conversion X-ray image detector. IDW, 1998
42.-J.M. Casagrande, B. Munier, A. Koch, «High resolution digital flat-panel X-ray detector», 15th WCNDT, Roma, October 2000.
43.-http://www.seeic.org/articulo/rxdigital/rxdigital.htm
44.-http://www.gehealthcare.com/inen/rad/xr/education/index.html.
45.-http://www.sefm.es/revista/publicaciones/revistas/REVISTA11/112_1.pdf
46.-http://www.toshiba-europe.com/Medical/Materials/Visions/Asahina.pdf

47.-http.//www.toshiba-europe.com/Medical/Material/Whitepapers/Dr.S.Rudin.pdf
48.-http://www.gehealthcare.com/inen/rad/xr/education/dig_xray_intro.html.
49.-http://www.thejcdp.com/issue012/williamson/williamson.pdf.
50.-http://ciberhabitat.gob.mx/hospital/rx/
51.-http:// www.dimond3.org/Trier_2006/Basic%20principles%20of%20flat%20panel.pdf
52.-http://www.cmosxray.com/index.shtml
53.-http://dei-s1.dei.uminho.pt/pessoas/higino/pampus/
54.-http://en.wikipedia.org/wiki/Charge-coupled_device
55.-http://www.sprawls.org/ppmi2/XRAYHEAT/ -

CAPITULO 3

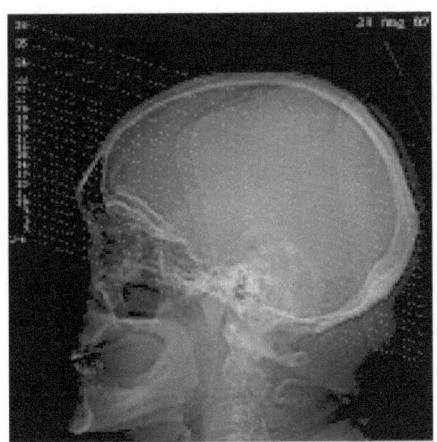

TOMOGRAFIA COMPUTADA

La tomografía computada (TC) es una técnica utilizada para obtener cortes o secciones de estructuras anatómicas con fines exploratorios y de diagnósticos. Los secciones pueden ser empleadas para reconstruir la imagen tridimensional de los órganos y de las estructuras internas exploradas. Tomografía, es una palabra compuesta que proviene del griego: «*tomos*» significa corte o sección y «*grafía*» representación gráfica.

El tomógrafo, también llamado escáner, en lugar de obtener una imagen de proyección como la radiografía convencional, utiliza un delgado haz de rayos X que rota alrededor del cuerpo del paciente para generar imágenes de planos tomográficos. La técnica de generación de imágenes se basa en la medida de la atenuación que experimenta el haz cuando traspasa el organismo desde diferentes direcciones. El valor de la intensidad del haz atenuado y las coordenadas de posición son almacenados en un computador y utilizadas para construir la imagen. La imagen representa el mapa de densidades tomográficas del corte. Para reconstruir el plano a partir de los coeficientes de atenuación, el computador utiliza un algoritmo matemático especializado y la imagen reconstruida la almacena en su memoria.

En la figura 3.1 se muestra el principio de funcionamiento del sistema. El tubo de rayos X y el detector, separados 180 grados, rotan alrededor del paciente. El haz colimado, después de traspasar las estructuras que presentan diferente espesores y densidades, incide en el detector. La señal detectada es enviada al computador y de allí al monitor o a la impresora.

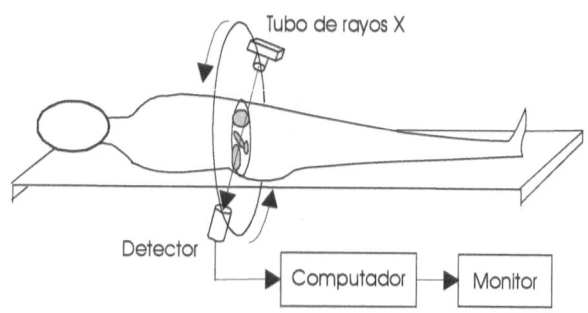

Fig.3.1. Tomografía computarizada

El tomógrafo permite obtener imágenes de cortes milimétricos perpendiculares respecto al eje céfalo-caudal, por este motivo el procedimiento se le llama también Tomografía Axial Computarizada o TAC. En inglés se le conoce como «Computer Axial Tomography» (CAT) y «Computer Assisted Tomography» (CAT) o simplemente Computed Tomography (CT).

El término *axial* se refiere al eje corporal y la palabra *computada* indica que los datos son procesados por métodos computacionales.

La imagen tomográfica se llama *corte* o *sección* (slice), cada corte podría ser análogo a una tajada de pan, en el sentido que ambos tienen cierto espesor. De la misma forma como se reconstruiría un pan, apilando ordenadamente las diferentes tajadas, se reconstruye un volumen del cuerpo.

La tomografía computada genera imágenes de órganos y tejidos, permitiendo «ver» lo que antes sólo podía descubrirse por medio de la cirugía abierta o la autopsia. Ha demostrado particular utilidad en la detección de enfermedades hepáticas, pulmonares, vasculares, coronarias, tumorales y ciertas infecciones entre muchas otras.

Permite la detección de aneurismas, que hasta podrían pasar desapercibidos durante las intervenciones quirúrgicas. La detección temprana del cáncer es una de sus mayores ventajas; el cáncer pancreático, por ejemplo, es de muy mal pronóstico si no es detectado a tiempo.

La imagen tomográfica ayuda al médico a precisar ciertos diagnósticos y permite al cirujano tomar decisiones acertadas, lo que disminuye considerablemente el uso de otros procedimientos diagnósticos y consecuentemente los costos. La TAC evita operaciones innecesarias, hasta tal punto que un 30% de las intervenciones de apendicitis podrían evitarse. Por tales razones, si esta técnica es empleada adecuadamente no representa costos adicionales, sino ahorros.

Los tomógrafos, al igual que otros instrumentos que emplean rayos X, producen imágenes gracias a la atenuación que experimenta el haz al recorrer estructuras internas del cuerpo del paciente. Los fundamentos teóricos fueron presentados en 1917 por el matemático checo Johann Radon, quien demostró que es posible construir la imagen de un objeto a partir de un conjunto de proyecciones. Radon, asumió que la radiación que atraviesa el cuerpo lo hace en línea recta, y a lo largo de esa línea es absorbida y atenuada. La integral de la radiación atenuada es medida, y a partir de esa valoración obtuvo la fórmula para la reconstrucción.

Aunque la principal actividad del físico surafricano-americano Allan Cormack (1924-1998), estaba relacionada con la física de las partículas, su afición a la tecnología de los rayos X lo llevo, en 1964, a desarrollar el algoritmo inicial y la teoría de funcionamiento del escáner TC. Sus resultados fueron publicados en dos artículos en el Journal of Applied Physics en 1963 y 1964. Las publicaciones despertaron poco interés en el mundo científico, hasta que el ingeniero inglés Godfrey N.Hounsfield (1919-2004) descubrió que la información contenida en el coeficiente de atenuación de muchos haces de rayos X proyectados sobre un cuerpo contiene los datos suficientes para reconstruir su imagen. Su trabajo, basado en la teoría de Cormack, le permitió crear un prototipo de escáner.

Curiosamente, el primer aparato fue producido por la compañía disquera EMI (Electric and Musical Industries) que 1955 había decidido diversificar su actividad comercial. Reunió algunos científicos en su Laboratorio Central de Investigación a fin de que propusieran proyectos comercialmente interesantes. Hounsfield se incorporó a ese grupo algunos años después de haberse creado.

Este notable hombre de ciencia, nacido en Nottinghamshire, Inglaterra, obtuvo su grado en la Faraday House Engineering College de Londres, y después de adquirir experiencia en la fuerza aérea sobre radares y misiles, ingresó en la empresa en 1951. Se interesó en los computadores y comenzó a investigar nuevos procesos de almacenamiento, dirigió la construcción de la primera computadora con tecnología basada en transistores, bautizada con el nombre de EMIDEC 1100 y exploró el área del reconocimiento automático.

En 1967 propuso la construcción del escáner EMI que contenía los fundamentos técnicos para el futuro desarrollo del TC. Los primeros aparatos fueron empleados exclusivamente en medicina, luego en la industria, la mineralogía, la metalurgia y en el campo de la seguridad, como lo evidencian los detectores de armamentos y de equipaje en los puertos y aeropuertos. Por ser precursores de la revolución de la imagenología médica, Cormack y Hounsfield compartieron el Premio Nobel en 1979

En el discurso de presentación ante el Comité del Premio Nobel se destacó: «Las radiografías de la cabeza muestran sólo los huesos del cráneo y el cerebro permanece como un área gris, cubierto por la neblina. Súbitamente la neblina se ha disipado»

A partir de 1972 el tomógrafo computado, que se considera el mayor avance en el radiodiagnóstico desde el descubrimiento de los rayos X, fue comercializado en los Estados Unidos. El sistema original, EMI Mark 1, estaba dedicado exclusivamente al estudio de la cabeza, producía imágenes en una matriz de 80 por 80 con resolución de 3 mm. El escáner para cuerpo entero se comercializó dos años más tarde y desde 1980 está disponible para todos los requerimientos. A pesar de su costo, unos 400.000 dólares, más de 170 hospitales lo solicitaron. En 1972, en el Hospital Morley de Inglaterra se instaló el primer tomógrafo computado comercial. Actualmente se estima que existen unos 40.000 TC distribuidos en todo el planeta.

Desde esa fecha, la evolución tecnológica ha sido espectacular, el primer tomógrafo de un solo detector obtenía un corte cada 4,5 minutos y necesitaba 1,5 minutos para reconstruirlo. Los nuevos tomógrafos exploran la totalidad del cuerpo humano en 2 minutos y suministran una infinidad de cortes y excelente resolución.

La tecnología actual produce imágenes en una matriz de 512 por 512 o de 1024 por 1024 píxeles, con resolución espacial de 0,5 mm. El tiempo de adquisición es de fracciones de segundo y la reconstrucción de la imagen se acerca al tiempo real.

Desde su lanzamiento hasta la fecha se han producido innovaciones importantes que han hecho que el tomógrafo sea más «amigable»; se ha mejorado la calidad, resolución y confiabilidad de la imagen; se somete el paciente a dosis menores de radiación y se mejoró el confort del paciente durante el estudio. El tiempo promedio que dura el examen se redujo drásticamente y se aumentó la velocidad de barrido, con lo que se ayuda a eliminar los artefactos que se generan por los movimientos del paciente.

ATENUACION DE LOS RAYOS X

El objetivo del TC es reconstruir la forma y la estructura de los órganos a partir de múltiples proyecciones. Supóngase que un órgano K, formado por una masa de densidad variable dada por la función F(x,y,z), es atravesado por un haz de rayos X cuya trayectoria es una línea recta S, de la cual se puede medir la intensidad de entrada y la intensidad de salida.

La diferencia entre las intensidades depende de la absorción que experimenta el rayo al desplazarse por la materia en el interior de K, o dicho de otra manera, depende del coeficiente de absorción de la materia que atraviesa. La medida experimental de esta función se llamará F(S). El matemático austríaco J.Radon encontró la manera de calcular F(x,y,z), para lo cual utilizó la *transformada de Radon* conocida como F(G).

A pesar de los alentadores resultados teóricos, Cormack y Hounsfield tuvieron que resolver muchos problemas: asumir, por ejemplo que con un número finito de rectas, aunque muy grande, es posible reconstruir una imagen bastante confiable. El procedimiento que adoptaron consiste en dividir K en secciones planas y resolver el problema sección por sección, para luego ensamblarlas y reconstruir el cuerpo K.

El coeficiente de atenuación lineal expresa el debilitamiento que experimenta un haz de rayos X al recorrer un determinado espesor de una sustancia dada y es específico para cada una de ellas. Para un rayo X monoenergético que atraviesa un trozo uniforme de material, la atenuación a que está sometido se expresa de la siguiente manera:

$$I_o = I_i \ e^{-(\mu \ L)} \qquad (3.1)$$

Donde I_o el la intensidad del haz después de atravesar el material, I_i es la intensidad del haz incidente, μ es el coeficiente de atenuación lineal del material y L es la distancia recorrida por el haz en el material.

Pero en el cuerpo humano el haz de rayos X traspasa tejidos con distintos coeficientes de atenuación, a los que podemos identificar como $\mu_1, \mu_2, \ldots \mu_n$.

Entonces la ecuación 3.1 se transforma en:

$$(\mu_1 + \mu_2 + \ldots + \mu_n) \ L = \ln (I_i / I_o) \qquad (3.2)$$

La ecuación (3.2) muestra que el logaritmo natural de la atenuación total, para un haz en particular, es proporcional a la suma de los coeficientes de atenuación de todos los materiales que traspasa el haz. Para determinar la atenuación de cada elemento debe obtenerse un gran número de mediciones desde distintas direcciones, lo que permite la generación de un sistema de ecuaciones múltiples.

La recopilación los datos y la capacidad de cálculo de los computadores, que para entonces estaban dando sus primeros pasos, fue fundamental para la reconstrucción de la imagen a partir de planos superpuestos.

TIPOS DE ESCANER

Desde el primer equipo desarrollado por Hounsfield se han incorporado y se siguen incorporando importantes innovaciones, casi todas encaminadas a acortar el tiempo de «barrido», mejorar la calidad de imagen y reducir la exposición del paciente. Para llegar al estado actual se tuvieron que incorporar nuevas tecnologías, que son las que marcan las diferentes generaciones de tomógrafos, entre las que se puede nombrar:

TC DE CORTE INDIVIDUAL

La figura 3.2. muestra el diagrama de un escáner de corte individual. En el gantry está el tubo de rayos X que emite un haz colimado dirigido hacia el paciente y el detector. El espesor del corte depende de la colimación. El tubo y el detector están diametralmente opuestos y tienen libertad para rotar 180 grados.

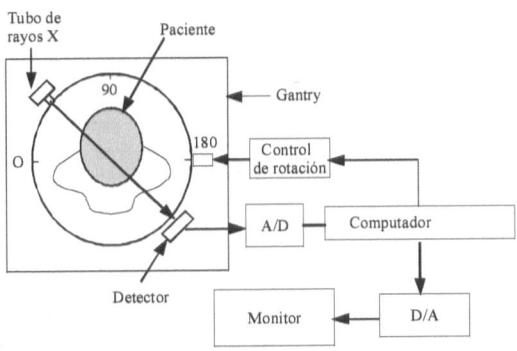

Fig.3.2. Esquema básico de funcionamiento

El paciente, acostado en la mesa se introduce en el orificio del gantry, la mesa avanza y se detiene en la zona del primer corte, el tubo de rayos X y el detector comienzan a rotar 180 grados mientras se emite un haz de rayos X de algunos milímetros de espesor. Las señales atenuadas por los diferentes órganos son «recogidas» por el detector, digitalizadas y enviadas a un computador, donde son sometidas a un tratamiento matemático que las convierte en imágenes bidimensionales.

Una vez terminado el barrido del primer corte, la mesa se desplaza algunos milímetros, los mismos que el espesor del haz. En este momento el tubo de rayos X y el detector rotan en sentido contrario y regresan a la posición original y mientras lo hacen producen el siguiente corte.

El procedimiento se repite hasta cubrir toda la región de interés. Al final del estudio, se obtienen un conjunto de cortes que pueden ser analizados individualmente, o «ensamblados» para producir la imagen tridimensional de los órganos objeto del estudio.

TC HELICOIDAL

En la explotación helicoidal se combina el movimiento rotatorio del tubo y el desplazamiento continuo de la mesa. Con esta tecnología se abandona el concepto de *cortes aislados* para pasar al concepto de *adquisición de volúmenes*. Su principio de funcionamiento se muestra en la figura 3.3.

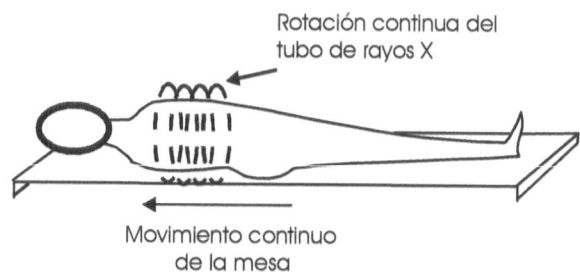

Fig.3.3. Cortes en la TC helicoidal. El tubo de rayos X gira alrededor del paciente mientras la mesa se mueve continuamente

Puesto que la adquisición se lleva a cabo con la mesa en continuo movimiento, para obtener imágenes de distintos planos es necesario utilizar nuevos algoritmos de reconstrucción.

El procesamiento de las imágenes se efectúa por medio de las plataformas tecnológicas conocidas como *procesamientos de señales digitales a alta velocidad* (High speed DSP o Digital Signal Processing) y *dispositivos de procesamiento de señales con matrices de compuertas programables* (signal processing devices o Field Programmable Gate Array, FPGA).

Debido a la mayor velocidad de procesamiento, combinado con la adquisición volumétrica, se producen imágenes tridimensionales de excelente calidad, surgiendo así nuevas aplicaciones como los cálculos volumétricos, la angio-TC y la endoscopia virtual. En ellas se obtienen, por ejemplo, detalles de las arterias renales y la aorta, o se distinguen claramente fracturas complejas de la cara, lo que permite al cirujano planificar su reconstrucción.

La tecnología 3D, llamada *Volume rendering,* originalmente concebida por un grupo guiado por George Lucas, fue creada con la finalidad de producir efectos especiales para la serie cinematográfica Guerra de las Galaxias (Star Wars). Esta tecnología, por ser muy costosa, fue adoptada para aplicaciones médicas sólo a finales de los años 1970.

Contactos deslizantes

Para desarrollar la TC helicoidal se tuvo que resolver primero la forma de alimentar el tubo y el detector de rayos X y la manera de transmitir las señales de control y los datos desde una unidad que rota a alta velocidad a otra estática, para lo cual se desarrollaron los contactos deslizantes.

El contacto deslizante, desarrollado en 1987, se le conoce también como *unión eléctrica rotativa* (rotary electrical joint), *conector rotante para transmisión de potencia y señales* o simplemente *conector eléctrico rotante*. Este contacto, permite transmitir energía y/o señales eléctricas desde una estructura electromecánica estacionaria a una en rotación y viceversa. Además, la alta velocidad de rotación conlleva a la disminución del tiempo de captura. La transmisión se efectúa por medio de contactos con escobillas o con fibra óptica.

Contactos con escobillas

La conexión eléctrica de los componentes móviles del gantry se efectúa con contactos deslizantes, formados por escobillas metálicas o de carbón que tocan un anillo metálico en rotación. Deben transmitir la potencia necesaria para la operación del tubo de rayos X, transferir datos digitales a alta velocidad e interconectar las señales de control. Con el tiempo, la calidad de dichos contacto se deteriora y se produce degradación de las señales.

En los contactos deslizantes más recientes, la conexión se efectúa en un ambiente líquido de moléculas metálicas adosadas a los contactos, con lo que se logra una conexión estable y de baja resistencia. Además, estos contactos son más compactos, económicos y no requieren mantenimiento. Durante la rotación, el fluido mantiene la conexión eléctrica sin que se produzca desgaste, el «ruido» del contacto es prácticamente inexistente y la resistencia es menor que un miliohmio; mucho menor que en los contactos deslizantes convencionales.

En los primeros escáneres, el transformador de alta tensión se hallaba en la parte estacionaria, pero con el desarrollo de las fuentes de poder conmutadas, que han hecho que el sistema de alimentación del tubo sea más pequeño y menos pesado, la fuente se instala en la parte móvil, con lo que se evita transmitir la alta tensión.

Contacto con fibra óptica

En los TC modernos, la transmisión de datos a alta velocidad se efectúa por medio contactos rotativos con fibra óptica (Fiber Optic Rotary Joints, FORJ). La junta rotatoria con fibra óptica, es una forma pasiva y bidireccional de transmitir señales, particularmente útil cuando se requiere transferir gran cantidad de datos.

La transmisión se efectúa entre dos fibras de plástico o de vidrio, donde una de ellas, o ambas, rotan sobre un mismo eje. La transmisión se realiza por medio de luz modulada que se propaga a través del aire o de un fluido situado entre los terminales de la fibra. No se produce contacto físico entre el medio transmisor y el receptor, por lo que el desgaste se reduce a cero. Los contactos rotativos con fibra pueden transmitir hasta 10 GBit/s, sin embargo, no tienen capacidad para transmitir potencia eléctrica. Cuando se requiere la transmisión simultánea de datos y potencia, se recurre al modelo híbrido, formado por una junta rotatoria con fibra óptica y otra con contactos deslizantes.

Gran parte de las fibras ópticas operan con la tecnología de haz expandido (expanded beam technology). Con esta técnica, la alineación entre la superficie transmisora y receptora es menos crítica. Para lograrlo se colocan dos lentes esféricas, una en el extremo de la fibra transmisora y otra en la receptora. La lente transmisora expande el haz de luz en el punto de transmisión hasta 45 veces su tamaño. La lente receptora capta la luz y reduce el haz su tamaño original. Para la transmisión de canales múltiples se recurre a la multiplexación, donde muchos canales de información son transmitidos por una sola fibra.

TC HELICOIDAL MULTICORTE

Los escáneres helicoidales multicorte surgieron en la última década del siglo pasado. Tienen la propiedad de rotar a mayor velocidad y adquirir simultáneamente datos provenientes de varios cortes. Dicho avance se logró con el desarrollo de detectores multifila, los cuales posibilitan, por ejemplo, la adquisición simultánea de 4 cortes por vuelta. Esto permite un mejor aprovechamiento del haz de rayos X incrementando al mismo tiempo la resolución espacial del eje z.

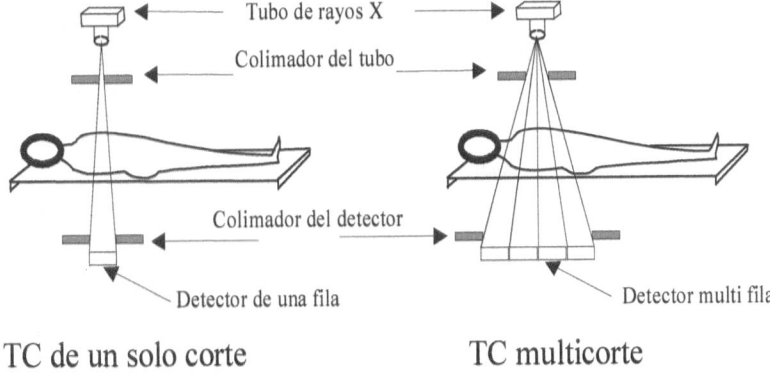

Fig. 3.4. Sistema TC de un solo corte y multicorte

La posibilidad de realizar cortes de 0.5 mm en el tórax, oído o columna vertebral, ha proporcionado el medio para ver estructuras impensadas. La superioridad del sistema multicorte fue tan evidente que en 1998 la mayoría de los fabricantes lo habían adoptado. La figura 3.4. muestra la diferencia entre el TC de un solo corte y el multicorte.

Actualmente se dispone de equipos que realizan 8 y 16 cortes y se proyectan sistemas de 64 y hasta de 256 cortes por revolución, con un tiempo de adquisición de 0,4 segundos.

Con el incremento de la velocidad de rotación, de hasta 7200 rpm se alcanza una importante barrera tecnológica, ya que los componentes del Gantry se someten a una fuerza centrífuga equivalente a 13 veces la fuerza que está expuesto el trasbordador espacial en sus vuelos al espacio exterior. Por tal motivo, para poderlos incorporar en la parte móvil del gantry, los tubos generadores de rayos X y otros dispositivos tuvieron que ser rediseñados.

VENTAJAS DE LA TC HELICOIDAL

La principal causa de muerte en el mundo occidental son las enfermedades cardiovasculares. Tradicionalmente, el diagnóstico se basa en técnicas invasivas como la angiografía; un procedimiento costoso que requiere hospitalización y consume mucho tiempo del especialista. La tomografía computada helicoidal multicorte, en presencia de contraste intravenoso (i.v.), ofrece a la cardiología la posibilidad de realizar estudios coronarios no invasivos, rápidos, seguros y confiables. Permite evaluar no sólo la luz de las arterias sino también la pared de la mismas. Se pueden analizar las obstrucciones coronarias, lo que lleva a la rápida adopción de tratamientos preventivos.

Por tener mayor velocidad de captura se acorta el tiempo de estudio, el paciente está menos tiempo expuesto a radiaciones y puede pedírsele que retenga la respiración, con lo que se eliminan los artefactos debidos al movimiento. Además, posibilita las exploraciones con menor cantidad de contraste i.v.; reduce la necesidad cortes adicionales, ya que al manejar volúmenes es posible, luego de finalizado el estudio, hacer todas las reconstrucciones en los planos que se desee y permite la angio-TC. Entre las nuevas aplicaciones de la TC helicoidal se encuentran:

Adquisición Helicoidal en Tiempo Real. Ofrece la posibilidad de monitorizar la adquisición de datos y con ello la posibilidad de interrumpir el estudio en el momento de completarse el «barrido» de la región de interés y así evitar exponer al paciente a radiación innecesaria.

Detección del medio de contraste. Permite observar la «llegada» del medio de contraste a la región de interés. De esta forma, la adquisición se inicia en forma manual o automática cuando la densidad Hounsfield en esa región alcanza un valor prefijado. Mediante esta técnica se obtienen excelentes estudios contrastados, especialmente cuando es necesario captar las distintas fases del contraste, como por ejemplo, la fase arterial y venosa.

Fluoroscopia en Tiempo Real. Esta función permite observar en tiempo real ciertas intervenciones. Durante las biopsias o punciones, se vigila el recorrido de la aguja y eventualmente se corrige su orientación. Esta práctica es más segura para el paciente y permite acortar el tiempo de intervención.

CONFIGURACIONES DE ADQUISICION

La configuración de adquisición está asociada a la tecnología disponible para la época en que se diseñó el escáner y se clasifica en generaciones.

Primera generación. Los TC de primera generación utilizan la tecnología *traslación-rotación* esquematizada en la figura 3.5. La adquisición de los datos se inicia con el tubo de rayos X en posición denominada proyección 0°. Allí se exploran 160 líneas paralelas y se obtienen 160 datos de atenuación. Luego se rota el conjunto tubo-detector un grado y se producen 160 datos adicionales. La operación se repite hasta completar 180 proyecciones con 160 muestras cada una, obteniéndose en total 28.800 datos de atenuación.

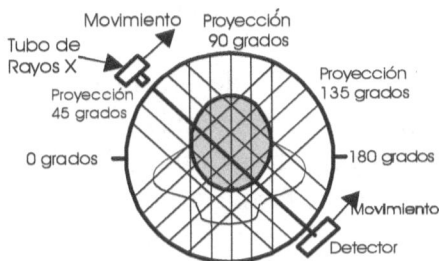

Fig.3.5. Esquema del TC de primera generación

Los datos provenientes del detector son digitalizados, procesados, almacenados en la memoria y utilizados para presentar la imagen en la pantalla de un monitor. La imagen se produce utilizando la escala de Hounsfield explicada más adelante en este capítulo.

Para colocar la imágenes en una matriz de 80 por 80 se requieren 6400 celdas. Para hallar la atenuación correspondiente a cada celda hay que resolver 28.800 ecuaciones con 6.400 incógnitas. Los computadores de la época empleaban 5 minutos para realizar los cálculos.

Segunda generación. Los TC de segunda generación emplean la tecnología *traslación-rotación*, similar a la anterior en cuanto a los movimientos, pero utilizan un haz de rayos X en forma de abanico con ángulo de apertura de unos 5° y un conjunto de 10 a 30 detectores en línea, colocados de la forma mostrada en la figura 3.6.

De esta manera se logra reducir el tiempo de exploración a cerca de 2 minutos. Por su nombre en inglés, los escáner que emplean múltiples detectores se la llama MDCT (Multi Detector Computarized Tomography).

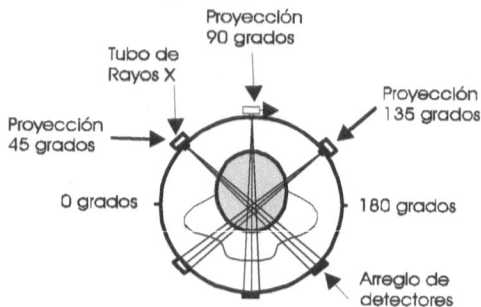

Fig.3.6. Esquema del TC de segunda generación

Tercera generación. Los TC de tercera generación, presentes a partir de 1975, emplean la geometría *rotación-rotación* donde el tubo y los detectores giran de la forma indicada en la figura 3.7. El haz rotatorio, que tiene forma de abanico y ángulo de apertura grande, incide sobre una línea formada por 800 detectores.
La apertura del haz tiene el arco suficientemente amplio que permite «interrogar» un corte completo.

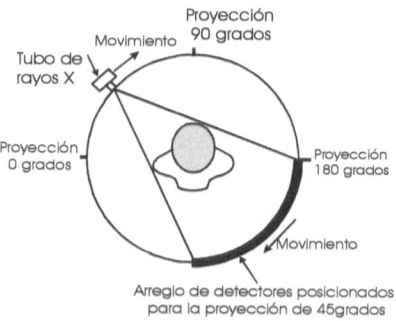

Fig.3.7. Esquema del TC de tercera generación

La imagen de cada corte se forma con los datos aportados por cada uno de los 800 detectores. El espesor del corte ya no depende del ancho del haz de rayos X, sino es determinado por el espesor de la fila de los detectores. Los TC de tercera generación aprovechan más eficientemente la radiación y reducen el tiempo de exploración a unos 3 segundos, pero debido a la complejidad del detector son más costosos.

Cuarta generación. Los tomógrafos de cuarta generación, desarrollados en los años 70 del siglo pasado, emplean el sistema *rotación-estático*.

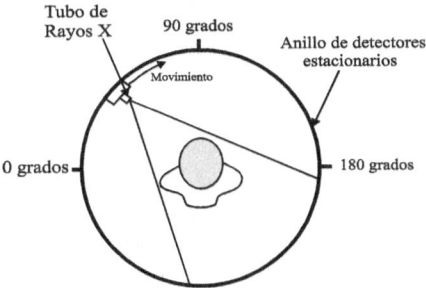

Fig.3.8. Esquema del TC de cuarta generación

El tubo que rota a alta velocidad, genera un haz divergente en forma de abanico que incide sobre un anillo estacionario formado por 4800 detectores. Con este sistema (figura 3.8), se reducen substancialmente el tiempo de exposición, sin embargo su costo es elevado debido al gran número de detectores y al hardware asociado.

Quinta generación. El escáner de quinta generación, también conocido como escáner de haz de electrones (electrón-beam) o *cine-TC,* se distingue por emplear una geometría *estática-estática.* Tanto el tubo de rayos X como es detector permanecen estáticos, mientras que el tubo genera por si mismo un haz que se mueve. En el interior del tubo, el cañón desvía el haz de electrones y los enfoca en la superficie de un gran ánodo giratorio de tungsteno. Debido a la geometría del sistema, el haz emergente se mueve en abanico con el vértice en el ánodo, después de colimado recorre los tejidos del paciente e incide en el anillo de detectores.

Como en el gantry no hay partes móviles, el tiempo de captura se reduce a unos 50 ms, de forma que los artefactos debidos a los movimientos del paciente son casi inexistentes. La rápida sucesión de imágenes posibilita captar las diferentes fases de los latidos del corazón, por lo cual es preferido por los cardiólogos. Se emplea también para exámenes rutinarios y de enfermos incapaces de cooperar y retener el aliento, como los niños o pacientes con trauma.

Sexta generación. Es un escáner tipo MDCT que emplea una matriz de detectores dispuestos en filas y columnas, se caracteriza por utilizar la geometría de la tercera y sexta generación mejoradas.

Durante la adquisición emplea una porción más ancha del abanico de rayos X, con lo que se incrementa su utilización. Los píxeles tienen la misma área que los detectores, de forma que las dimensiones de un detector individual fija la resolución del escáner, y el número de detectores determina la cantidad de datos que se adquieren simultáneamente. El espesor del corte está determinado por las medidas del detector y puede ajustarse para que la resolución sea igual en las tres coordenadas X, Y, Z. Por tener iguales dimensiones en sus tres ejes, el vóxel se llama *isotrópico*.

Un escáner MDCT con una matriz de detectores formada por cuatro filas paralelas de 5 mm de espesor y un ancho de colimación de 20 mm, puede ser empleado para adquirir simultáneamente cuatro imágenes adyacentes por rotación, con espesor de 5 mm por corte. Si se emplean 64 filas se obtienen simultáneamente 64 imágenes. Con el aumento del número de filas se reduce el tiempo de captura y se logra obtener imágenes 3D en tiempo real.

La flexibilidad de los protocolos de adquisición, el aumento de la eficiencia, la velocidad de captura y la tecnología MDCT, producen imágenes de muy alta calidad.

COMPONENTES DE UN TOMOGRAFO

Los equipos de tomografía axial computada, como el mostrado en la figura 3.9, están formados por el gantry, la mesa y la consola de control.

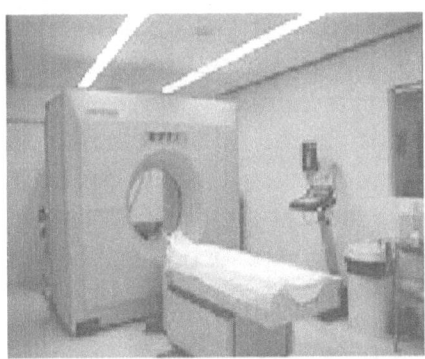 

Fig.3.9. Foto de un tomógrafo e interior de un gantry

EL GANTRY

Es una pieza rectangular de aproximadamente 1,80 m de alto, 2 m de ancho y 1 m de profundidad. Tiene un orificio central de unos 70 cm de diámetro donde se introduce el paciente que se encuentra acostado en la mesa. En la parte interna del gantry está la estructura donde está montado el tubo de rayos X, el colimador, y diametralmente opuesto un conjunto de detectores que forman el sistema de adquisición de datos. Contiene, además, los sistemas electromecánicos de giro, los tubos de refrigeración, las mangueras del cableado y un sistema de conexiones que suministra energía eléctrica a los varios elementos.

Hay dos tipos de gantry; los de cortes individuales que rotan e invierten el sentido de giro y los modernos, empleados por los TC helicoidales, que rotan continuamente en el mismo sentido durante el estudio.

LA FUENTE DE RAYOS X

Para evitar someter al paciente a dosis excesivas y a la vez resaltar la imagen de los diferentes tejidos, los TC emplean una dosis limitada de rayos X de energía adecuada. La energía determina la penetrabilidad y el contraste entre tejidos. Los rayos X más energéticos son menos sensibles a la composición y densidad de los órganos que atraviesan, por esta razón, el voltaje aplicado al tubo no excede los 100 Kv.

El haz de rayos X colimado tiene forma de abanico y espesor determinado, gira alrededor del paciente, traspasa sus órganos e incide en un banco de detectores. Cada vez que rota 360° se recogen datos suficientes para reconstruir uno o varios cortes.

El colimador, es un dispositivo hecho de un material muy absorbente como el plomo que colocado frente al tubo limita el campo del haz de rayos X. Tiene una rendija de ancho variable con obturador (lead shutter) que se utiliza para ajustar el espesor del abanico entre 1 mm y 10 mm. La colimación determina el espesor del corte y limita la región expuesta a las radiaciones.

Con el fin de eliminar la radiación dispersa (stray radiation), se coloca otro colimador frente al banco de detectores. La radiación dispersa es aquella que al atravesar la materia se ha desviado de su trayectoria.

Las variables que intervienen en la calidad de la imagen son el espesor del abanico, el espectro de energía de los rayos X y su intensidad. El espesor del abanico lo determina la apertura de la rendija de colimación, mientras más pequeña es la apertura mejor es la resolución, pero se requieren más cortes para visualizar un mismo órgano.

Idealmente los rayos X deberían ser monocromáticos, es decir, todos con la misma energía. De no ser así, las desviaciones se interpretan como atenuaciones diferentes. Los rayos X generalmente se especifican en término de la energía característica del material del ánodo expresada en KeV.

DETECTORES DE RAYOS X

El primer detector de rayos X fue la placa fotográfica. Esta desafortunadamente no permite obtener rápidamente los datos digitales necesarios para alimentar el computador del tomógrafo. Por este y otros motivos, tiende a ser reemplazada por los modernos detectores de estado sólido. Los detectores de estado sólido están formados por cristales centelleadores íntimamente acoplados a fotodetectores. Se construyen en arreglos de líneas paralelas adyacentes. Una línea puede estar formada por 512 detectores de tungstenato de cadmio (cadmiun tungstate) dispuestos en forma de matriz, donde cada detector está ópticamente acoplado a un fotodiodo de silicio. La separación entre canales es de 0,381 mm y su extensión horizontal es de 195 mm.

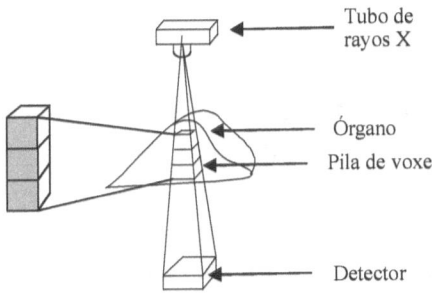

Fig. 3.10. Los rayos X alcanzan el detector después de pasar a través del tejido donde son atenuados

La figura 3.10. muestra cómo los rayos X alcanzan el detector después de atravesar cierta porción de tejido. Para efectos de la posterior reconstrucción de la imagen, se asume que el tejido está formado por pequeños cubos llamados vóxel, palabra derivada de la contracción inglesa de *volumen elements*.

LA MESA

La mesa donde se acuesta el paciente es una camilla telecomandada. Por medio de un control manual puede subir, bajar y deslizar hacia adentro hacia afuera del gantry. Para estudios realizados con TC multicorte, la mesa se mueve automáticamente cada cierto tiempo con pasos discretos, en tanto que en el TC helicoidal, se mueve continuamente con velocidad uniforme.

EL SISTEMA DE COMPUTACION

El sistema de computación, formado por el teclado, el computador y el monitor, está montado en la consola de mando.

Con el teclado el operador controla la operación del equipo y observa las imágenes en el monitor. El computador tiene a su cargo el control y funcionamiento del tomógrafo, realiza los cálculos que conducen a la formación de la imagen, almacena y presenta en el monitor las imágenes reconstruidas. Su software contiene un sistema de adquisición de datos (Data Adquisition System o DAS), el procesamiento y archivo de datos, los algoritmos de cálculo, la reconstrucción y la visualización de la imagen.

ADQUISICION Y PROCESAMIENTO DE DATOS

Los detectores de estado sólido empleados en los tomógrafos, convierten la energía de los fotones de los rayos X en impulsos eléctricos, cuya magnitud es proporcionales a la energía de dichos fotones. Si se asume que la fuente de rayos X es monocromática, la energía de los fotones que alcanzan el conjunto de detectores no lo es. Los fotones en su camino son atenuados por los tejidos que encuentran a su paso, en consecuencia, el grado de atenuación depende del recorrido de cada fotón. Los rayos X atenuados, inciden sobre un material centelleante que tienen la propiedad de convertir su energía en destellos de luz visible. El material centelleante es acoplado ópticamente a fotodiodos de silicio, donde el fotón incidente genera pares ionicos que se acumulan como cargas eléctricas en condensadores. Las cargas acumuladas son «leídas» periódicamente. El número resultante de la lectura, representa un promedio de la atenuación que han sufrido los rayos X al pasar por la pila de vóxel que han encontrado a su paso. La figura 3.10. ilustra este procedimiento.

La adquisición de datos se realiza durante la rotación de 360°. En este periodo se producen de 600 a 3600 proyecciones, lo que corresponde a un ángulo de 0,6° y 0,1° por proyección. La transmisión de datos a alta velocidad se efectúa por medio de contactos rotatorios con fibra óptica. Los datos se almacenan de forma que cada línea contiene el conjunto de lecturas correspondiente a cada proyección.

Para cada proyección, se obtiene un conjunto de ecuaciones que contienen el valor de la radiación inicial y las medidas de la radiaciones leídas por los detectores. El conjunto de ecuaciones se resuelve utilizando métodos matemáticos que permiten calcular el coeficiente de atenuación de cada vóxel. A cada vóxel le asigna un valor numérico llamado *número CT* que posteriormente será representado por un píxel de luminosidad adecuada.

RECONSTRUCCION

La reconstrucción de la imagen digital, a partir de los datos aportados por la acumulación de las números, es muy compleja y requiere del auxilio de sistemas computacionales. Para visualizar el procedimiento, imaginemos que nos encontramos frente a una catedral donde se han descubierto detalles arquitectónicos que se desean conservar y reproducir al edificar una nueva catedral. Seguramente se recurrirá a la cámara fotográfica, y para obtener mejor representación se tomarán fotografías desde diferentes ángulos alrededor de la edificación, mientras más fotografías se tomen, mayor cantidad de detalles podrán observarse.

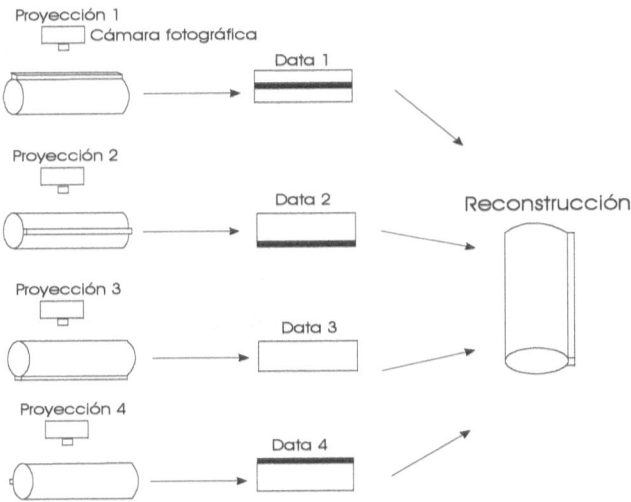

Fig. 3.11. Datos obtenidos de cuatro proyecciones empleadas para reconstruir la imagen

La figura 3.11. muestra una aproximación del procedimiento. La cámara toma cuatro fotografías del objeto, la primera, llamada proyección 1, genera los datos 1, la segunda fotografía se obtiene después de rotar 90° y genera los datos 2, la tercera y cuarta, generan los datos 3 y 4. A partir de los datos aportados por las cuatro fotos se procede a la reconstrucción, que idealmente debería originar la imagen fiel del objeto. En la tomografía computarizada también se reconstruye la imagen de los órganos a partir de la combinación de imágenes procedentes de diferentes ángulos. El tubo de rayos X y los detectores rotan alrededor del paciente tomando «fotografías» llamadas *proyecciones*, y la técnica mediante la cual se «juntan las proyecciones» para obtener la imagen se llama *reconstrucción de la imagen*. La reconstrucción se obtiene por medio de un procedimiento matemático llamado *algoritmo de reconstrucción* implementado por el computador y que convierte el sino grama en imagen bidimensional.

Entre los algoritmos de reconstrucción se encuentran: el algebraico, el iterativo y el analítico. Uno de los más empleados, por ser rápido, preciso y de fácil implementación es el algoritmo de *Retroproyección Filtrada* (Filtered Back Projection, FBP). La descripción de varios algoritmos, incluyendo el FBP, pueden encontrarse en la referencias 16,17,18,19,20,21,22 al final del capítulo.

La retroproyección para reconstruir la imagen en dos y tres dimensiones utiliza el vector de rayos X, la información de atenuación y el sino grama obtenido durante la adquisición. Las tres variables principales para la reconstrucción son: número de proyecciones, número de píxel y número de imágenes por segundo. Los valores típicos actuales son 1000 proyecciones, 1.000.000 de píxel y 15 imágenes por segundo, lo que equivale a 15×10^9 operaciones por segundo. En la figura 3.12. se puede ver una versión simplificada de la retroproyección.

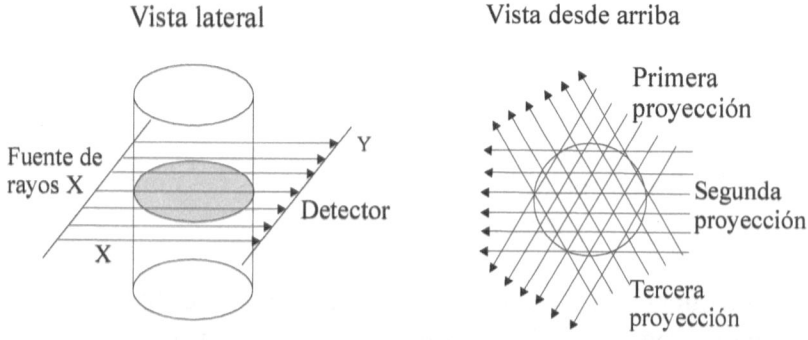

Fig. 3.12. Retroproyección en la Tomografía computarizada

SISTEMA DE VISUALIZACIÓN Y ARCHIVO

Toda imagen, analógica o digital, obtenida por medio de una cámara fotográfica o por un equipo de rayos X contiene una gran cantidad de información acerca del objeto representado. La imagen sin tratamiento informático se llama *analógica*, por ser una representación análoga a la estructura y por contener una distribución continua de intensidades luminosas. Por el contrario, en la imagen digital la distribución de intensidades no es continua sino discreta, y ofrece la posibilidad de ser almacenada y procesada por métodos computacionales. Está formada por una matriz de píxeles cuadrados o rectangulares. El píxel (acrónimo del inglés, *picture element*, «elemento de imagen») es la menor unidad de superficie homogénea en luminosidad o color que forma parte de una imagen digital. También puede considerarse el elemento homogéneo más pequeño observable en la imagen.

La matriz, se caracteriza por el número de píxeles de las filas y por el número de píxeles de las columnas. Cada píxel se específica por sus medidas, luminosidad y localización en la matriz. La luminosidad para imágenes en blanco y negro se expresa por medio de tonos de gris.

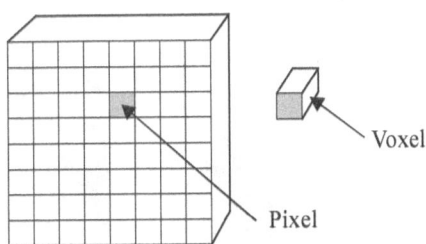

Fig.3.13. Presentación de la imagen

En la figura 3.13, se observa que el píxel bidimensional en realidad representa un volumen, pues, además de su superficie tiene la profundidad del corte tomográfico.

La luminosidad de cada píxel expresa la densidad del vóxel. A cada densidad se le asigna un tono de gris dentro de la escala del blanco al negro y a cada tono de gris se le asigna un valor numérico llamado *número CT*. Por tanto, la imagen plana está formada por un conjunto de píxeles cuya luminosidad representa la absorción de cada vóxel. El vóxel (palabra proveniente de la contracción del término inglés «volumetric pixel», píxel volumétrico) es la menor unidad de volumen homogénea en luminosidad o color que forma parte de una imagen 3D digital.

El resultado, es la figura de una matriz formada por píxel, como la mostrada en la *figura 3.14 y 3.15*. La imagen es manejada por el computador, almacenada en su disco duro, visualizada en el monitor, o impresa en formatos fotográficos especiales.

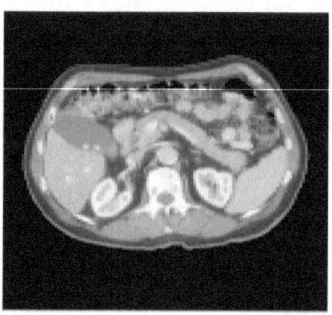

Fig.3.14. Imagen tomográfica formada por píxeles

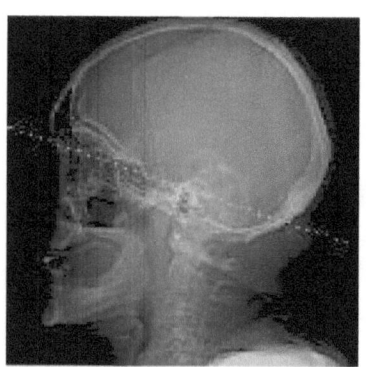 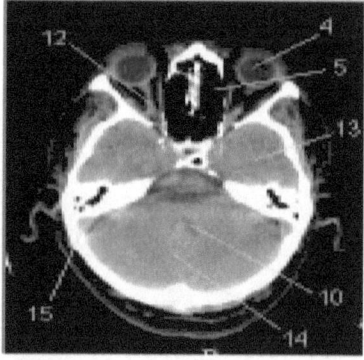

Fig.3.15. TC cerebral

La figura 3.15. muestra uno de los cortes de la exploración cerebral donde está indicado el globo ocular (4), las celdillas etmoidales (5), el IV ventrículo (10), el nervio óptico (12), el lóbulo temporal (13), el cerebelo (14) y el seno sigmoideo

UNIDADES DE HOUNSFIELD

El tono de gris de los píxeles que forman la imagen plana está relacionado con la atenuación que sufre el haz al atravesar los tejidos. El computador tiene como función asignar un número CT a cada tono. La ecuación que relaciona el número TC con el coeficientes de atenuación es:

$$TC = \frac{E}{K}(\mu_m - \mu_a)$$

donde, E es la energía del haz de rayos X, K es una constante que depende del diseño del equipo y μ_m y μ_a son los coeficientes lineales de atenuación del material en estudio y del agua respectivamente.

El número entero asignado a cada pixel se compara con el valor de atenuación del agua y se ajusta a una escala de unidades arbitrarias llamadas *Unidades de Hounsfield* (Hounsfield Units, HU). La escala asigna al agua atenuación cero, al aire –1000 y al hueso compacto +1000. Por lo tanto, el rango de los números CT es de 2000 HU, aunque en algunos escáner se expande a 4000.

Cada número representa una luminosidad, en un extremo del espectro está el blanco designado con +1000 y en el otro extremo, el negro con –1000. En la figura 3.16 se puede ver la escala de Hounsfield universalmente aceptada.

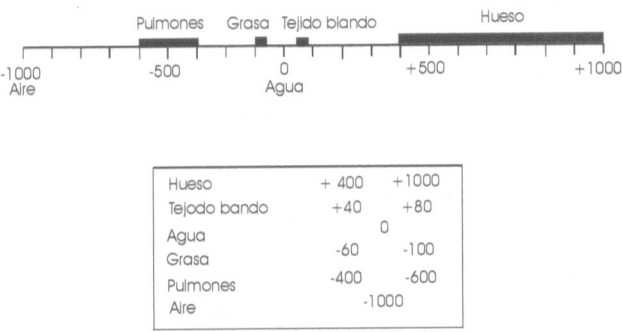

Fig. 3.16. Escala de Hounsfield y números TC

Las localidades de la memoria donde se almacena la imagen están estructuradas de forma que a cada píxel le corresponde una localidad. En cada localidad está almacenado un número CT expresado en forma binaria y cada número binario representa un tono de gris. A números iguales le corresponde el mismo tono. La figura 3.17. muestra el arreglo descrito.

Una imagen de 25 x 25 centímetros podría estar formada por un millón de píxeles organizados en 1000 filas y 1000 columnas. Si se asume que la imagen se construye con 256 niveles de gris, lo que equivale a 8 bit por píxel, entonces cada imagen ocupa 256 MByte.

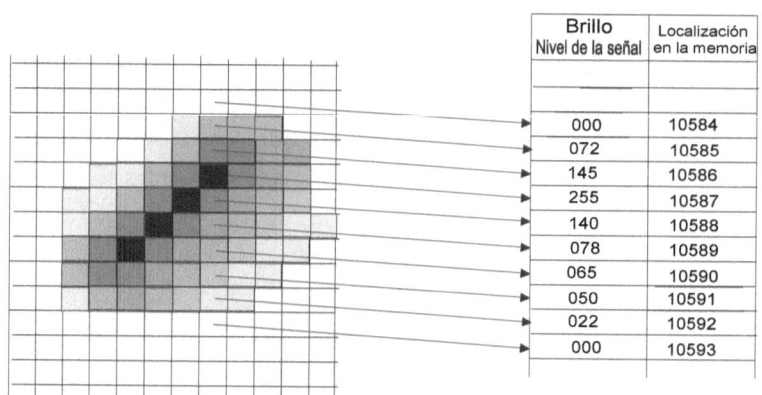

3.17. Distribución de los píxeles y su almacenamiento en la memoria

FUNCIÓN VENTANA

La función *ventana* (window) ofrece la posibilidad de seleccionar un pequeño rango de números TC y extenderlo a toda la escala, con lo que se logra mejor contraste y diferenciar claramente estructuras de opacidad similar.

El rango de los números TC a extender se seleccionan por medio de un control denominado *Ancho de Ventana* (Window Width, WW) y el lugar en la escala de Hounsfield donde se coloca el centro de la ventana se selecciona con el *Nivel de Ventana* (Window Level, WL). El ejemplo de la figura 3.18 ayuda a visualizar la función «ventana».

Se mencionó anteriormente que en la composición de una imagen intervienen 256 tonalidades de gris. Si el órgano que se desea visualizar tiene tonalidades comprendidas entre 100 y 150, es deseable eliminar todos los valores que no estén comprendidos dentro de este rango. Por lo tanto el nivel de ventana se ajustaría en 125 con una apertura de 50, de forma que a todos los píxeles con valor inferior a 100 se les asigna el negro y los que tienen un valor superior a 150 se le asigna el blanco.

Con referencia a la figura 3.16, si se desea observar los tejidos blandos, se coloca el nivel de ventana en el centro del rango, es decir +60 y el ancho de ventana en +40, con lo que se observarán únicamente aquellos píxeles comprendidos entre +40 y +80 unidades HU. Así, por ejemplo, desplazando WL y WW se pueden analizar las zonas más densas que corresponden a los huesos y eliminar prácticamente los tejidos blandos. Si se desplaza WL en sentido contrario se visualizan preferentemente los tejidos blandos incluyendo la grasa.

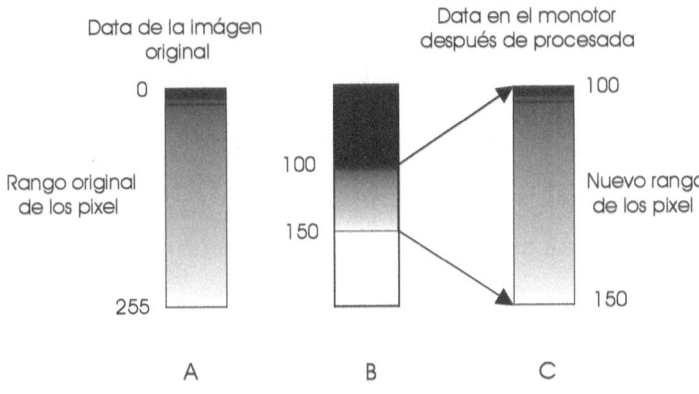

Figura 3.18 Procesamiento de la escala de grises

Para realizar una TC del tórax puede escogerse WW=350 y WL=+ 40, con lo que se obtiene la imagen del mediastino, que está compuesto de tejido blando, mientras que con WW = 1500 y WL = -600 se observan los pulmones que son tejidos que contienen gran cantidad de aire.

RESOLUCION

Resolución, es un término utilizado para describir la calidad visual de los detalles que componen una imagen. Tener mayor resolución se traduce en una imagen de mejor calidad. Como la imagen digital está formada por píxeles organizados en forma de matriz, la resolución se expresa en número de píxeles por unidad de superficie; comúnmente en píxeles por pulgada cuadrada (ppi). Para una imagen dada, cuanto más alto es el ppi más alta es la resolución. La figura 3.19, ilustra este concepto.

En A se observa un objeto oval que se quiere representar. En B, C, y D se muestra cómo las dimensiones de los píxeles afectan la forma y la definición de los bordes del objeto. En B se emplea una matriz de 4x4, en C una de 8x8 y en D una de 16x16. Al aumentar el número de píxeles y hacerse éstos mas pequeños, aumenta la calidad de la reproducción.

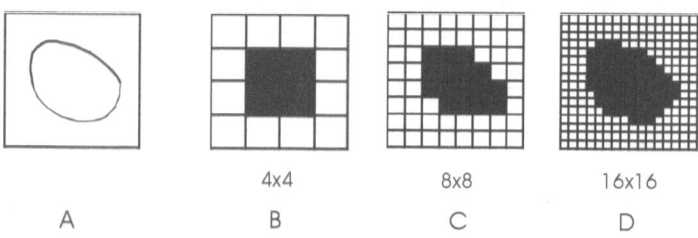

Fig. 3.19. Efecto del número y dimensiones de los píxel en la y reproducción de la imagen de un objeto

DEFINICIONES

Espesor de corte: Es el ancho del corte medido en milímetros. Para un píxel dado, el espesor del corte está relacionado con el volumen del vóxel.

Paso: Es la distancia entre un corte y otro. El paso está relacionado directamente con el movimiento de la mesa. Si el espesor es de 10 mm y el paso 10 mm, se producen cortes que comienzan donde terminan los anteriores. Si el espesor es de 5 mm y el paso 3 mm, se produce imágenes solapadas, lo cual permite una buena reconstrucción 3D a expensas de irradiar algunas zonas por duplicado. Si el espesor es de 4 mm y el paso de 6 mm, se presenta entre un corte y otro una zona de 2 mm sin estudiar y sin irradiar.

Kv y mA: Kv indica los kilovoltios aplicados entre el ánodo y cátodo del tubo de rayos X y mA la corriente de ánodo. Según el tipo de exploración, ambos valores se seleccionan en forma automática, aunque existe la posibilidad de poderlos ajustar manualmente.

Tiempo de disparo: Es el tiempo durante el cual el tubo de rayos X emite radiaciones. Se le llama también tiempo de barrido o de adquisición.

Factor de desplazamiento o pitch: En el TC helicoidal indica la separación entre espirales. Se define como la distancia que se mueve la mesa durante una rotación completa del tubo de rayos X dividido por el grosor del corte. Si la mesa se desplaza 10 mm cuando el tubo da una vuelta y el espesor del corte es de 10 mm, el factor de desplazamiento es 1. Si en las mismas condiciones el espesor del corte se reduce a 5 mm, el factor es 2. Si se aumenta el factor incrementando la velocidad de la mesa, se reduce el tiempo de exploración y la dosis a que está expuesto el paciente a expensas de disminuir la resolución de la imagen.

Imagen de exploración. Antes de cada estudio el operador puede decidir realizar una imagen de exploración (Scout image, surview), que le facilita planificar los cortes que ha de realizar.

Consola de trabajo: Consta de un teclado que es utilizado para programar los cortes y otras utilidades de pantalla, dos potenciómetros para los controles WW y WL y dos monitores; uno para ver las imágenes y otro para los protocolos de estudio.

ESTUDIO TOMOGRAFICO

Se le pide al paciente quitarse las joyas, la ropa y otros objetos y utilizar la bata de hospital. Dependiendo del estudio que se va a realizar, deberá acostarse en la mesa boca arriba, de espaldas o de lado. El operador debe dar al paciente instrucciones oportunas a través de un intercomunicador para que no se mueva o contenga la respiración. Es posible que se le suministre un medio de contraste ya sea por vía oral o intravenosa. El medio de contraste intravenoso más comúnmente utilizado está hecho a base de yodo. En algunos aparatos, la dosificación del medio de contraste es controlada por el computador. Antes de administrarlo se debe obtener el consentimiento del paciente o de la persona a su cargo.

Los TC están diseñados para obtener las imágenes tomográficas utilizando la mínima cantidad posible de radiación. Los riesgos asociados con una sola tomografía son mínimos, sin embargo, aumenta a medida que se realizan estudios adicionales. Para proteger al feto, las pacientes con sospecha de embarazo deben consultar con el médico antes de someterse al estudio, en todo caso no es recomendable la TC abdominal.

Cuando inicia el estudio la mesa comenzará a moverse hacia el centro del gantry con pequeños pasos o con movimiento continuo. Para evitar daños en el mecanismo interno la mesa tiene un límite, el peso del paciente que no debe exceder de 150 kilos o 300 libras.

Generalmente los rastreos completos tardan unos pocos minutos, sin embargo, el tiempo se puede alargar si se solicitan rastreos adicionales. Los escáner multidetector modernos pueden tomar imágenes de los pies a la cabeza en menos de 30 segundos. Por su velocidad y resolución espacial, la tomografía multicorte proporciona una imagen de mejor calidad, es más confortable para el paciente, utiliza menor cantidad de material de contraste y expone al paciente a menos dosis de radiación.

PERSPECTIVAS CLINICAS

La Tomografía Computada es una excelente opción no invasiva para el diagnóstico primario que permite obtener imágenes de prácticamente de todo el cuerpo. La amplia gama de tonos de gris de que dispone facilita identificar con precisión los diferentes tejidos.

Los exámenes tomográficos son tan frecuentes que millones de pacientes se someten a ellos cada año. Son tan útiles y necesarios que actualmente muchos especialistas no toman decisión quirúrgica o terapéutica alguna sin antes tener el resultado de una TC.

Es empleada para obtener imágenes del abdomen y tórax, en aplicaciones oncológicas y neurológicas como la perfusión cerebral, la evaluación de accidentes cerebrovasculares, el estudio de columna vertebral. Es utilizada para observar el canal medular con un alto grado de definición, examinar las vías pancreáticas y biliares y muchas otra aplicaciones. En el sistema musculoesquelético, permite la visualización de huesos y articulaciones.

De la misma manera se puede utilizar para guiar procedimientos como la biopsia y la colocación de tubos de drenaje. Posibilita la realización de exámenes de las funciones cardiovasculares, la medida del calcio coronario, la evaluación de la fracción de eyección y el movimiento de la pared. Crea imágenes de corte transversal que luego pueden reconstruirse en modelos tridimensionales. Las imágenes mejoradas con medios de contraste intravenosos permiten la evaluación de estructuras vasculares y la valoración de masas y tumores.

Algunos expertos creen que el CT de un solo corte permanecerá en uso por muchos años, otros esperan que el hospital adquiera un MDCT al término del ciclo de utilidad de los viejos CT. Seguramente en poco tiempo la tomografía volverá a sorprender con equipos que realizan 256 cortes y que crean imágenes 3D en tiempo real. Lo verdaderamente importante no son las imágenes tridimensionales en sí mismas, sino la posibilidad de tener en tiempo real los cortes sagitales y coronales con la suficiente calidad como si se hubiesen adquirido en esos planos.

REFERENCIAS

1.- http://www.xtec.es/~xvila12/
1.- http://www.mercotac.com/
3.- http://www. diagnostico.com.ar/diagnostico/dia135/d-tc135.asp
4.- http://www.smf.mx/boletin/Oct-95/ray-med.html
5.- http://www.princetel.com/tutorial_fori_faq.asp
6.- http://www.altera.com/literature/cp/gspx/fpga-coprocessing.pdf
7.- http://www.coe.berkeley.edu/AST/srms/2007/Lec25.pdf
8.- http://www.imagingeconomics.com/library/200410-08.asp
9.- http:// www.ctlab.geo.utexas.edu/overview/index.php
10.- http://radiographics.rsnajnls.org/cgi/content/full/22/4/949
11.- http://www.mercotac.com/html/faqs.html#q5
12.- http://www.polysci.com/fiberopticsandsecurity/forj.html
13.- http://www.fiberinstrumentsales.com/white-papers/WhitePapers.asp?wpid=6
14.- http://radiographics.rsnajnls.org/cgi/content/full/22/4/949#SEC7
15.- Instrumentación Biomédica, Alvaro Tucci R. Universidad de Los Andes, Laboratorio de Instrumentación Científica, Mérida, Venezuela, 2005.
16.- Hendee WR, Ritenour R. Medical imaging physics St Louis, Mo: Mosby, 1992.
17.- Bushberg JT, Siebert JA, LeidholdtEM, Boone JM. The essential physicsof medical imaging Baltimore, Md: Williams & Wilkins, 1993.
18.- Zatz L. General overview of computed tomography instrumentation. In: Potts D, eds. Radiology of the skull and brain: technical aspects of computed tomography. St Louis, Mo: Mosby, 1981; 4025-4057.
19.- Gould RG. CT overview and basics. In: Gould RG, eds. Specification, acceptance testing and quality control of diagnostic x-ray imaging equipment. AAPM Monograph 20. New York, NY: American Institute of Physics, 1994;801-831.

20.- Napel S. Computed tomography image reconstruction. In: Fowlkes JB, eds. Medical CT and ultrasound: current technology and applications. Madison, Wis: Advanced Medical Publishing, 1995; 311-327.
21.- Seeram E. Computed tomography: physical principles, clinical applications, and quality control Philadelphia, Pa: Saunders, 2001.
22.- Hsieh J. A general approach to the reconstruction of x-ray helical computed tomography. Med Phys 1996; 23:221-229.
23.- http://www.madehow.com/Volume-3/CAT-Scanner.html

CAPITULO 4

Madame Marie Curie

MEDICINA NUCLEAR

La Medicina Nuclear es una especialidad médica cuyas principales aplicaciones son el diagnóstico por imagen y el tratamiento de ciertas enfermedades. Para producir imágenes que permiten examinar partes del cuerpo y el funcionamiento de ciertos órganos emplea sustancias radioactivas, llamadas *radiofármacos*.

El radiofármaco es una molécula o estructura celular que contiene un isótopo radiactivo. Aproximadamente el 95% de los radiofármacos son utilizados con fines diagnóstico, de hecho, la Medicina Nuclear fue desarrollada en los años 1950 con la finalidad de calificar y tratar enfermedades de la tiroides con yodo radiactivo.

La Medicina Nuclear emplea técnicas no invasivas; en el sentido de que únicamente requiere la administración intravenosa u oral del material radiactivo. La elección del material radiactivo depende del tejido, órgano o sistema a estudiar. Debido a que los radiofármacos emiten radiaciones ionizantes, la cantidad a suministrar al paciente debe ser la menor posible. Se estima que la cantidad de radiación recibida por un paciente sometido a una exploración, es similar o inferior a la recibida en una exploración radiológica convencional. Actualmente, por medio de esta técnica se realizan unos 40 millones de diagnósticos al año.

Diagnóstico en Medicina Nuclear

A diferencia del resto de las técnicas de diagnóstico por imagen, la medicina nuclear proporciona información esencialmente funcional de los órganos, en tanto que la tomografía computada, la resonancia magnética y la ecografía, ofrecen información estructural o anatómica.

El radiofármaco emite radiaciones gamma, las cuales son detectadas, amplificadas, transformadas en señales eléctricas y utilizadas por un computador para convertirlas en imágenes. El aparato que realiza esta función se llama gammacámara.

El radiofármaco es seleccionado por sus características bioquímicas, las cuales determinan la ruta metabólica que lo lleva a fijarse en el tejido, órgano o sistema elegido. Por emitir radiaciones gamma, el radiofármaco puede rastrearse desde el momento en que es administrado, localizar el foco de concentración y seguir el proceso de eliminación..

Actualmente, en medicina nuclear se realizan cerca de 100 tipos de exploraciones entre las que se encuentra el diagnóstico precoz en patología ósea, cardiología, oncología, endocrinología, neurología, nefrología y urología, neumología, hematología, aparato digestivo, patología infecciosa y sistema vascular periférico.

La medicina nuclear es una óptima herramienta para:
· Estudiar la función del riñón.
· Obtener imágenes de la circulación de la sangre y del funcionamiento del corazón.
· Explorar los pulmones para detectar problemas respiratorios o circulatorios.
· Identificar obstrucciones en la vesícula biliar.
· Evaluar fracturas, infecciones, artritis y tumores.
· Determinar la presencia y diseminación del cáncer.
· Identificar un sangrado en el intestino.
· Ubicar una infección.
· Evaluar la función de la glándula tiroides.

Terapia en Medicina Nuclear

Desde el punto de vista terapéutico, la medicina nuclear tiene sus principales aplicaciones en el cáncer de tiroides, el hipertiroidismo y el tratamiento paliativo del dolor óseo de origen metastásico.

Antes de los años 1930, el uso médico de sustancias radioactivas en seres humanos se producía en casos muy esporádicos. La era de la medicina nuclear comenzó unos veinte años después. Entre los primeros isótopos se utilizó el yodo radiactivo para el tratamiento de pacientes con enfermedades tiroideas. El verdadero crecimiento de esta disciplina se produjo a partir de los años 1970 con la aparición de la gammacámara planar que produce imágenes 2D y diez años después, a principio de los 80, se incorporaron los computadores.

En las últimas décadas del siglo XX y comienzos del siglo XXI, en el campo de la medicina nuclear se desarrollaron nuevas técnicas como le tomografía por emisión de fotón único (SPECT: Single Photon Emission Computed Tomography) y la tomografía por emisión de positrones (PET: positron emission tomography), lo que permitió el desarrollo de nuevos estudios a nivel metabólico y molecular. Para realizar dichos estudios, se tuvieron que desarrollar nuevos radiofármacos y nuevas indicaciones para los radiofármacos ya existentes.

También se ha logrado combinar los datos provenientes del SPECT, y especialmente del PET, con las imágenes generadas por el escáner. Lo que ha permitido correlacionar datos anatómicos y funcionales, aumentado así la capacidad diagnostica de dichas técnicas. Estos avances constituyen, sin duda, una verdadera revolución en el diagnóstico por imagen.

RADIACTIVIDAD

No hay nada nuevo relacionado con la radiactividad, salvo los usos que el hombre ha aprendido a hacer de ella; los elementos radiactivos y la radiación existían en nuestro planeta mucho antes de la aparición de la vida. Los materiales radiactivos se convirtieron en parte integrante de la tierra desde el mismo momento de su formación; incluso el hombre es ligeramente radiactivo, todo organismo vivo contiene vestigios de sustancias radiactivas.

La radioactividad es la emisión espontánea de radiación electromagnética o corpuscular emitidas por el núcleo de ciertos átomos. El elemento químico cuyos átomos emiten radiaciones a consecuencia de su desintegración nuclear, se dice que es *radiactivo*. Los átomos radiactivos son inestables; buscan estabilidad entregando energía. La energía puede ser en forma de emisiones electromagnéticas, llamada *rayos gamma,* o emisiones de partículas alfa, electrones, positrones, protones y neutrones, con una determinada energía cinética. Por su capacidad de ionizar, a estas radiaciones se las suele llamar *radiaciones ionizantes.*

Atomos y Elementos

Hace unos cien años, un grupo de científicos guiados por la curiosidad exploraron la naturaleza y el «funcionamiento» del átomo, y casi sin saberlo, condujeron a la humanidad a la era atómica. Su trabajo condujo hacia el conocimiento de la materia y de los «bloques» que la componen. Sus descubrimientos prepararon al hombre para conocer su origen, el funcionamiento de su cuerpo y del universo.

Leucipo de Mileto (Asia Menor) concibió en el año 500 a.C. la posibilidad de dividir cada cosa en dos partes (dicotomía), cada una de esas partes en otras dos y así sucesivamente. Sugirió que la dicotomía no es repetible *ad infinitum*, tiene un límite, más allá del cual resulta imposible.

Demócrito de Abdera (460-370 a.C.), sugirió que toda materia está formada por partículas minúsculas discretas e indivisibles a las que llamó átomos. Atomo significa indivisible, y en ese contexto la materia está formada por átomos, cada uno rodeado de «vacío». Atomos y vacío son los componentes fundamentales de toda materia.

La visionaria concepción de la teoría atómica de Leucipo, basada puramente en especulaciones metafísicas, es una preciosa sugerencia para quienes unos veinte siglos después habrían de confirmarla científicamente.

El átomo de Demócrito fue olvidado hasta el año 1800 d.C, pues se pensaba que la materia era continua, es decir, podía ser dividida en infinitas partes sin alterar su naturaleza.

El inicio de la Teoría Atómica moderna quizás ocurrió a mediados del siglo XVII, cuando el químico y físico inglés Robert Boyle (1627-1691) concibió la idea de *elemento*; sustancia constituida por átomos de la misma clase o sustancia que no puede ser descompuesta en constituyentes más simples sin perder su identidad. Un siglo después, el químico francés Antoine Lavoisier (1743-1794) estableció la diferencia entre elemento y compuesto; el hidrógeno es un elemento, el cloruro de sodio, un compuesto.

Alrededor de 1803 ganó aceptación la teoría de un científico inglés, el maestro de escuela John Dalton (1766-1844), quien observando la forma en que los elementos se combinaban, sugería la existencia de un límite en la subdivisión. En 1808, publicó las primeras ideas acerca de la existencia y naturaleza de los átomos, y resumió y amplió los vagos conceptos de los filósofos y científicos antiguos. Dichas ideas forman la «Teoría Atómica de Dalton», una de las más relevantes dentro del pensamiento científico.

Sus postulados se resumen así:
- Un elemento está compuesto de partículas indivisibles llamadas átomos.
- Todos los átomos de un elemento tienen propiedades idénticas y difieren de los átomos de otros elementos.
- Los átomos de un elemento no pueden crearse, destruirse, o transformarse en átomos de otros elementos.
- Los compuestos se forman cuando átomos de elementos diferentes se combinan entre sí en una proporción fija.
- El número relativo y tipo de átomos son constantes en un compuesto dado.

Los científicos de la época no le dieron importancia a estos principios, consideraban que el átomo jugaba un papel secundario en las reacciones químicas; por este motivo, quedaron inalterados hasta el final del siglo XIX cuando una serie de brillantes descubrimientos condujeron a la Teoría Atómica del siglo veinte. Entre los científicos que más contribuyeron a su desarrollo se encuentran:

Antoine Henri Becquerel (1852-1908)

Físico francés y miembro de una prominente familia de investigadores, aportó a la ciencia el descubrimiento de la radioactividad natural, descubrimiento que le valió el Premio Nobel de Física, compartido con Marie Curie, en 1903.

Becquerel, quien conocía los trabajos de Wilhelm Conrad Röntgen, se interesó en investigar la relación entre la fosforescencia producida por los rayos X de Röntgen y la producida por la radioactividad.

En 1896, casi accidentalmente, hizo un importante descubrimiento; encontró que la fluorescencia y la producción de rayos X se interrumpen inmediatamente cuando la energía externa excitante se detiene, sin embargo, la fosforescencia permanece por cierto tiempo después de suprimir la excitación.

Un día nublado de 1896, Becquerel no pudo emplear la energía solar como fuente externa, así que decidió guardar las placas fotográficas en una gaveta donde también guardaba cristales que contenían uranio. Días después, para su sorpresa, encontró que las placas estaban veladas; habían sido expuestas a unas emisiones «misteriosas» provenientes del uranio, pero notó que las emisiones no necesitaban la presencia de fuentes externas de energía; los cristales de uranio emitían rayos por si solos, espontáneamente. Este pequeño incidente permitió descubrir la radioactividad, descubrimiento que abrió caminos a la ciencia moderna.

Marie Curie (1867-1934)

Los esposos Curie dedicaron su vida a la investigación relacionada con la radioactividad y lograron establecer algunas de las propiedades de los materiales radioactivos. Marie nació en Varsovia y para poder continuar sus estudios, a la edad de 24 años tuvo que trasladarse a París donde logró obtener una Maestría en Física y Matemáticas en sólo 3 años. Por sus méritos, un grupo de industriales le otorgó una beca para que investigara las propiedades magnéticas de diferentes tipos de acero.

A fin de llevar a cabo su trabajo, Marie se trasladó a un laboratorio donde trabajaba Pierre Curie, su futuro esposo, quien realizaba investigaciones relacionadas con el magnetismo y las propiedades de ciertos cristales. Marie y Pierre trabajaron juntos y se casaron en 1895. En diciembre de ese mismo año, Röntgen descubrió unos rayos capaces de atravesar la madera y los tejidos, y algunos meses después Becquerel anunció que los compuestos de uranio producían rayos similares. Estos importantes descubrimientos hicieron que Marie decidiera investigar los rayos provenientes del uranio. Para la fecha escribió: *«La investigación promete ser muy interesante, debido a que es completamente nueva y nada se ha escrito sobre ella».*

Comenzó con compuestos químicos que contenían uranio, y pronto determinó que la intensidad de los rayos dependía exclusivamente de la cantidad de uranio presente en el compuesto, y no de otras características como su estado sólido o líquido o su pureza.

La intensidad de los rayos pudo ser medida gracias a que Becquerel ya había notado que las emanaciones provenientes del uranio hacían que el aire se volviera conductor de la electricidad, es decir, se ionizaba. La cantidad de iones que se producía en un volumen de aire era proporcional a la intensidad de las radiaciones. Utilizando el electroscopio, un instrumentos muy sensible que permite detectar la presencia de carga eléctrica creado por el científico inglés William Gilbert (1544-1603), midió las «emanaciones» provenientes de varias sustancias capaces de alterar la conductividad del aire.

Los científicos de la época afirmaban que los átomos se habían creado al principio de los tiempos, no cambiaban ni era posible cambiarlos. Marie dudaba de tal afirmación, sospechaba que algo pasaba «dentro» del átomo de uranio cuando se producían los rayos. Ensayando con otros elementos, descubrió que el torio, un elemento sumamente raro, también producía radiaciones. Seguidamente, en 1898, los Curie se toparon con otra sorpresa; el mineral de uranio, la pechblenda o uranilo, producía radiaciones unas 300 veces más intensa que el uranio puro.

Estos resultados lo llevaron a pensar que la pechblenda debía contener otro elemento nunca visto antes. En sus escritos, a este hipotético elemento, en honor al país de origen de Marie, lo llamaron *polonio*. Después de un arduo trabajo, los Curie lograron aislarlo e identificar además otro elemento, el radio. Para describir el comportamiento del polonio y el radio, Marie creó el término *radiactividad o radioactividad.*

Por no disponer de suficiente cantidad, los científicos de la época dudaron de su existencia ya que no se podía determinar sus propiedades; se manifestaban sólo por sus emisiones radioactivas. Hoy se sabe que la pechblenda contiene hasta 30 elementos químicos.

Marie, también encontró que la rata de emisión de radiaciones disminuía con el tiempo y que dicha disminución podía calcularse y predecirse. Pero su mayor logro fue comprender que la radiactividad es una propiedad del átomo y no una emanación separada e independiente.

Marie y Pierre fueron galardonados con el Premio Nobel de Física en 1903, y por el descubrimiento del polonio y el radio le fue otorgado a Marie, en 1911, el mismo premio en química. En 1934, Marie murió víctima de anemia aplastica, una enfermedad de la sangre normalmente inducida por exposición a la radioactividad.

A pesar de el gran avance aportado por los esposos Curie, los científicos de la época no conocían la estructura del átomo, tuvieron que esperar por los trabajos realizados por muchos otros, entre los que se destaca Ernest Rutherford.

Ernest Rutherford (1871-1937)

Ernest Rutherford nació en Nueva Zelandia, en 1895 se trasladó a Inglaterra para estudiar en la Universidad de Cambridge, su tutor, J.J.Thompson encaminó sus investigaciones hacia los rayos X recientemente descubiertos. Rutherford desarrolló un detector de ondas electromagnéticas, y en 1898 descubrió las partículas alfa y beta presentes en las radiaciones de uranio. Durante esa época y en el mismo laboratorio Thompson descubrió el electrón.

En 1898 se trasladó a la Universidad Mc Gill en Montreal, donde estudió la partícula alfa y determinó que el diminuto cuerpo que emiten algunos elementos radioactivos es un ion de helio. Conjuntamente con sus colaboradores, descubrió las leyes de las desintegración radioactiva y determinó que la radioactividad es un proceso en el cual los átomos del elemento emisor se convierten en un elemento diferente.

En 1907 se trasladó de nuevo a Inglaterra, dirigió el departamento de física de la Universidad de Manchester, y sucedió a Thomson en el Cavendish Laboratory, situado entre los capiteles y patios medievales de la Universidad de Cambridge. Entre los años veinte y treinta, dicho Laboratorio se convirtió en uno de los principales centros mundiales de investigación científica.

Rutherford y sus ayudantes, entre los que se encontraba el joven Hans Geiger, realizaron su más extraordinario experimento encaminado a descubrir la estructura interna del átomo. Observaron que al «bombardear» con partículas alfa una delgada lámina de oro, las partículas atravesaban la lámina e impresionaban una película fotográfica colocada detrás. Notaron, además, que una fracción muy pequeña era desviada más de 90 grados respecto de su dirección inicial. Con el modelo atómico imperante en la época se trataba de un resultado incompatible, esto llevó al joven investigador Ernest Marsden a estudiar tan anómala dispersión. Descubrió que ocasionalmente alguna partícula alfa rebotaba contra la lámina en vez de penetrar en ella. *«Era* -dijo Rutherford- *tan increíble como si dispararas un proyectil de cuarenta centímetros contra una hoja de papel y rebotara de vuelta».*

El extraño fenómeno lo llevó a concluir que la mayoría de las partículas alfa atraviesan la lámina de oro debido a que los átomos son en su mayor parte espacio vacío, de hecho, concluyó Rutherford, los átomos parecen pequeños sistemas solares. El centro o núcleo es un «diminuto sol» que contiene el 99,98% de la masa, tiene una gran carga y ocupa una cienmilésima parte del tamaño del átomo; los electrones, cargados negativamente, orbitan como planetas a una distancia de unos 10.000 diámetros nucleares.

Con este modelo, en 1911 Rutherford logró explicar la dispersión del las partículas alfa; unas cuantas «rebotan» debido a que son desviadas por los núcleos densos y altamente cargados. Más tarde, él y sus colaboradores demostraron que el núcleo está constituido por dos componentes: los protones, positivamente cargados y los neutrones, eléctricamente neutros.

Al «bombardear» átomos de nitrógeno con partículas alfa, Rutherford consiguió transmutarlo; obtuvo átomos de oxígeno junto con una nueva radiación cuya masa era aproximadamente igual a la del átomo de hidrógeno. A esta nueva radiación la denominó protón y posteriormente la identificó como un núcleo de hidrógeno. El año emblemático para el laboratorio dirigido por Rutherford fue 1932; un miembro de su equipo, James Chadwick, confirmó la existencia del neutrón y otros dos científicos del mismo laboratorio, Ernest Walton y John Cockroft, fueron los primeros en «romper» el núcleo del átomo.

Rutherford fue galardonado con el Premio Nobel de Química en 1908 y en 1931 fue nombrado primer Barón de Nelson, lo que le dio derecho a sentarse en la Cámara de los Lores. Falleció el 19 de Octubre de 1937, sus cenizas reposan en la Abadía de Westminster, junto a las de Sir Isaac Newton y Lord Kelvin.

Niels Bohr

El principal objetivo de Becquerel, los esposos Curie, Rutherford, Bohr y muchos otros científicos, era descifrar la estructura del átomo. El átomo se asemeja al sistema planetario, tiene un núcleo central integrado por protones electropositivos y por neutrones sin carga, y orbitando a su alrededor en diferentes capas se encuentran los electrones; partículas electronegativas. El núcleo es un conglomerado de partículas que se mantienen estrechamente unidas y el número de protones que contiene determina el elemento químico al que pertenece el átomo. Dicha «imagen» fue presentada en 1922 por el físico danés Niels Bohr (1885-1962), lo que le ameritó el Premio Nobel de Física.

En cada órbita o capa sólo puede haber un número máximo de electrones dado por la expresión $2n^2$, siendo «n» el número de la capa. A cada una le corresponde una energía de enlace, que es la energía que hay que suministrar a los electrones para «arrancarlos» del átomo.

A las capas se las designa por las letras K, L, M, N, siendo K la más próxima al núcleo; la que tiene una mayor energía de enlace y menor nivel energético. Todos los electrones de un mismo elemento en su estado «normal» se encuentran distribuidos de la misma manera y con los mismos niveles energéticos, por lo que la distribución es única.

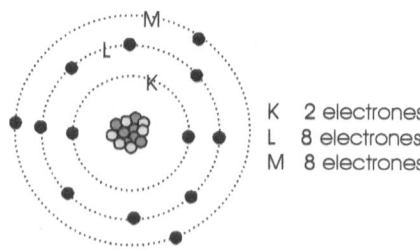

Fig. 4.1. Modelo atómico de Bohr

Los elementos se diferencian por su *número atómico* designado por la letra Z, la cual representa número de protones presentes en su núcleo. El hidrógeno tiene un protón (Z=1), el calcio tiene cuarenta (Z = 40).

La combinación de varios átomos da lugar a la formación de moléculas, por ejemplo, la molécula de oxígeno está formada por dos átomos y se representa por O_2, la del agua, por dos átomos de hidrógeno y uno de oxígeno, y se representa como H_2O. Existen una infinidad de moléculas distintas que en conjunto forman la materia orgánica e inorgánica que compone el universo.

Atomos y partículas subatómicas

La materia que nos rodea está constituida por elementos simples y sustancias compuestas. Los 98 elementos que existen en estado natural van desde el hidrógeno, el más liviano, hasta el uranio, el más pesado. Se conoce también un grupo de 17 elementos adicionales denominados *transuránidos*, más pesados que el uranio, que no existen en estado natural; desde el neptunio-93 hasta el unnilenno-109, todos «fabricados» por el hombre.

En núcleo del átomo está formado por la asociación de partículas elementales llamada genéricamente *nucleones*, el núcleo del hidrógeno tiene un solo protón, en tanto que el núcleo del uranio-238 tiene 92 protones y 146 neutrones.

Los electrones orbitan alrededor del núcleo, y salvo en dos situaciones analizadas más adelante, no intervienen en los fenómenos nucleares. Un átomo no ionizado tiene igual número de protones y electrones, por lo tanto es eléctricamente neutro.

El protón, similar al núcleo de hidrógeno, pesa en reposo 1,007277663 unidades atómicas de masa (u) (antiguamente uma), que expresadas en unidades cgs equivale a $1,67252 \times 10^{-24}$ gr. Su carga positiva es de $4,80298 \times 10^{-10}$ unidades electrostáticas de carga (u.e.s). El neutrón, ligeramente más pesado que el protón, tiene una masa en reposo de 1,0086654 u., o sea $1,67482 \times 10^{-24}$ gr.

Las fuerzas que mantienen a los nucleones unidos no son bien conocidas, se supone que la unión de los nucleones se efectúa mediante el intercambio de partículas intranucleares llamadas mesones, cuya masa es del orden de 0,05 a 0,15 u.

La medida de los radios nucleares varía entre $1,4 \times 10^{-13}$ cm y $9,5 \times 10^{-13}$ cm y el peso promedio de un núcleo es de alrededor de 10^{-22} gr, por lo tanto, la densidad nuclear es del orden de 10^{14}g/m³, o sea 10^8 ton/cm³, valor que por su elevada magnitud no admite ningún tipo de comparación.

Los electrones giran alrededor del núcleo describiendo órbitas elípticas en capas perfectamente definidas, tienen masa en reposo 1850 veces menor que la del protón, o sea $5,4860 \times 10^{-4}$ u., que equivale a $9,1091 \times 10^{-28}$ gr, su carga es negativa e igual a la del protón y su radio es del orden de 3×10^{-13} cm.

El radio del átomo es de unos 10^{-8} cm y su masa está prácticamente concentrada en el núcleo. Si el núcleo tuviera el radio de un milímetro, el diámetro del átomo sería de unos 20 metros. De dicha comparación se deduce que los cuerpos que nos rodean son prácticamente espacios vacíos, la materia de la cual se componen se halla concentrada en pequeños puntos separados por «vacíos enormes» en relación con sus dimensiones.

La masa puede expresarse en energía y viceversa, Einstein relaciona la masa y la energía por medio de la ecuación:

$$E = mc^2$$

donde (m) es la masa, (E) la energía y (c) la velocidad de la luz.

En física nuclear, la unidad de energía más empleada es el electronvoltio (eV); equivale a la energía que adquiere un electrón cuando es acelerado dentro de un campo eléctrico cuya diferencia de potencial es un voltio. También se emplean múltiplos; el KeV y el MeV. En el sistema de unidades c.g.s, $1eV = 1,6 \times 10^{-12}$ ergios.

A modo de ejemplo se puede calcular el equivalente en energía de la unidad de masa atómica. La unidad de masa atómica es por definición equivalente a la duodécima (1/12) parte de la masa de un átomo de carbono-12. Cuando se dice que el litio tiene masa de 6,94u, quiere decir que un átomo de Li tiene la misma masa que 6,94 veces la masa de la duodécima parte de un átomo de carbono-12.

El valor de la unidad atómica de masa expresada en gramos es:

$$1u = 1/(6,022\ 141\ 99 \cdot 10^{23}) = 1,660\ 737\ 86 \cdot 10^{-24} \text{ gr.}$$

donde el denominador es el número de Avogadro.

Si toda una unidad de masa equivalente se transformara en energía se obtendrían 0,0014 ergios, o 931 MeV. Haciendo el cálculo para la masa del electrón se obtiene 0,51 MeV, valor importante de recordar cuando se habla de la emisión de positrones.

Actividad En un material radiactivo, el número de átomos que se desintegran por unidad de tiempo es proporcional al número de átomos que lo componen. La actividad del material suele expresarse por el numero de desintegraciones por minuto, por segundo o en Curie (Ci). Un Curie es aquella cantidad de material radiactivo que produce $3,7 \times 10^{10}$ desintegraciones cada segundo, lo que corresponde por definición a un gramo de radio-226.

En la práctica de la medicina nuclear el Curie es una unidad muy grande; usualmente se emplea el milicurie o el microcurie.

El Sistema de Unidades Internacional emplea el Becquerel (Bq), y como es una unidad muy pequeña, se utilizan los múltiplos el MBq y el GBq.

$$\text{Así,} \quad 37 \text{ GBq} = 1 \text{ Ci}$$
$$1 \text{ GBq} = 27 \text{ milicuries}$$
$$1 \text{ MBq} = 27 \text{ microcuries}$$

Vida media La vida media de un material radiactivo expresa la velocidad con que se desintegran sus átomos. Si en un momento dado un material tiene «N» átomos radioactivos, después cierto tiempo el número será menor, pues algunos se han transmutado. La vida media o tiempo de semidesintegración es el tiempo que debe transcurrir para que el número de átomos de una especie radioactiva se reduzca a la mitad. Si en un instante dado existen 100 átomos de ^{131}I y al cabo de 8,05 días se encuentran 50, se dice que la vida media del ^{131}I es de 8,05 días:

$$T_{1/2}(^{131}I) = 8,05 \text{ días}.$$

La vida media también se define como el tiempo en que la actividad de una fuente radioactiva se reduce a la mitad. La vida media de los radioisótopos conocidos está comprendida entre algunos microsegundos a miles de millones de años.

Actividad específica Actividad específica de un material radiactivo es el número de desintegraciones nucleares por unidad de tiempo y por unidad de masa. Se expresa en Ci/gr o Bq/gr.

Una cantidad grande de material puede ser muy poco radioactiva, o contrariamente, una cantidad muy pequeña puede ser muy radioactiva. Por ejemplo, un kilogramo de uranio-238 con vida media de 4500 millones de años tiene 0,33 mCi, en tanto que un kilogramo de cobalto-60, cuya vida media de 5,3 años, tiene cerca de 1130 KCi. La actividad específica depende de la vida media del elemento.

ISOTOPOS RADIOACTIVOS

Un elemento químico está definido por el número de protones presentes en su núcleo, sin embargo, los átomos de un mismo elemento pueden tener diferente número de neutrones. Los núcleos atómicos con el mismo número de protones y diferente número de neutrones se llaman *isótopos* (del griego: isos = mismo; y topos = lugar) y tienen masa diferente.

La mayoría de los elementos químicos poseen más de un isótopo, solamente 21 elementos, entre los cuales se encuentra el berilio y el sodio poseen un solo isótopo natural; en contraste, el estaño es el elemento con más isótopos estables. Otros elementos, como el uranio, tienen isótopos naturales, pero inestables, que están constantemente en decaimiento, lo que los hace radiactivos.

Por ejemplo, el átomo de hidrógeno más abundante no tiene neutrones, el isótopo llamado deuterio tiene un neutrón y el tritio tiene dos neutrones.

Un determinado isótopo se identifica así: $^{A}X_{Z}$, donde X es el símbolo del elemento químico, Z es el número atómico o número de protones y A es el número de masa, formado por la suma de los protones y neutrones contenidos en el núcleo. Así, el hidrógeno común es: $^{1}H_{1}$, el deuterio: $^{2}H_{1}$, y el tritio: $^{3}H_{1}$.

Cada muestra de hidrógeno encontrada en la Naturaleza incluye pequeñas cantidades de deuterio y tritio, que por tener más neutrones su peso atómico es mayor. Esto explica el por qué un mismo elemento tiene átomos con peso atómico diferente y el por qué los pesos atómicos de la mayor parte de los elementos no son números enteros. La razón es que los elementos, tal como se encuentran en la Naturaleza, están formados por una mezcla de isótopos.

El uranio-238 tiene 92 protones y 146 neutrones y se identifica como $^{238}U_{92}$, el uranio-235 tiene los mismos 92 protones pero 143 neutrones. De repente y al azar, un «paquete» formado por dos protones y dos neutrones se desprende del núcleo de uranio 238. Cuando ello sucede se convierte en torio-234 cuyo núcleo está formado por 90 protones y 144 neutrones. El torio, con propiedades físicas y químicas completamente diferentes, es un emisor beta y tiene una vida media de 24 días. El torio-234 al emitir una radiación beta se convierte en protactinio-234 con vida media de 6,7 horas y el protactinio, por decaimiento beta, se convierte en uranio-234.

El uranio-234 se comporta física y químicamente igual que el padre de la cadena, el uranio-238, pero sus propiedades nucleares son distintas. El uranio-234 por decaimiento alfa se convierte en torio-230 y éste a su vez al radio-226 y así buscará estabilidad siguiendo una larga cadena de reacciones nucleares hasta convertirse en plomo-206, que es un isótopo estable.

Algunos isótopos son más inestables que otros; por ejemplo, la mitad de los átomos del polonio-214 se transforman en plomo-210 en sólo 0,2 ms, mientras que la mitad de los átomos de uranio-238 tardan 4500 millones de años en convertirse en torio-234. El uranio, por tener vida media más larga que la edad de la tierra se le considera una sustancia radioactiva primaria y el «padre» de una numerosa familia de sustancias radioactivas secundarias.

Además del uranio, existen otras dos familias de decaimiento radiactivo natural que tienen como elemento final el plomo: la familia del actinio, cuyo padre es el plutonio-239 con vida media de 2,41 millones de años y que termina en plomo-207, y la familia del torio-232 con vida media de 14.050 millones de años y que termina en plomo-208.

Se supone que los radionúclidos naturales se originaron en el interior de las estrellas y existen desde la formación de la Tierra. El uranio, por ejemplo, está presente debido a que su vida media es tan larga que no ha decaído apreciablemente y todavía existe en cantidades importantes. Las sustancias radioactivas secundarias tienen vida media más corta, se originan por decaimiento de las primarias, se están formando continuamente y por esta razón es posible encontrarlas en la tierra.

Gran parte de los elementos que componen el Universo son una mezcla de isótopos, pero la mayoría de los que se encuentran en la Tierra en forma natural no son radioactivos, sino estables. El núcleo está configurado de tal manera que sus protones y neutrones «conviven pacíficamente». En los isótopos radioactivos, la combinación de protones y neutrones le confieren cierta inestabilidad que se manifiesta como radioactividad. La radioactividad es la emisión espontánea de radiaciones corpusculares y electromagnéticas emitidas por el núcleo. A los isótopos con esta característica se les llama *radioisótopos* y al proceso de emisión se le llama *decaimiento radiactivo*.

Los isótopos radiactivos buscan estabilidad emitiendo energía en forma de partículas subatómicas y energía electromagnética. Las partículas subatómicas son las partículas alfa, las partículas beta, y radiación gamma, que es radiación electromagnética pura. La radiación gamma generalmente acompaña la emisión de partículas. La cantidad y la forma en que se emite la energía es propia de cada isótopo; es su «huella digital».

RADIOACTIVIDAD NATURAL

La mayor parte de la radiación recibida por la población mundial proviene de fuentes naturales. Algunos habitantes reciben más que otros; ello depende del lugar donde habitan. Las sustancias radioactivas pueden estar en el exterior del cuerpo, ser inhaladas con el aire o ingeridas con los alimentos y el agua. Considérese el caso del potasio, un constituyente normal del organismo humano que existe en tres formas isotópicas:

Potasio-39 con 19 protones y 20 neutrones
Potasio-40 con 19 protones y 21 neutrones
Potasio-41 con 19 protones y 22 neutrones

El potasio-39 y el potasio-41 son isótopos estables, constituyen el 99.99% de todo el potasio existente, el isótopo radiactivo es únicamente el potasio-40 con concentración del 0,01%. Independientemente de la fuente, la abundancia relativa de los tres isótopos es constante. En el cuerpo humano de un adulto hay de 150 a 200 gramos de potasio, del cual unos 20 mgr son de potasio-40.

Otra forma de radioactividad natural a la que estamos sometidos proviene del aire que respiramos y los alimentos que consumimos. Bombardeado por la radiación solar, el nitrógeno de la atmósfera se transforma en carbono-14 y tritio, un radioisótopo del hidrógeno. A medida que el carbono-14 decae la radiación solar lo forma de nuevo, de manera que su cantidad ha permanecido inalterada en la atmósfera terrestre durante milenios.

Unos pocos átomos de este carbono presente en el dióxido de carbono, pasan a formar parte de carbono ambiental y se fijan por medio de la fotosíntesis en los tejidos vegetales. Los animales herbívoros y el hombre que consumen vegetales y productos de origen animal lo asimilan. En el transcurso de la vida, debido al proceso de absorción y excreción, el nivel de radioactividad alcanza un equilibrio en los tejidos. Cuando el organismo muere deja de absorber carbono, por lo que su nivel empieza a decaer. Puesto que su vida media es de 5.730 años, la concentración de carbono-14 en los restos de un ser vivo permite precisar el tiempo transcurrido desde su muerte.

Debido a su presencia en todos los materiales orgánicos, el carbono-14 permite la datación con bastante precisión de especímenes orgánicos, ya sean restos de animales o vegetales; casas de madera, huesos, rollos de pergamino, ropa, papel o trozos de carbón, cuyas edades sean inferiores a unos 45.000 años. El carbono-14 es también empleado por la medicina nuclear como trazador.

Los geólogos también han tratado de encontrar en la superficie terrestre «rocas viejas», es decir, rocas que se solidificaron hace miles de millones de años y que han permanecido allí inalteradas.

Hace algunas décadas se descubrió en Canadá una formación rocosa cuya edad es 3.960 millones de años. Estas rocas se formaron cuando la tierra tenía apenas unos 600 millones de años de existencia.

La determinación de la edad de las rocas se logra utilizando unos pequeños cristales de circón (silicato de circonio) que se encuentran en su interior. Esta sustancia contiene abundantes átomos de circonio junto a átomos de oxígeno y silicio.

Cuando se formaron los cristales se crearon estructuras regulares de átomos de circonio, silicio y oxígeno. Algunos átomos de circonio de las estructuras cristalinas fueron reemplazados por átomos de uranio que se encontraban en los alrededores, pero los átomos de plomo no pueden ser incorporados en dichas estructuras. Es decir, al principio, cuando las rocas se solidificaron los cristales no contenían plomo, pero terminaron teniéndolo debido al decaimiento del uranio.

La desintegración del uranio no es muy rápida, en realidad tiene una vida media de 4.500 millones de años, de forma que si se analiza un cristal de circón y se determina la proporción de uranio y plomo puede calcularse la edad de la roca.

Utilizando este método, se logró datar ciertas formaciones rocosas australianas que contienen cristales de 4.200 millones de años y el Macizo Guayanés, una cobertura de dos millones de kilómetros cuadrados situado al norte de Sur América, sufrió plegamientos y levantamientos desde el mismo momento de la formación terrestre.

Los radioisótopos naturales más abundantes son el radón-220 y el radón-222. Estos gases radioactivos «emergen» de las rocas que contienen uranio y torio; son los responsables del 50 al 80% de la radiación natural a la cual estamos sometidos. La población establecida cerca de esos yacimientos y la que realiza viajes aéreos está más expuesta.

Cuando la tierra se formó los niveles de radioactividad natural eran mucho mayores, afortunadamente el planeta es lo suficientemente «viejo» para que la intensa radioactividad original se haya atenuado.

RADIACTIVIDAD ARTIFICIAL

Los radioisótopos naturales conocidos en las primeras décadas del siglo pasado eran muy pocos, por ello no fue posible descubrir su verdadero potencial. Actualmente, el hombre ha producido artificialmente varios cientos de radionúclidos y ha aprendido a utilizar el átomo para los más variados propósitos; desde la investigación a la medicina, desde la producción de energía eléctrica a las temibles armas nucleares. La radiación puede emplearse para fines pacíficos o bélicos, la humanidad debe aceptar la responsabilidad por el uso que le vaya a dar a esta poderosa herramienta.

Actualmente, la fuente más importante de radiación artificial a que se somete el hombre, es cuando por razones médicas es expuesto a estudios donde se emplean rayos X o radiación nuclear y cuando se le suministran sustancias radiactivas con fines diagnósticos o terapéuticos.

En 1933, el matrimonio Frederic Joliot e Irene Curie, hija de Marie Curie, descubrieron la forma de crear radioisótopos. Mediante el bombardeo con partículas subatómicas lograron la transmutación del aluminio estable en fósforo radiactivo y el boro estable en nitrógeno radiactivo. Este acontecimiento trascendental fue comunicado a la Academia Francesa en enero de 1934 y propusieron llamar los elementos así creados *radiofósforo* y *radioazoe,* respectivamente.

Otro gran acierto ocurrió en 1934; Ernest Lawrence, en Berkeley, California, utilizando su máquina eléctrica llamada *ciclotrón,* logró acelerar iones de deuterio para que empastarán a alta velocidad un blanco de carbono. Consiguió así alterar el balance natural de su núcleo que tiene 6 protones y 6 neutrones, agregándole un protón. El nuevo átomo con 7 protones ya no es carbono, sino un radioisótopo del nitrógeno con vida media de 10 minutos.

Las primeras partículas utilizadas para bombardear los núcleos atómicos estaban cargadas positivamente: el protón, el deutrón y la partícula alfa, por lo tanto eran rechazadas por los núcleos atómicos también cargados positivamente. Hace falta mucha energía para que las partículas puedan «vencer» la repulsión y chocar con los núcleos, y por eso las reacciones nucleares no se producían fácilmente.

El empleo de neutrones abrió nuevas posibilidades, ya que esta partícula por no poseer carga no es rechazada y puede chocar fácilmente con los núcleos atómicos.

El físico italiano Enrico Fermi (1901-1954) halló que un haz de neutrones era particularmente eficaz para iniciar reacciones nucleares si primero se hacían pasar a través de agua o parafina. Los átomos ligeros de estos compuestos absorben parte de su energía en cada colisión y lo hacen sin absorber los propios neutrones. Los neutrones son «frenados» hasta una velocidad similar a la velocidad normal de las moléculas a temperatura ambiente. Estos neutrones «lentos», llamados *neutrones térmicos,* permanecen en las proximidades de los núcleos más tiempo, por lo cual la probabilidad de ser absorbidos es mayor.

Cuando un neutrón es absorbido por un núcleo, dicho núcleo no se convierte necesariamente en un nuevo elemento; puede convertirse simplemente en un isótopo más pesado. Así, si el oxígeno-16 gana un neutrón pasa a ser oxígeno-17. También puede ocurrir que un elemento al ganar un neutrón se convierte en un isótopo radiactivo.

En 1934, en un intento por producir átomos más pesados que el uranio, Fermi bombardeó este elemento con neutrones. En aquella época, el uranio era el elemento que tenía el mayor número atómico, lo cual podía significar simplemente que los elementos de número atómico mayor tuviesen vidas medias cortas, por lo cual no habrían «sobrevivido» el largo pasado de la tierra.

Al principio, Fermi creyó que había sintetizado el elemento 93, pero los resultados que obtuvo eran confusos y no pudo confirmar su sospecha. Sin embargo, sus investigaciones condujeron a un descubrimiento mucho más espectacular; la fisión nuclear.

En 1938, el físico alemán Otto Hahn, siguiendo la línea de investigación trazada por Fermi, descubrió la fisión nuclear, hecho que lo acreditó para que se le otorgara, en 1944, el Premio Nobel de Química. Hahn, tras haber colaborado durante la Primera Guerra Mundial en la producción de armas químicas y gases tóxicos, circunstancia que lo dejó profundamente marcado durante el resto de su vida, se convirtió en un pacifista radical opuesto al desarrollo de cualquier tipo de arma, incluida la atómica.

La fisión nuclear tiene lugar cuando se divide en dos o más partes un núcleo pesado y se producen algunos subproductos como neutrones libres, rayos gamma, partículas alfa y beta. En la reacción se libera gran cantidad de energía, el 82% en forma de energía cinética de los fragmentos y el resto en radiación.

La suma de las masa de estos fragmentos es menor que la masa original. Esta «falta» de masa, de alrededor del 0,1%, se convierte en energía. La energía liberada por cada fisión nuclear es de unos 200 MeV (1 MeV = $1,609 \times 10^{-13}$ Joules) y se manifiesta en forma de calor y por la emisión de radiaciones.

Los elementos fisionables más utilizados son el uranio-235 y el plutonio-239, el primero natural y el segundo producido en reactores.

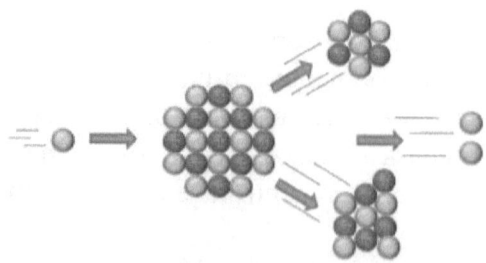

Fig.4.2. Fisión nuclear

Rara vez un núcleo fisionable experimenta fisión espontánea, sin embargo, la fisión se puede inducir artificialmente mediante el bombardeo con partículas de energía adecuada, generalmente neutrones libres.

Enrico Fermi, Premio Nobel de Física en 1938, dirigió en 1942 la construcción del primer reactor nuclear en la Universidad de Chicago. En el transcurso de sus experimentos bombardeó los núcleos con neutrones e identificó unas 40 nuevas especies radioactivas. Desde entonces, dicha técnica ha permitido crear la mayor parte de los isótopos radioactivos.

Al exponer uranio al bombardeo de neutrones, se obtiene una multiplicidad de subproductos consecuencia de la fisión de su núcleo. El uranio-235 al absorber un neutrón se convierte en uranio-236, lo que genera una violenta inestabilidad que hace que su núcleo se divida en dos fragmentos, creando el xenón-140 y el estroncio-94, isótopos también inestables. Aparte de los fragmentos se emite radiación gamma y de 2 a 5 neutrones, suficientes para causar una nueva fisión.

La idea básica para obtener energía nuclear es simple, se aproximan los núcleos de manera que entre ellos se desarrolle una reacción en cadena. Después de la reacción, la masa restante es menor que la original; la diferencia se ha convertido en energía. La energía, por ejemplo, puede aprovecharse para producir vapor de agua que es utilizado para mover las turbinas para generar electricidad. Si las circunstancias son favorables, la liberación de energía puede ser tan violenta que provoca una explosión; es la bomba atómica. La fisión nuclear es la base del desarrollo de la energía nuclear.

La aplicación práctica de esta secuencia, aparentemente simple, demanda un gran esfuerzo técnico y científico orientado a aumentar la concentración de uranio-235; el isótopo que tiene la propiedad de ser fisionado.

El uranio se encuentra en la naturaleza en una relación isotópica de 99,3% de uranio-238 y 0.7% de uranio-235. El uranio-238 reacciona con los neutrones absorbiéndolos, por lo tanto tiene pocas probabilidades de producir reacción en cadena.

Para que el uranio-235 pueda producir reacción en cadena debe enriquecerse; para poder ser utilizado como combustible en los reactores nucleares su concentración debe estar comprendida entre el 3% y el 4% y para las armas nucleares, 90%.

Debido a que los isótopos son químicamente indistinguibles, el enriquecimiento presenta serias dificultades técnicas. Para lograrlo es necesario aprovechar las propiedades físicas, como la diferencia de masa, la difusión gaseosa, la centrifugación, o las pequeña diferencia en la energía de transición entre niveles de los electrones.

Difusión gaseosa. Durante este proceso, el uranio se combina con el flúor y se forma un gas muy corrosivo; el hexafluoruro de uranio (UF_6). En la composición del gas hay moléculas con uranio-235 y uranio-238. Estas últimas, por ser más pesadas tienden a «quedarse atrás» cuando el gas se difunde por una membrana porosa. Después de pasar a través de muchas membranas, las moléculas que poseen uranio-238 son gradualmente separadas y extraídas, de forma que la concentración de uranio-235 aumenta. Como la diferencia de masa entre el uranio-235 y el uranio-238 es muy pequeña, el gas debe ser difundido millones de veces, lo que requiere de plantas purificadoras enormes.

Centrifugación. Utiliza un gran número de cilindros rotativos que crean una fuerza centrífuga muy fuerte; las moléculas de gas más pesadas se concentran en la parte exterior del cilindro, en tanto que las de uranio-235, por ser más livianas, se recogen en el centro. Este proceso, por ser más simple que el de difusión gaseosa lo ha reemplazado casi totalmente.

El centrifugado Zippe introduce una mejora sobre el centrifugado convencional, el uso del calor. Se calienta el fondo de los cilindros rotativos provocando corrientes que se mueven hacia la zona superior donde el uranio-235 es recogido mediante paletas. Aparte de los métodos de enriquecimiento antes citados, existen otros como los aerodinámicos, electromagnéticos o por láser.

PROCESOS RADIOACTIVOS

Los núcleos radioactivos logran la estabilidad mediante uno o varios de los siguientes procesos: emitiendo radiación alfa, beta, gamma, neutrones.

1.- Emisión de partícula alfa. La partícula está formada por dos protones y dos neutrones, su masa atómica es 4 y su carga eléctrica +2e. El isótopo que la emite desciende dos lugares en la tabla periódica y su masa atómica disminuye cuatro unidades. Es emitida por los núcleos más pesados; los que se encuentran al final de la tabla periódica. Debido a su gran tamaño y carga, la radiación alfa es muy ionizante y poco penetrante, puede ser «frenada» por una hoja de papel o por la capa exterior de la piel, por tales motivos no adecuada a los fines de la medicina nuclear. No es peligrosa a menos que la sustancia que la emite sea inhalada, ingerida o en contacto con heridas abiertas, en cuyo caso es especialmente nociva.

Las partículas alfa emitidas por cualquier radioisótopo tienen energía comprendida entre 4 y 10 Mev, reaccionan con la materia excitando o ionizando sus átomos. En el proceso de ionización, la partícula «arranca» electrones de los átomos circundantes con lo que produce pares ionicos. Cada vez que esto sucede pierde energía cinética. En el proceso de excitación se produce un intercambio de energía entre la partícula alfa y los electrones de los átomos que la circundan, los cuales alcanzan un nivel de energía superior.

2.- Emisión de partícula beta Es una emisión procedente del núcleo formada por partículas cuya masa es igual a la del electrón. Su poder de penetración depende de la energía con que es emitida y es frenada por algunos milímetros de tejido vivo o algunos metros de aire. Existen tres tipos de radiaciones beta:

- Radiación beta negativa: Un protón del núcleo se transforma en neutrón y emite de una partícula beta negativa (electrón) y un antineutrino. El isótopo que la expulsa sube un lugar en la tabla periódica.

- Radiación beta positiva: Un protón del núcleo se convierte en neutrón y emite una partícula beta positiva, llamada *positrón* o *antineutrón* y un neutrino. El positrón es la antipartícula del electrón dado que tiene su misma masa pero carga de signo opuesto. El isótopo que la emite desciende un lugar en la tabla periódica.

- Captura electrónica: La captura electrónica se da en núcleos con exceso de protones; el núcleo captura un electrón orbital que al unirse con un protón del núcleo forma un neutrón.

Con respecto a la producción positrón cabe mencionar que su masa no forma parte de la materia ordinaria, sino de la antimateria. Por tener una carga positiva que se desplazan en un «mundo repleto de electrones», apenas inician su veloz carrera, cuya duración ronda el microsegundo, interactúa con un electrón orbital aniquilándose mutuamente sin dejar rastro de materia; sólo queda energía en forma de radiación gamma. Al aniquilarse, da origen a la emisión de 2 fotones de 511 Kev.

El fenómeno inverso también puede ocurrir, es decir, la desaparición súbita de rayos gamma que dan origen a una pareja electrón-positrón. A este fenómeno se llama producción de pares.

La existencia del positrón fue predicha por físico británico Paul Dirac en 1928, y fue descubierta cuatro años después, por el físico norteamericano Carl D. Anderson al fotografiar las huellas de los rayos cósmicos en una cámara de niebla. En la actualidad, la tomografía por emisión de positrones (PET), empleada en instalaciones hospitalarias, utiliza radioisótopos emisores de positrones.

El neutrino es una partícula subatómica de carga cero y masa no determinada, pero se tienen indicios que no es nula sino muy pequeña, unas doscientas mil veces menor que la masa del electrón. Su interacción con la materia es mínima; atraviesa la tierra sin mayor perturbación.

3.- Radiación Gamma. Es radiación electromagnética de alta energía que acompaña la radiación alfa o beta. El núcleo que la emite «se desprende de la energía que le sobra», para pasar a un estado de menor energía sin perder su identidad. No posee masa ni carga eléctrica, es muy penetrante; puede atravesar gruesos bloques de plomo u hormigón, atraviesa fácilmente al cuerpo humano donde libera menos energía en los tejidos que la partícula alfa o beta. Debido a estas características es empleada con fines médicos. Cuando un núcleo excitado emite radiación gamma, no varían ni su masa ni su número atómico, solo pierde una cantidad de energía "hv".

4.- Radiación de neutrones. Los neutrones, por ser partículas neutras no ionizan la materia y por ello tienen gran poder de penetración. Interactúan chocando con los átomos a los que les transfieren energía. El efecto en los seres vivos es similar al de las radiaciones ionizantes; cuando interactúan con los tejidos, mayormente compuestos por agua, chocan con los átomos de hidrógeno a los que les confieren suficiente energía para que estos a su vez inonicen los tejidos circundantes. Los neutrones, al ser absorbidos por los núcleos atómicos inducen a la radioactividad, inclusive en los tejidos.

5.- Fisión nuclear. El núcleo se fisiona en aproximadamente dos mitades, emite neutrones y libera energía.

PRODUCCION DE RADIOISOTOPOS

Los isótopos artificiales o sintéticos (synthetic isotopes) no se encuentran en forma natural en la tierra, son producidos por el hombre en reactores nucleares y en ciclotrones.

Para producir un radionúclido a partir de un isótopo estable es necesario agregar o eliminar protones o neutrones a su núcleo, de tal manera que se transforme en otra entidad física y a veces química. Se obtienen a partir de reacciones nucleares provocadas por el bombardeo del núcleo con neutrones, protones, deutrones y fotones. Cuando se bombardea un núcleo, este captura el proyectil y se puede crear un isótopo inestable que tarde o temprano emitirá una partícula.

Existen diferentes formas de obtener radionúclidos con fines médicos; los de semiperíodo largo generalmente provienen de reactores nucleares, en tanto que los de semiperíodo corto provienen de ciclotrones o de generadores de radionúclidos.

Una forma común de producir radionúclidos es por activación con neutrones en un reactor nuclear. El elemento a activar se coloca cerca del centro del reactor donde la densidad de neutrones es alta. El núcleo, al capturarlos, tendrá neutrones en exceso y se torna inestable. Un isótopo típico producido en esta forma es el talio-201.

El reactor nuclear es una instalación física de gran envergadura donde se produce, mantiene y controla una reacción nuclear en cadena. Dispone de grandes sistemas de seguridad, debe ser manejado por personal especializado y su costo y mantenimiento es elevado. En él se producen los radioisótopos para su posterior distribución a diferentes servicios de medicina nuclear.

Otra forma de producir radioisótopos es por activación de los núcleos con protones de alta energía generados en un ciclotrón. El ciclotrón es un acelerador de partículas en el cual los protones se mueven siguiendo una trayectoria circular y pueden alcanzar una energía muy elevada, del orden de los 10 Mev. Cuando la velocidad de los protones es suficiente, se hacen estrellar en un blanco donde ocurren reacciones nucleares que conducen a la obtención de isótopos emisores de positrones; uno de ellos es el fluor-18.

Los elementos radioactivos producidos en el ciclotrón se usan como trazadores de semiperíodo corto; de algunas horas, con los que se marcan ciertas sustancias, como por ejemplo la glucosa, que se utiliza para el diagnóstico clínico.

El ciclotrón es un equipo costoso de alta tecnología que debe ser operado por personal muy calificado y que pos seguridad radiológica debe ser instalado en un bunker.

Fig.4.3 Primer reactor nuclear de latinoamérica utilizado para producir radioisótopos y un ciclotrón con la consola de control

Los radioisótopos artificiales también son producidos en los generadores de radionúclidos (radionuclide generator). El generador contiene un isótopo «padre», normalmente producido en un reactor nuclear, el cual decae en el isótopo «hijo». Un ejemplo típico es el generador de tecnecio-99m (Tc-99m o ^{99m}Tc).

En el reactor se irradia molibdeno-98 del que se origina molibdeno-99 cuya vida media es de 65,94 horas, cuando decae emite una partícula beta negativa y un antineutrino. De este se extrae el tecnecio-99m que es producto del decaimiento del molibdeno-99. El Tc-99 tiene vida media de 6 horas y emite radiación gamma de 140 KeV, lo cual hace que sea fácilmente detectable. Por tener vida media corta y por emitir radiaciones de relativa baja energía, es ideal para el diagnóstico.

La vida media del molibdeno-99 es suficientemente larga para que una vez creado pueda transportarse a cualquier hospital del mundo y todavía producir Tc-99m por una semana o más. Cuando el hospital lo recibe procede a extraer (ordeñar) químicamente el Tc-99m.

Algunos microgramos son suficientes para obtener resultados satisfactorios, por lo que la «vaca» suele ser suficiente para realizar muchos estudios. El generador de Tc-99m normalmente se encuentra en el mismo servicio de medicina nuclear del hospital receptor.

El libro «*Technetium*», de Klaus Schwochau, enumera 31 radiofármacos basados en el Tc-99m. Es utilizado en estudios funcionales del cerebro, pulmones, hígado, miocardio, glándula tiroidea, esqueleto, sangre, vesícula biliar, riñones y algunos tumores.

El descubrimiento del elemento cuyo número atómico es 43 y su símbolo químico Tc, hoy conocido como *tecnecio*, fue confirmado por un experimento llevado a cabo en 1937 en la Universidad de Palermo (Sicilia), por Emilio Segrè y Carlo Perrier. En un viaje a Berkeley, California, Segré obtuvo de Ernest O. Lawrence, el inventor del ciclotrón, algunas de las partes descartadas del ciclotrón que se habían vuelto radiactivas. Lawrence le cedió una hoja de molibdeno que formaba parte del deflector del ciclotrón. Segrè y su colega Perrier, demostraron que la actividad del molibdeno era en realidad causada por un elemento cuyo número atómico era 43, un elemento desconocido e inexistente en la naturaleza debido a la inestabilidad nuclear. Por ser el primer elemento químico producido de forma artificial le dieron el nombre de *tecnecio,* palabra derivada de la griega *technètos*, que tiene precisamente ese significado. Segrè volvió a Berkeley, y en conjunto con Glenn T Seaborg logró aislar el isótopo Tc-99m, que actualmente se emplea en más de 10.000.000 procedimientos médicos diagnósticos al año.

Fig.4.4. Dmitri Mendeleev quien predijo las propiedades del tecnecio antes que fuera descubierto y el descubridor E. Segré

Actualmente, la mayor parte de los isótopos utilizados en medicina, en la industria y en la investigación son producidos artificialmente. El empleo del reactor nuclear, el ciclotrón y la selección del material que forma el blanco han permitido la creación de unos doscientos isótopos diferentes.

Sin embargo, el número de radionúclidos empleados para el diagnóstico es limitado, puesto que deben reunir ciertas características como baja energía, semiperíodo corto; de sólo algunos días como máximo, y el tipo de radiación que emiten debe ser absorbida muy poco por los tejidos del paciente. Los radionúclidos pueden ser simples, como el I-131, o formar parte de estructuras moleculares complejas llamadas *radiofármacos*.

DETECTORES DE RADIACION

La radiación ionizante no es perceptible por los sentidos, es necesario valerse de instrumentos para detectar su presencia, determinar su intensidad y su energía, y cualquier otra propiedad que ayude a evaluar sus efectos. En consecuencia se han desarrollado algunos tipos de detectores, cada uno apropiado a la radiación a medir. En medicina nuclear se emplea principalmente la radiación gamma de relativamente baja energía, los principales instrumentos empleados para detectarla se describen a continuación:

DETECTORES DE CENTELLEO

Generalmente la radiación gamma se detecta por medio del detector de centelleo, el cual se vale del hecho que esta radiación produce pequeños destellos luminosos en ciertos sólidos llamados *cristales de centelleo*. Este cristal tiene la propiedad de convertir la energía de los fotones gamma en fotones de luz visible, cerca a la región ultravioleta, con una eficiencia de conversión del 7% al 14%.

Los cristales más empleados son de yoduro de sodio activado con talio [NaI (T1)] y de yoduro de cesio activado con talio [CsI (T1)]. Para la detección neutrones suelen emplearse materiales orgánicos como el plástico.

Un detector de centelleo, mostrado en la fig. 4.5, está formado por un cristal, un fotomultiplicador y un preamplificador, todos estos componentes están colocados dentro de un cilindro metálico que los mantiene unidos y en la oscuridad. El cristal tiene forma cilíndrica y caras paralelas, una cara está expuesta a las radiaciones y la otra acoplada al fotomultiplicador.

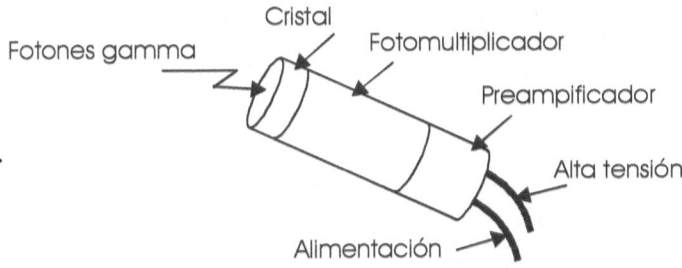

Figura 4.5. Detector de centelleo

El fotomultiplicador es un cilindro de vidrio sellado al vacío, la cara en contacto con el cristal está cubierta en su parte interna por un material transparente fotosensible que forma el fotocátodo. El fotocátodo tiene la propiedad de emitir electrones al recibir destellos provenientes del cristal. Para que los destellos puedan alcanzar eficientemente el fotomultiplicador, debe existir buen acoplamiento óptico entre el cristal y el fotomultiplicador.

El fotomultiplicador contiene una serie de elementos metálicos llamados *dínodo* recubiertos también con material fotosensible, el último dínodo es el ánodo. Una posible disposición de los dínodos se muestra en la figura 4.6.

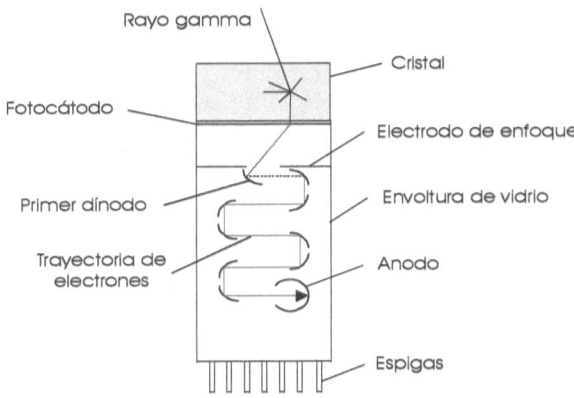

Figura 4.6. El tubo fotomultiplicador

El tubo fotomultiplicador tiene la propiedad de convertir la energía luminosa en corriente eléctrica. Cuando la radiación gamma incide en el cristal libera energía que se convierte en un destello luminoso. La energía del fotón generado es proporcional a la energía del fotón gamma incidente y su longitud de onda es adecuada para excitar el fotocátodo. Cuando es excitado, el material que forma el cátodo tiene la propiedad de emitir electrones. Los electrones son atraídos por el primer dínodo que es positivo respecto al fotocátodo. En su trayectoria, los electrones son acelerados, adquieren energía cinética, y al estrellarse con la superficie del dínodo liberan un número de electrones mayor que los incidentes.

Los electrones emitidos por el primer dínodo son acelerados hacia el segundo, que tiene potencial positivo respecto al primero. En su trayectoria son de nuevo acelerados y al chocar con el segundo dínodo liberan de nuevo un número mayor de electrones que los incidentes, y así sucesivamente hasta alcanzar el ánodo. La figura 4.6 muestra la trayectoria de los electrones.

El voltaje aplicado a los dínodos es progresivamente positivo, es decir, si el primer dínodo tiene aplicados 100 voltios, el segundo 200, el tercero 300, etc. El fotomultiplicador es alimentado con tensión de unos 1200 v.

El impulso de salida del detector de centelleo es proporcional a la energía del fotón gamma incidente en el cristal. Tiene tiempo de alzada es de algunas décimas de microsegundo y algunos milivoltios de amplitud. La figura 4.7. muestra una colección de impulsos nucleares.

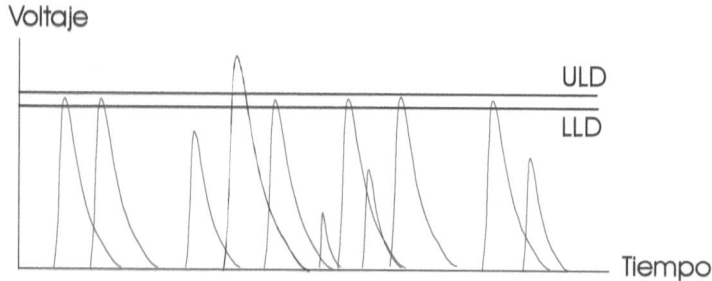

Figura 4.7. Impulsos nucleares observados en la salida del fototubo

En esta representación, se observa que la distribución de los impulsos en el tiempo es completamente aleatoria, lo que indica que es imposible predecir en qué momento un radionúclido emite radiación. Pero también se observa que una proporción apreciable los impulsos tienen amplitud comprendida entre LLD y ULD.

RADIOIMAGENES

La medicina nuclear utiliza tres técnicas para realizar exploraciones diagnósticas.

      Gammagrafía plana; estática o dinámica.
      Tomografía de fotón único (SPECT).
      Tomografía por emisión de fotones (PET).

Las dos primeras utilizan radiotrazadores emisores gamma, en tanto que el PET emplea radiotrazadores emisores de positrones. El proceso de diagnóstico plano crea sus propias proyecciones, mientras que el SPECT y el PET requieren de la reconstrucción tomográfica.

Las radioimágenes representan la distribución de las radiaciones que emite un radionúclido acumulado en algún órgano del paciente a quien previamente se le ha suministrado un trazador radiactivo. El trazador, es una sustancia radiactiva utilizada para medir la velocidad de un procedimiento químico, como por ejemplo el metabolismo, que gracias a la emisión de radiaciones permite seguir su desplazamiento en el organismo.

El trazador actúa en forma similar a un colorante agregado a un tanque de agua, si se abre la llave colocada en un extremo de la instalación se puede medir el tiempo que tarda en detectarse. Si en un lugar de un colorante se hubiese agregado un radioisótopo, no sólo sería posible realizar el mismo procedimiento, sino también seguir su trayectoria dentro de la cañería, puesto que la radiación puede atravesarla y ser detectada. Además, si hubiese una fuga, al evacuar la cañería quedaría radiactividad remanente en el lugar de la pérdida, lo que permitiría localizarla.

A fin de minimizar el daño producido por las radiaciones, estas deben permanecer en el cuerpo el menor tiempo posible, por lo que el trazador debe poseer un período de semidesintegración corto, desde algunas horas hasta pocos días, de tal manera que en poco tiempo el nivel de radiactividad remanente sea despreciable. Además, la cantidad y energía del radiofármaco no debe exceder el valor necesario para ser detectados y generar una imagen de buena calidad. Sus propiedades físico-químicas no deben perturbar el cuerpo ni el órgano en estudio, así como su solubilidad, capacidad de absorción y adsorción deberán ser las adecuadas. Por estos motivos, sólo una docena de trazadores son apropiados.

Los trazadores se emplean para el diagnóstico y el tratamiento de enfermedades, estudios metabólicos o fisiológicos, y medición de tiempos y volúmenes de circulación de fluidos biológicos. Dos ejemplos típicos del empleo de trazadores radioactivos son:

Gammagrafía tiroidea
A partir de 1946, la disponibilidad del yodo-131 permitió establecer las bases de la especialidad médica que se conoce como Medicina Nuclear. Una de las primeras aplicaciones de los materiales radiactivos fue la valoración de la fisiología de la glándula tiroides, el tratamiento del hipertiroidismo y del cáncer.

La valoración funcional de la glándula puede realizarse mediante la utilización de diversos materiales radiactivos y/o moléculas marcadas, que una vez administrados al paciente por vía endovenosa u oral, proporcionan información cuantitativa y cualitativa in vivo sobre la bioquímica y el metabolismo de dicha glándula no obtenible mediante otros procedimientos.

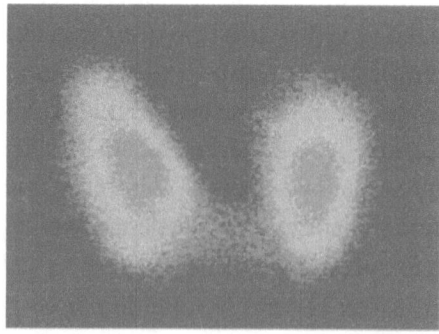

Fig.4.8. Gammagrafía tiroidea digital

El paciente bebe una pequeña dosis de I-131, que por formar parte de la hormona tiroidea, la tiroxina, se fija casi exclusivamente en la tiroides. Con un detector de centelleo externo se mide y se cuantifica la función tiroidea, se obtienen imágenes de la glándula y se estudia su forma y tamaño.

Aplicaciones del tecnecio-99 metaestable (Tc-99m)

En medicina nuclear se emplean decenas de compuestos biológicamente activos marcados con radioisótopos. El marcador más utilizado, en aproximadamente el 80% de los estudios, es el Tc-99m. Con este isótopo, se puede marcar un radiofármaco que se fijará metabólicamente en un órgano o tejido específico, pudiendo ser observado y cuantificarlo desde el exterior del cuerpo por medio de una cámara gamma.

El Tc-99m es un isómero nuclear metaestable, es decir, no se transforma en otro elemento cuando decae. Emite rayos gamma de 140 keV, la misma longitud de onda de un equipo de rayos X convencional. Después de 24 horas de haber sido suministrado, sólo queda en el cuerpo del paciente el 6,3%, por lo tanto, la radiación a la que está expuesto es baja.

Dado que al paciente se le inyecta una mínima cantidad de trazador, las gammagrafías son imágenes de muy baja resolución; la información anatómica que aportan no suele ser de muy buena calidad, sin embargo, producen excelentes imágenes de tipo funcional. Por ejemplo, se puede marcar las plaquetas, los glóbulos rojos u otras células y observar cómo se distribuyen por el cuerpo. En el procedimiento, el isótopo es «atado» a un fármaco que lo trasporta. Si el Tc-99m se «ata químicamente» a la exametazima, droga que tiene la propiedad de atravesar la barrera hematoencefálica (barrera entre la sangre y el tejido cerebral), fluye a través de los vasos del cerebro y permite la observación de la circulación. También es empleado para marcar los glóbulos blancos, lo que permite localizar infecciones, obtener imágenes de la perfusión del miocardio o medir la función renal.

El empleo de radiotrazadores para el estudio de ciertos procesos metabólicos fue desarrollado por el radioquímico húngaro George de Hevesy (1885-1966), quien, por tal motivo, en 1943 se le otorgó el Premio Nobel de Química. En referencia a este premio, se cuenta una curiosa anécdota acontecida durante la Segunda Guerra Mundial. Cuando Alemania invadió Dinamarca, para evitar que el oro del premio fuera encontrado por los Nazis, Hevesy lo disolvió en agua regia y colocó la solución en un estante en el Instituto Niels Bohr. Al terminar la contienda, encontró la solución inalterada, recuperó el oro y la Sociedad Nobel acuñó el premio utilizando el mismo metal.

GAMMAGRAFO LINEAL

El uso de las radioimágenes con fines diagnósticos comenzó en 1949 cuando el norteamericano Benedict Cassen, considerado por muchos como el padre de la imagenología médica, desarrollo un prototipo de escáner automático. Para obtener la imagen de la distribución del yodo-131 contenido en la tiroides utilizó un fotomultiplicador, un cristal de calcio-tungsteno, un colimador y un mecanismo de rastreo movido por un motor acoplado a una impresora. La imagen se forma a medida que detector se desplaza sobre la zona a explorar, y a medida que lo hace va detectando las radiaciones. Cuando las radiaciones exceden cierto nivel, un martillo imprime un pequeña línea. Después de barrer todo el órgano, se obtiene una imagen similar a la mostrada en la figura 4.9. El equipo fue utilizado hasta finales de la década de 1970, actualmente sólo tiene importancia histórica.

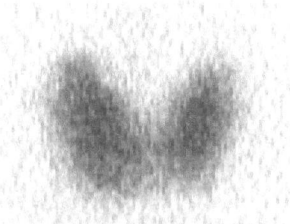

Fig.4.9. Gammagrafía de tiroides obtenida con gammágrafo lineal

CAMARA GAMMA

Un avance instrumental importante fue el desarrollo de la cámara gamma formada por un detector de área grande que normalmente cubre todo el órgano en estudio y hace posible la rápida adquisición de la imagen sin movimiento mecánico de rastreo. La cámara gamma o gammacámara es el equipo más empleado en Medicina Nuclear, produce imágenes llamadas gammagrafías o cintigrafías nucleares. Fue desarrollada en la Universidad de California en 1957 por el ingeniero norteamericano Hal Anger (1920-2005). Su diseño original, conocido como Cámara de Anger, se utilizó a partir de 1980.

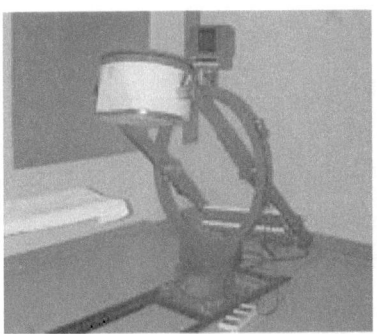
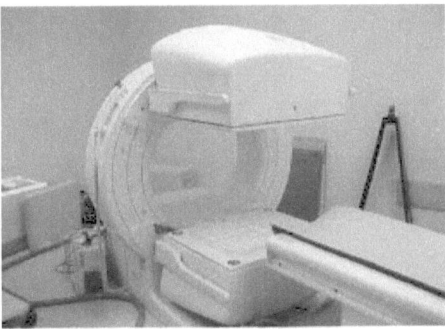

Fig. 4.10. Una de las primeras gamma cámaras y una moderna

El sistema de detección de las radiaciones se encuentra en un cabezal montado en un gantry y conectado a un computador.
El computador, aparte de controlar la operación de la cámara, adquiere los datos, los almacena y los transforma en imágenes.

Los principales componentes del cabezal son el colimador, el cristal centelleador, una matriz de tubos fotomultiplicadores con su respectivos amplificadores, y los circuitos de posición. El cabezal está recubierto por un blindaje de aproximadamente 4 cm de plomo.

El colimador es el primer objeto con que se encuentran los rayos gamma cuando «emergen» del cuerpo del paciente. Proporciona un método de correlacionar los fotones detectados con su punto de origen. Según la disposición de los orificios respecto al cristal, existen diversos tipos de colimadores que se clasifican en paralelos, divergentes, convergentes y pinhole, este último con un solo orificio. Frente al cristal hay un dispositivo mecánico que permite colocar el colimador adecuado a cada estudio.

El colimador, mostrado en la figura 4.11A está formado por una grilla perforada hecha de material absorbente de algunos centímetros de espesor, usualmente plomo o tungsteno, cuyas características dependen del espesor y sección de las aberturas. La grilla permite que alcancen el cristal únicamente aquellas radiaciones que se propagan en forma paralela a los orificios. Debido a que no altera el tamaño de la imagen, el colimador de mayor uso es el paralelo. Hay colimadores de uso general, de «alta energía», que tienen mayor espesor y los de «alta resolución», con orificios de menor sección.

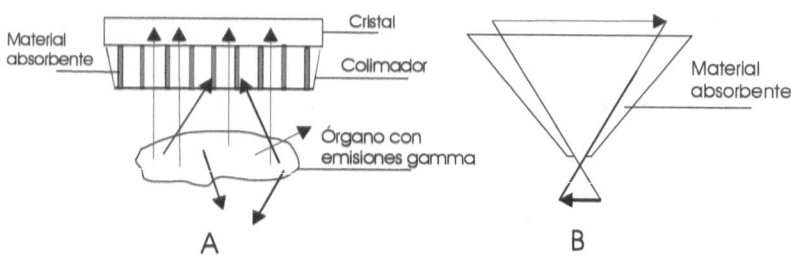

Fig. 4.11. Efecto del colimador paralelo y pinhole sobre las emisiones gamma

La figura 4.11A, muestra el efecto del colimador paralelo sobre las emisiones gamma. Debido a la disposición del sistema y a la atenuación que introduce el material absorbente, cerca del 99% de los eventos radioactivos que se generan en el cuerpo del paciente no llegan al detector, la imagen se construye con el 1% restante.

Cuando se desea estudiar alguna zona concreta se utiliza el «pinhole», cuya geometría se muestra en la figura 4.11B. Tiene un solo orificio, y al igual que una cámara fotográfica produce una imagen invertida y ampliada.

Las dimensiones del cristal son de 11 a 16 pulgadas de diámetro y 1/2 pulgada de espesor. Los rayos gamma, después de pasar por el colimador, alcanzan un gran cristal de ioduro de sodio donde son absorbidos.

En respuesta a las radiaciones el cristal centellea, el destello luminoso que se propaga en todas direcciones es detectado simultáneamente por un banco de 19 o 37 fotomultiplicadores de 3 pulgadas de diámetro, todos adosados al cristal y dispuestos en forma hexagonal, tal como se muestra en la figura 4.12.

La señal de salida de cada fotomultiplicador se lleva a un preamplificador local y de allí se distribuye a cuatro circuitos de posición formados por cuatro sumadores (CS). Los sumadores reciben los impulsos eléctricos procedentes de los fotomultiplicadores y generan cuatro señales de posición X^+, X^-, Y^+, e Y^-.

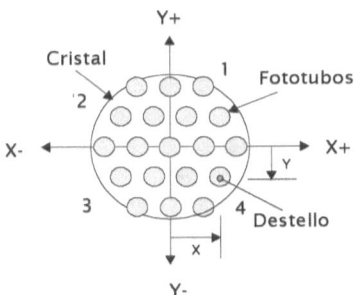

Figura 4.12. Disposición de 19 fotomultiplicadores

La señales de salidas de todos los fotomultiplicadores también se suman para formar una señal única llamada «Z», cuya amplitud es proporcional a la energía de la radiación incidente y es independiente de las coordenadas de donde proviene el destello.

Para comprender cómo se generan las señales X^+, X^-, Y^+, e Y^- imagínese el cristal dividido en cuatro cuadrantes. El centro tiene coordenadas $X=0$ e $Y=0$.

El fotomultiplicador más cercano al destello recibe una señal más intensa, en tanto que los más alejados reciben señales proporcionalmente menores, por tal motivo el fotomultiplicador más cercano produce a su salida un impulso de mayor amplitud.

Si se produce un destello en el centro del cristal, la suma de los señales de los fototubos de los cuadrantes 1 y 2 es igual a la suma de los cuadrantes 3 y 4, luego al restarlos el resultado es cero. Si esta señal es empleada para indicar la desviación vertical, evidentemente es cero. En forma similar, si se suman las señales producidas en los cuadrantes 1 y 4 y se restan de las señales producidas en los cuadrantes 2 y 3, el resultado también es cero. En consecuencia, la desviación horizontal también es cero, lo que indica que se produjo un destello en el centro del cristal.

Considérese ahora que se produce un destello en el cuarto cuadrante como se muestra en la figura 4.12. En estas condiciones, la magnitud de la señal de los cuadrantes 3 y 4 es mayor que la magnitud de los cuadrantes 1 y 2, al restarlos se obtiene un valor «y» que indica la desviación vertical. En forma similar, la señal de los cuadrantes 1 y 4 es mayor que la de los cuadrantes 2 y 3, al restarlos se produce una señal «x» que indica una desviación horizontal. De esta forma se generan las coordenadas para cada uno de los destellos que se producen en el cristal.

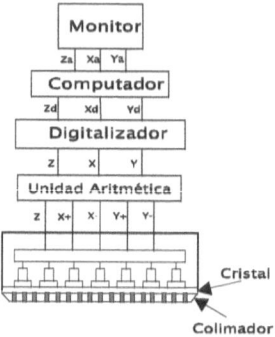

Fig. 4.13. Componentes de una gamma cámara

La figura 4.13. muestra que las señales Z, X^+, X^-, Y^+, Y^- son enviadas a la unidad aritmética donde se efectúan las sumas y las restas antes descritas. La magnitud de la señal Z indica la intensidad de la radiación incidente, mientras que el resto de las señales son de posición. De la unidad aritmética emergen tres señales analógicas x, y, z, las cuales son digitalizadas y enviadas al computador.

El computador «construye» y muestra una imagen bidimensional que refleja la distribución y la concentración del trazador radiactivo presente en el órgano o tejido que se está observando.

Presentación de la imagen

Las primeras gamma cámaras utilizaban como monitor la pantalla de un osciloscopio de persistencia y una cámara fotográfica «polaroid» con el obturador abierto. La acumulación analógica de puntos luminosos sobre la pantalla formaba la imagen que era registrada en la película polaroid. En la actualidad los eventos radioactivos son acumulados en la memoria del computador organizada en forma de matriz de, por ejemplo, de 1024 x 1024 píxel. Cada píxel es identificado por un valor numérico x,y. Durante el estudio, en cada uno se va acumulando cierto número de eventos radiactivos y su contenido es mostrado en la pantalla del monitor. La figura 4.14A, muestra los puntos correspondientes a la distribución de la sustancia radioactiva en algún órgano del paciente. La figura 4.10B, presenta una memoria formada por una matriz de 5x5 y los eventos acumulados en cada píxel. En la figura 4.14C, se indica la cantidad de eventos acumulados en forma numérica. Periódicamente se «lee» el contenido de cada píxel y se le asigna un nivel de gris, tal como se muestra en la figura 4.14D.

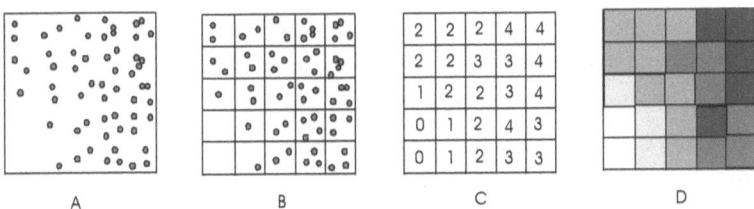

Figura 4.14. Imagen analógica y proceso de digitalización

La imagen obtenida con este tipo de cámaras es una proyección plana de la distribución del radiofármaco en los órganos tridimensionales del paciente. Se llama gammagrafía plana por no contener información relacionada con la profundidad en que se encuentra el radiofármaco.

SPECT

La tomografía por emisión de fotón único o SPECT (Single Photon Emission Computed Tomography), produce imágenes tridimensionales que se obtienen de la reconstitución de varias proyecciones bidimensionales. La capacidad de realizar cortes tomográficos, elimina la sobreposición de estructuras. Entre los estudios que se pueden realizar destacan los cardíacos, renales, cerebrales y el rastreo óseo. Utiliza los rayos gamma procedentes de algún radioisótopo como el tecnecio-99m y al igual que la cámara gamma, estos isótopos se suministran al paciente como parte de moléculas biológicamente activas.

Debido a que esta tecnología es simple y menos costosa, el SPECT fue uno de los primeros sistemas utilizados por la medicina nuclear. Sus orígenes remontan a los años 1950, pero su uso no se difundió hasta 30 años después. Para que se desarrollara se tuvo que esperar por la aparición de los novedosos métodos para la adquisición de imágenes y nuevos radioisótopos trazadores.

La mayoría de los sistemas SPECT utilizan una gran gamma cámara rotatoria suspendida, que gira alrededor del paciente y toma múltiples imágenes bidimensionales desde diferentes ángulos, llamadas *proyecciones*.

Luego, para generar imágenes tridimensionales, un computador aplica un algoritmo de reconstrucción tomográfica. A fin de obtener cortes delgados a lo largo de cualquier eje del cuerpo, el conjunto de data es «manipulado» en forma similar a otras técnicas tomográficas como las del MRI, CT y PET lo cual permite, por ejemplo, obtener imágenes coronales, sagitales, transversales y oblicuas de cualquier parte del cerebro.

Para este estudio, los isótopos más utilizados son el ^{133}Xe, administrado por vía inhalatoria o intravenosa y el ^{99m}Tc. Estos núclidos difunden fácilmente desde la sangre al tejido cerebral.

Las proyecciones se adquieren en puntos definidos durante la rotación, típicamente cada 3-6 grados. En la mayoría de los casos, para obtener una reconstrucción óptima se realiza una rotación completa de 360 grados. El tiempo que toma cada proyección es variable, oscila entre 15 y 20 segundos, lo que implica un tiempo total rastreo de 15 a 20 minutos. Para reducir este tiempo se emplean cámaras de cabezales múltiples.

Para dos cabezales separados 180 grados la rotación es de media circunferencia; se adquieren dos proyecciones simultáneas y el tiempo de barrido se reduce a la mitad. Se emplean también cámaras con tres cabezales, donde la rotación es 120 grados. Desde su aparición los sistemas SPECT han evolucionado velozmente, pasando por los sistemas de cabezal único, cabezal doble y triple, luego de los sistemas multidetectores de 4 cabezas. Sin embargo, el de dos cabezales cubre el 80% de las ventas en los Estados Unidos.

Si el *hardware* y el *software* pueden ser configurados para detectar coincidencia la cámara con dos cabezales puede también emplearse para la tomografía por emisión de positrones (PET), que será analizada posteriormente en este capítulo.

Las imágenes que se obtienen con la gamma cámara adaptada para que opere como PET, son de calidad inferior a las obtenidas con equipos especialmente fabricados para esa función. Esto es debido a que el cristal centelleador es poco sensible a los fotones de alta energía producidos por el proceso de aniquilación, y el área del detector es significativamente menor. Sin embargo, la gamma cámara es mucho más versátil y económica que un escáner PET dedicado.

PROTOCOLOS DE ADQUISICION

Con la cámara SPECT pueden adoptarse varias modalidades de adquisición, para lo cual se emplean diferentes protocolos con los que es posible obtener:

1. **Imagen Plana** (Planar Imaging)

Es el protocolo de adquisición más simple, el detector se mantiene estacionario respecto al paciente y adquiere data únicamente desde esa posición. La imagen creada es similar a una gammagrafía. Se emplea principalmente en el rastreo óseo.

2. **Imagen dinámica plana** (Planar Dynamic Imaging)

La cámara permanece estática pero durante el proceso se toma una serie de imágenes planas sucesivas. Cada imagen es el resultado de la suma de los datos recogidos durante cierto tiempo, típicamente de 1 a 10 segundos. Cuando se reproducen se observa el movimiento del trazador. Una aplicación generalizada de este protocolo es la determinación de la tasa de filtración glomerural (*glomerular filtration rate*) de los riñones.

3. **Imagen SPECT** (SPECT Imaging)

La cámara al rotar alrededor del paciente capta y adquiere la imagen del trazador desde varios ángulos. Después de adquirida y procesada, es empleada para reconstruir una imagen tridimensional de la distribución del trazador en el interior del tejido.

4. **Imagen SPETC con muestreo** (Gated SPETC Imaging)

Es un protocolo principalmente empleado para el estudios de los rápidos movimientos cardíacos. Si se toman imágenes del corazón con el protocolo anterior, la resultante es indefinida y posiblemente representa la posición promedio del este órgano durante el tiempo que se toma la muestra. Sin embargo, si se subdivide cada proyección en subimágenes cada una adquirida en diferentes «fases» del ciclo cardíaco, es posible observar los movimientos del corazón desde el comienzo de un latido hasta el inicio del siguiente.

Para obtener los datos así clasificados, es necesario conectar la cámara a un electrocardiógrafo que sincroniza la adquisición con las diferentes fases. Este protocolo, conocido también como *gated acquisitions,* se emplea para obtener información cuantitativa de la perfusión del miocardio, su espesor y el grado de contracción durante las diferentes etapas del ciclo, también permite el cálculo de la fracción de eyección ventricular, volumen latido y gasto cardíaco.

RECONSTRUCCION

Para que los datos contenidos en las proyecciones puedan ser convertidos en una imagen tridimensional inteligible, se emplea un computador que los procesa y recupera la distribución espacial del trazador. El computador emplea básicamente dos métodos de reconstrucción: la iterativa y el algoritmo de retroproyección filtrado (filtered back projection). Este último utiliza un filtro matemático aplicado a los datos de las proyecciones, y posteriormente, a la imagen resultante se le aplican filtros que permiten mejorar su aspecto.

En general, la imagen reconstruida es susceptible a artefactos, tiene menos resolución y más ruido que una imagen plana. Los artefactos que se observan son interpretaciones erradas de la estructura de los tejidos. Son causados por errores en la adquisición, debidos principalmente a la naturaleza aleatoria de las radiaciones, a los movimientos del paciente, a la incapacidad del algoritmo de representar la anatomía y a la distribución no uniforme del radiofármaco.

Es esencial que durante el barrido, que consume bastante tiempo, el paciente no se mueva; el movimiento produce una pronunciada degradación de la imagen. Actualmente, existen técnicas de reconstrucción que compensan por el movimiento.

La cámara gira alrededor del paciente y cada vez que se detiene crea proyecciones. Los fotones que intervienen en la formación de las proyecciones son los que logran cruzar el colimador. Pero como los fotones se originan en deferentes profundidades dentro del tejido, dan como resultado una sobreposición de imágenes. Es un proceso similar a la obtención de la radiografías, donde la superposición de estructuras anatómicas tridimensionales se convierten en bidimensionales.

La atenuación de los rayos gamma en el interior del paciente puede conducir a un error, ya que los tejidos más profundos aparecen menos activos que los superficiales, sin embargo, conociéndose el punto de origen pueden realizarse correcciones aproximadas. Para correcciones óptimas, los SPETC modernos tienen incorporado un tomógrafo cuyas imágenes son un mapa de la atenuación de los tejidos. Para compensar por la atenuación, los datos que aporta el tomógrafo son incorporados a la reconstrucción SPETC.

La información sobre el funcionamiento del órgano, suministrada por el SPETC y su anatomía, suministrada por el tomógrafo, pueden ser fusionadas en una sola imagen que contenga la información anatómica y funcional del órgano. Este procedimiento se ha vuelto una importante herramienta de diagnóstico.

TOMOGRAFIA POR EMISION DE POSITRONES (PET)

La tomografía por emisión de positrones (PET) es una técnica de diagnóstico que presenta imágenes tridimensionales de los procesos funcionales del cuerpo. No evalúa la morfología de los órganos y tejidos, sino el flujo sanguíneo y el metabolismo. La resolución de las imágenes es inferior a la obtenida con el CT o el MRI, sin embargo, la información que suministran es insustituible. Mientras los escáner CT o MRI muestran detalles de las estructuras del cuerpo, el PET examina su bioquímica.

Fue desarrollada en 1975 por el físico armenio-americano Micael Ter-Pogossien (1925-1996) y sus colaboradores, en la Escuela de Medicina de la Universidad de Washington. En lugar de los emisores gamma utilizados en el SPECT, utiliza radionúclidos emisores de positrones de vida media corta; el radioisótopo decae cuando emite una partícula beta positiva o positrón. Los cuatro radioisótopos más empleados son: ^{18}F, ^{11}C, ^{13}N y ^{15}O.

Fig.4.15. Tomógrafo por emisión de positrones PET

El positrón al aniquilarse con un electrón orbital genera dos fotones gamma de 511 KeV cada uno, que se emiten en direcciones opuestas. La figura 4,16 esquematiza este fenómeno.

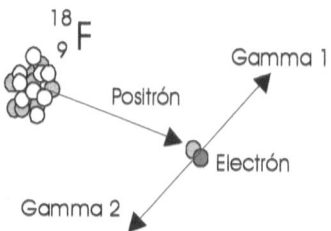

Fig. 4.16. Aniquilación del positrón y emisión de energía

Esta técnica precisa y no invasiva, es capaz de detectar tumores cancerosos extremadamente pequeños, examinar y localizar con un solo estudio los focos de crecimiento celular anormal en todo el cuerpo, lo que evita que el paciente incurra en gastos excesivos o que sea sometido a cirugías para el diagnóstico. Además, posibilita evaluar la efectividad de un tratamiento y determinar si los tumores han reaparecido. Sin embargo, estos estudios son más costosos que los obtenidos con SPETC, en parte debido a que emplean radioisótopos con vida media más corta y más difíciles de obtener.

El PET se ha implantado con mucha fuerza en el área cardiológica, neurológica y psicobiológica, dada la posibilidad de cuantificar el metabolismo, tanto cardíaco como del sistema nervioso central. Se emplea, por ejemplo, para determinar en que momento una cirugía de bypass es beneficiosa para el corazón, o para diagnosticar la enfermedad de Alzheimer años antes de que aparezcan los primeros síntomas. En cardiología, para determinar el flujo sanguíneo en el miocardio, indicar las áreas infartadas e identificar las áreas que se benefician después de una cirugía coronaria con implantación de bypass. También es utilizado para el «mapeo» cerebral, para detectar tumores, desordenes de la memoria, accidentes cerebrovasculares y otras anormalidades.

Los equipos PET pueden ser de detector rotatorio o estacionario. En los primeros, el detector está formado por un mínimo de dos cabezales separados 180 grados que durante la adquisición giran alrededor del paciente. Los segundos, como el mostrado en la figura 4.17, utilizan una serie de detectores de pequeño tamaño que forman un anillo dispuesto alrededor del paciente. El sistema de detector rotatorio, es en realidad una gamma cámara SPECT adaptadas para realizar la tomografía PET, mientras que el sistema estático es el «verdadero» tomógrafo PET. Otra diferencia importante entre ambos tipos de escáner es el cristal de centelleo; el primero se utiliza INa(Tl) en tanto que el segundo BGO (Germanato de Bismuto), más eficiente para la detección de fotones de 511 KeV.

El proceso para obtener la imagen consiste en ubicar el lugar donde se produce la reacción de aniquilación. Esta es detectada por tubos fotomultiplicadores o por fotodiodos de avalancha de silicio (SiAPD). El fotodiodo puede ser considerado como la versión semiconductora del fotomultiplicador.

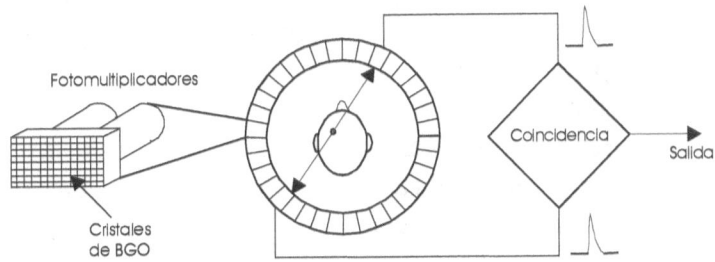

Fig. 4.17. Módulo estático y detección por coincidencia

Para determinar si en verdad un fotón es generado por un proceso de aniquilación, la energía radiante debe ser 511 KeV y ser detectada simultáneamente por dos detectores separados 180°. La simultaneidad de la detección la determina el circuito de coincidencia que tiene la propiedad de producir una señal de salida únicamente si dos pulsos de entrada son simultáneos. Se consideran coincidentes si son detectados en un intervalo de algunos nanosegundos, típicamente 15×10^{-9} s.

Cuando se detectan los fotones se traza una línea imaginaria entre los dos detectores que han intervenido. Sobre esa línea, que se llama *línea de respuesta* LOR (Line Of Response), debe estar ubicado el punto donde se produjo la aniquilación. Tal situación se muestra en la figura 4.17.

Puesto que las desintegraciones se producen de manera aleatoria, ni la línea de respuesta, ni la pareja de detectores que intervienen en cada coincidencia guardan ningún orden establecido. Cada línea, que se identifica por el ángulo respecto a un sistema de coordenadas y por su distancia al origen, es almacenada en una matriz. Al finalizar la adquisición, en cada celda de la matriz se ha acumulado un número que representa el total de LOR que tienen el mismo ángulo y distancia desde el origen. La representación de dicha matriz recibe el nombre de *sinograma*. A partir del sinograma, y mediante algoritmos de reconstrucción similares a los utilizado en el SPECT, se obtiene la imagen.

Para realizar la exploración se inyecta al paciente un radioisótopo emisor de positrones. El isótopo se incorpora químicamente a las moléculas metabólicamente activas que después de cierto tiempo se concentran en el tejido de interés.

Existen varios radionúclidos de utilidad médica emisores de positrones que al unirse a la glucosa, agua o amoníaco se convierten en trazadores. Quizás el más importante es el fluor-18, que se incorpora a la glucosa para formar el 18-Flúor-Desoxi-Glucosa (18FDG). Aunque esta molécula demora una hora para concentrarse en la parte del cuerpo que se desea explorar, es la mas utilizada. La exitosa síntesis de este isótopo, desarrollada a mitad de los años 1970, produjo un gran avance en las aplicaciones del PET. El radiofármaco, por contener glucosa, permite que el escáner determine, mediante un mapa de colores, en que parte del organismo y en que medida se metaboliza.

La posibilidad de identificar, localizar y cuantificar el consumo de glucosa por las diferentes células es un arma poderosa para el diagnostico médico, ya que muestra las áreas que tienen un metabolismo glucídico elevado, y un elevado consumo es característico de los tejidos neoplásicos.

Los radioisótopos empleados en el escáner PET son de vida media corta: el flúor-18, el carbono-11, el nitrógeno-13, y el oxígeno-15 tienen vida media de unos 110, 20, 10 y 2 minutos respectivamente. Debido a su corta vida, se producen en ciclotrones geográficamente cercanos al PET. Sólo algunos hospitales y universidades tienen la capacidad de cubrir los costos de un PET, un ciclotrón y de la tecnología asociada a la producción de radiofármacos. Donde no existen estas facilidades se emplea el fluor-18, que por tener vida media más larga puede transportarse a mayores distancias. El rubidio-82, creado en un generador portátil, es empleado en estudios de perfusión del miocardio.

La instalación de ciclotrones locales evita el alto costo de trasporte de los radioisótopos, por tal motivo, en años recientes se instalaron PET en hospitales remotos acompañados de ciclotrones locales con blindaje integrado y laboratorio caliente, donde los radiofármacos se producen y manipulan localmente.

Como la vida media del F-18 es de unos 110 minutos, la dosis del radiofármaco decae múltiples vidas medias durante el día, por lo cual, antes de administrarse es necesario recalibrar frecuentemente su actividad por unidad de volumen.

PET/CT y PET/ MRI

Los PET/CT son equipos generadores de imágenes de doble propósito, combinan la tomografía por emisión de positrones con la tomografía computada o la resonancia magnética en un solo equipo. Se construyen utilizando un nueva tecnología llamada «integrated high-end multi-detector-row CT scanners»

Dicha combinación permite obtener simultáneamente imágenes anatómicas y funcionales. La alta sensibilidad del PET detecta la actividad fisiológica o metabólica que se produce en las células cancerosas, en tanto que el CT suministra una imagen detallada de la anatomía, donde se revela su localización física, tamaño y forma de un crecimiento.

En la figura 4.18, se observa un imagen obtenida con el CT, otra con el PET y su fusión.

Puesto que el equipo puede realizar las exploraciones en secuencia inmediata sin que el paciente cambie de posición, las áreas con anormalidades son perfectamente correlacionadas, lo cual es idóneo para obtener detalles de órganos en movimiento o estructuras con apreciables variaciones anatómicas.

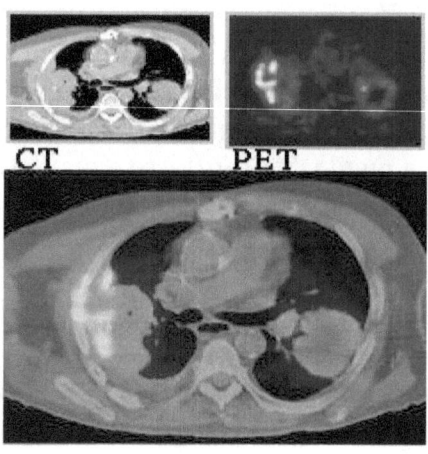

Fig.4.18. Imagen PET/CT obtenida por fusión

En algunos centros, para producir «efectos especiales» las imágenes obtenidas de la medicina nuclear se sobreponen a las de la tomografía computada o de la resonancia magnética nuclear. Esta práctica, conocida como fusión o coregistro de imágenes, permite que la información proveniente de dos estudios diferentes pueda ser correlacionada e interpretada en una sola figura.

GAMMAGRAFIA OSEA O RASTEO OSEO

El esqueleto humano está formado por 206 huesos: 80 huesos axiales, que incluyen los huesos de la cabeza, faciales, hioideos, auditivos, del tronco, las costillas y el esternón y 126 huesos apendiculares, que incluyen los de los brazos, hombros, muñecas, manos, piernas, caderas, tobillos y pies.

Los huesos son tejidos vivos que dan forma y soporte al cuerpo y protegen ciertos órganos, acumulan minerales, y en la médula ósea se desarrollan y almacenan las células sanguíneas. Debido a la complejidad de sus funciones, existen muchos trastornos y enfermedades que lo pueden afectar.

Entre las enfermedades de los huesos se encuentran los tumores benignos (no cancerosos) o malignos (cancerosos); los tumores benignos son más comunes que los malignos. Ambos tipos pueden crecer y comprimir el tejido óseo sano, absorberlo o reemplazarlo con tejido anormal. Los tumores benignos no se diseminan y rara vez ponen en peligro la vida del paciente.

La gammagrafía ósea es un procedimiento de la medicina nuclear gracias al cual se detecta el aumento o disminución del metabolismo óseo. Es utilizado para examinar los diferentes huesos a fin de identificar ciertas enfermedades y para hacer seguimiento del progreso de un tratamiento.

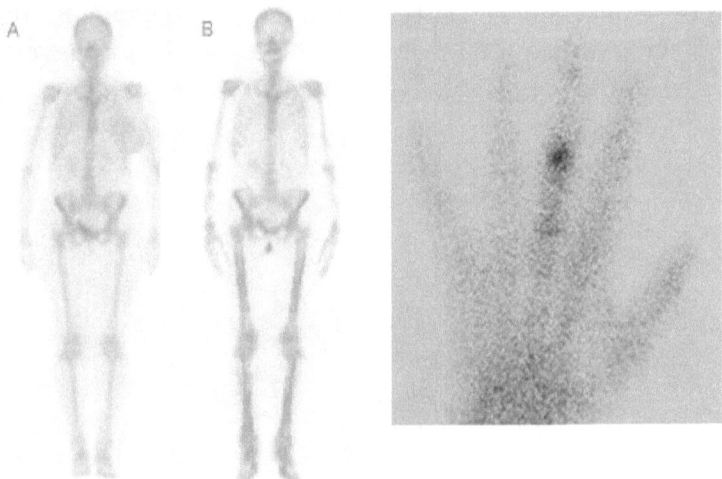

Fig. 4.19. Gammagrafía ósea de cuerpo completo y de una mano

Durante el procedimiento se utiliza una pequeña cantidad de radiofármaco o trazador radiactivo que se inyecta en una vena periférica, viaja por el torrente sanguíneo y se acumula en el tejido óseo. El procedimiento permite detectar los lugares donde el metabolismo está alterado o donde existe un crecimiento del tejido óseo anormal. En la gammagrafía ósea, se detectan las radiaciones por medio de una gamma cámara o escáner. La cámara, detecta la radiación emitida por el trazador, recoge toda la información y la envía a un ordenador que procesa los datos y crea una imagen en la pantalla o en una placa radiográfica.

El radiofármaco más utilizado es el MDP (metilendifosfonato) que unido a Tc-99m, se incorpora en el metabolismo óseo y emite radiación gamma. Las áreas en las que se concentra el radionúclido pueden indicar la presencia de afecciones como tumores óseos malignos o metástasis. La gammagrafía ósea se utiliza también para determinar el estadio del cáncer antes y después del tratamiento a fin de evaluar su eficacia, para detectar o evaluar infecciones óseas (osteomielitis), monitorizar algunos trastornos degenerativos, para evaluar el dolor de huesos sin causa aparente, para detectar afecciones como artritis, enfermedad de Paget y lesiones traumáticas no detectables en las radiografías comunes, para revelar la muerte de una parte del tejido óseo debido a la obstrucción de la circulación (necrosis avascular) y para evaluar otros trastornos que afectan a los huesos.

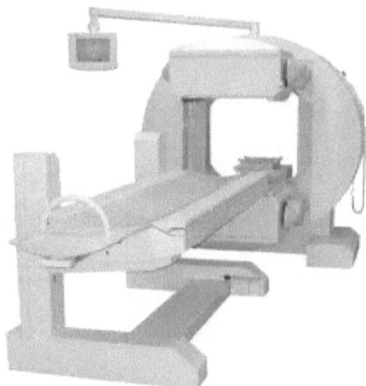

Fig. 4.20. Instrumento para realizar la gammagrafía ósea

Después de inyectar el radionúclido se espera de una a tres horas para permitir que material se concentre en el tejido óseo. Durante ese tiempo, al paciente puede realizar sus actividades normales e incluso abandonar el hospital. El hecho de que el paciente tenga en su cuerpo un material radiactivo no representa ningún riesgo serio para él o para otras personas, ya que el radionúclido emite menos radiación que la recibida en una radiografía normal.

Durante el estudio, que puede durar hasta una hora, el paciente debe permanecer acostado sin moverse sobre la mesa de exploración. Normalmente, se le pide que cambie su posición varias veces. Durante ese tiempo, el escáner se desplaza lentamente varias veces sobre su cuerpo.

Aunque la gammagrafía ósea no causa dolor, tener que permanecer inmóvil durante todo el procedimiento podría producir cierta molestia, particularmente en pacientes recién operados.

Los resultados del examen se consideran normales si el marcador radiactivo se distribuye de manera uniforme en todos los huesos, sin aparecer áreas de aumento o disminución de la distribución. Se llaman «áreas calientes» aquellas donde hay más captación de material radiactivo; mientras que las «áreas frías» son aquellas donde la captación es inferior al promedio.

GAMMAGRAFIA RENAL

Los riñones son órganos excretores de los vertebrados. En el hombre, tienen forma de judía y cada uno el tamaño aproximado de un puño cerrado, están situados en la parte posterior del abdomen, uno a cada lado de la columna vertebral.

En el cuerpo, después de asimilar los alimentos aparecen productos de desecho en el intestino y en la sangre. Los riñones y el aparato urinario eliminan de la sangre un desecho llamado úrea y mantienen el equilibrio de sustancias como el potasio, el sodio y el agua. La úrea, es producto de la descomposición de las proteínas de las carnes y de ciertos vegetales. Los riñones eliminan la úrea de la sangre por medio de diminutas unidades de filtración llamadas nefronas. La úrea, junto con el agua y otras sustancias residuales, al pasar a través de las nefronas y al bajar por los túbulos renales, forman la orina.

Los riñones, además de eliminar los desechos líquidos en forma de orina y mantener el equilibrio de las sales y otras sustancias en la sangre, regulan la presión arterial y producen eritropoyetina, una hormona que induce la producción de glóbulos rojos.

Para evaluar el tamaño, la posición, la forma de los riñones y la función renal se emplean pequeñas cantidades de materiales radioactivos que permiten realizar uno o más estudios gammagráficos en una sola sesión.

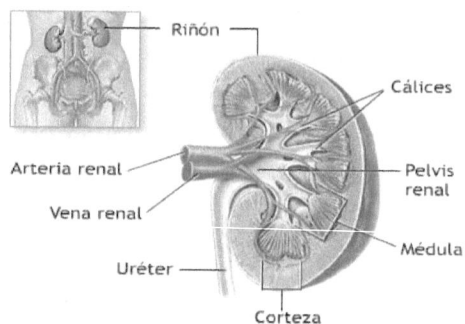

Fig.4.21. Ubicación de los riñones y sus principales componentes

El estudio de la morfología y la perfusión renal dinámica mediante el uso de radiofármacos de rápida eliminación renal con una gammacámara de alta resolución, permite valorar alteraciones morfológicas como quistes, tumores, infartos, hematomas, la obstrucción de la arteria renal, la disminución del flujo sanguíneo renal, etc.

Con este examen, sin exposición a medios de contraste, se determina la función renal y se obtiene información cuantitativa referente a la capacidad y velocidad de filtración glomerular, no fácilmente obtenida por otros procedimientos.

La gammagrafía del flujo sanguíneo renal permite evaluar la perfusión del tejido renal, determinar si hay obstrucción o estrechamiento de los vasos sanguíneos, evaluar hipertensión vasculorenal (presión arterial alta en los vasos sanguíneos de los riñones), o detectar la presencia de carcinoma de células renales (cáncer de riñón).

La gammagrafía renal estructural permite examinar la estructura de los riñones y las condiciones que pueden afectar el tamaño y/o la forma, como los tumores, quistes, abscesos y trastornos congénitos y observar y ubicar la obstrucción de una o más porciones de las vías urinarias.

La gammagrafía renal es un procedimiento de muy bajo riesgo, es particularmente útil cuando el paciente tiene sensibilidad conocida a medios de contraste, tiene insuficiencia renal subyacente, o después de un transplante renal para evaluar su función y buscar signos de rechazo. El radioisótopo utilizado puede variar, dependiendo de la función renal de interés, sin embargo, el más utilizado es el ^{99m}Tc.

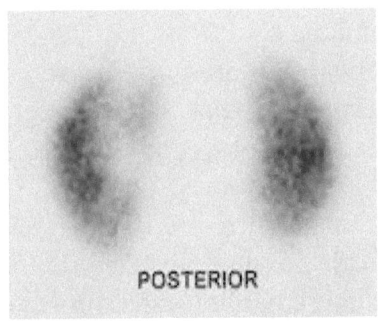 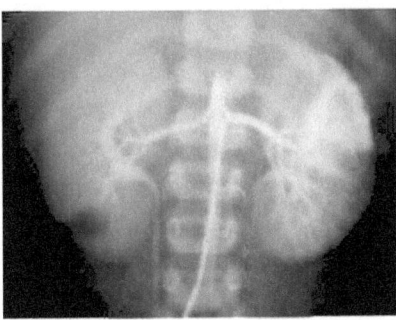

Fig. 4.22 Gammagrafía renal

En este procedimiento se indica al paciente acostarse sobre la mesa del escáner, y con torniquete aplicado en el antebrazo se le inyecta una pequeña cantidad de material radiactivo. Luego se libera la presión aplicada en el antebrazo para permitir que el material radiactivo viaje con el torrente sanguíneo en forma de un pequeño «paquete». Poco después se rastrean los riñones y se toman varias imágenes, cada una de las cuales con unos segundos de duración, en tanto que el tiempo total de la gammagrafía es de 30 minutos a una hora. Una vez que el procedimiento ha terminado, se analizan la secuencia de las imágenes que proporcionan información detallada relacionada con las funciones renales.

Al realizar la gammagrafía el paciente recibe una ligera cantidad de irradiación, la mayor parte de esta ocurre en los riñones y en la vejiga urinaria. Prácticamente, la totalidad se elimina del organismo en 24 horas; sin embargo, es recomendable tener ciertas precauciones con las mujeres embarazadas o lactantes.

Después de realizar la gammagrafía, se indica ingerir mucho líquido para eliminar por medio de la orina el material radiactivo.

GAMMAGRAFIA TIROIDEA

La gammagrafía tiroidea se utiliza para evaluar la glándulas tiroides, determinar su ubicación, morfología, volumen, nodularidad y estado funcional.

La tiroides es una glándula endocrina presente en casi todos los vertebrados, en el hombre adulto pesa unos 30 gramos y está constituida por dos lóbulos en forma de mariposa localizados en la parte anterior y a ambos lados de la tráquea.

Las glándulas son agrupaciones celulares que segregan substancias. Las glándulas exocrinas, como la mama, segregan leche al exterior, en tanto que las glándulas endocrinas, como la tiroides, vierten sus productos en la sangre.

La glándula tiroides es de color castaño rojizo, sus lóbulos están conectados por un istmo y está rodeada por una cápsula de tejido conjuntivo. Utiliza el yodo para la elaborar las hormonas tiroideas que lo obtiene de la sangre y lo almacena en su interior.

El organismo recibe el yodo de los alimentos y del agua, y aunque la tiroides constituye apenas el 0,05% del peso corporal, acumula cerca del 25% del yodo presente en el cuerpo. El yodo suele circular en la sangre como yodo inorgánico y se concentra en la tiroides en una cantidad hasta 500 veces superior al nivel sanguíneo.

Bajo el control de la hormona hipofisiaria estimulante TSH, la tiroides fabrica dos hormonas, la tiroxina (T4) y la triyodotironina (T3) que tienen un amplio efecto sobre el desarrollo y el metabolismo. Para la síntesis de las hormonas es imprescindible la presencia de yodo, y si el organismo no dispone de este elemento, la tiroides no puede producirlas y sin ellas la vida es imposible.

El radioisótopo yodo-131 tiene las mismas características químicas que el yodo estable, se fija en la tiroides, tiene vida media de 8 días y emite radiación beta y radiación gamma de 364 KeV. La radiación beta tiene una penetración de algunos milímetros y se utiliza con fines terapéuticos en el tratamiento el hipertiroidismo o en la terapia de ablación de restos después de la tiroidectomía en el cáncer de tiroides.

Para realizar la exploración de la tiroides se suministra al paciente yodo radiactivo, el cual es captado por la glándula y luego detectado por medio de una gammacámara que genera la gammagrafía tiroidea.

Por ser un trazador económico y cómodo de manejar, durante muchos años se ha utilizado el I-131, sobre todo en los países que no tienen centros productores de isótopos radiactivos.

 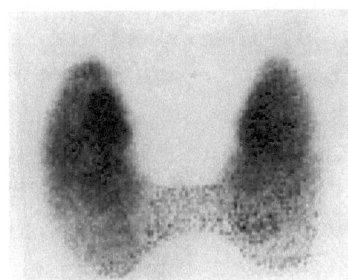

Fig. 4.23. Ubicación del tiroides y gammagrafía tiroidea

A partir de la década de 1970 empezó a utilizar el Tc-99m, que se concentra en el tiroides de la misma forma que se fija el radioyodo, aunque lógicamente no puede formar compuestos hormonales.

El Tc-99m, emite rayos gamma con energía de 140 KeV y tiene un periodo de semidesintegración de sólo 6 horas. Por tanto, pueden utilizarse en dosis más altas que el radioyodo, además supone menor riesgo de irradiación para el paciente ya que no emite radiación beta.

Por estos motivos es actualmente el elemento más empleado.

Nódulos tiroideos

El término nódulo tiroideo se refiere a cualquier crecimiento anormal de las células tiroideas que forman un tumor dentro de la tiroides. Aunque la gran mayoría de los nódulos tiroideos son benignos, una pequeña proporción no lo son. Por tal motivo, su evaluación está dirigida a descubrir un potencial cáncer de tiroides.

La gammagrafía tiroidea muestra la imagen de la glándula y ayuda a identificar los nódulos, aunque, generalmente, estos son detectados por el paciente o descubiertos por el médico durante la palpación del cuello. Los nódulos tiroideos han sido durante muchos años el motivo principal de la solicitud de gammagrafías.

Los nódulos con menos actividad funcional que el tejido circundante aparecen en la gammagrafía como áreas de menos actividad y se denominan *nódulos fríos*. Para que un nódulo frío se observe en una gammagrafía es preciso que tenga un diámetro de aproximadamente 1 cm. Los más pequeño quedan enmascarados u ocultos por el tejido funcionante que los cubre. Las células cancerosas de tiroides no captan el yodo tan fácilmente como las células normales, por lo tanto forman un nódulo frío. Para los pacientes cuya gammagrafía muestre nódulos fríos está indicada una biopsia con aguja fina, con lo que se contribuye a determinar su patología.

Los *nódulos calientes* son lo que captan más trazador que el tejido tiroideo que los rodea, en ellos, probabilidad de cáncer es extremadamente baja.

Cuando se afirma que la inmensa mayoría de los cánceres de tiroides son benignos es porque son cánceres muy diferenciados, es decir, las células cancerosas son muy parecidas a las células tiroideas normales. Tan parecidas que incluso mantienen su actividad funcional, retienen yodo y fabrican hormonas. Pero a pesar de todo siguen siendo células tumorales, y esto significa que las células pueden «salirse» de la tiroides y «anidar» a distancia, dando origen a focos metastásicos.

Si el cáncer de tiroides es de tipo funcionante, las células que han anidado en otro sitio y se han desarrollado allí, también son funcionantes y si se administra radioyodo, haciendo lo que se llama un *rastreo corporal*, en la gammagrafía se puede detectar si existe actividad fuera de la tiroides, es decir, si existen metástasis a distancia. En este caso está indicado el tratamiento con radioyodo, que al concentrarse en estas células, las destruye.

La gammagrafía no permite determinar la composición interna del nódulo; si es sólido o quístico, y ni siquiera informa sobre su tamaño, lo cual se determina mejor con la ecografía. La gammagrafía sólo revela si un nódulo es funcionante o no lo es, y esto es importante. Por lo tanto, para evaluarlos es necesario utilizar las dos técnicas: la gammagrafía que informa sobre su actividad funcional y la ecografía sobre su estructura. El estudio podría completarse con la ecografía Doppler-color que informa sobre el tipo de vascularización del nódulo.

APENDICES

APENDICE 1
Medicina nuclear

Durante el último siglo, el hombre ha producido artificialmente varios cientos de radionúclidos y ha aprendido a utilizar la energía del átomo para los más variados propósitos; producción de electricidad, medicina, industria, investigación y desafortunadamente, en armamentos.

Hasta 1933 sólo se conocían los elementos radioactivos que ofrece la naturaleza, entonces el matrimonio Frederic Joliot e Irene Curie, Premio Nobel de Química en 1935, descubrieron la forma de crearlos artificialmente. Lograron mediante el bombardeo con partículas subatómicas la transmutación del aluminio estable en fósforo radiactivo y el boro estable en nitrógeno radiactivo. Este acontecimiento trascendental lo comunicaron a la Academia Francesa y propusieron llamar a los elementos *radiofósforo* y *radioazoe*, respectivamente.

Semanas después, Enrico Fermi, Premio Nobel de Física en 1938, «bombardeó» núcleos atómicos con neutrones. Debido a la ausencia de carga eléctrica, estos «proyectiles» no son rechazados por la carga positiva del núcleo. Desde entonces, con esta técnica se han creado los isótopos radioactivos indispensables para la práctica de la medicina nuclear y muchas otras aplicaciones.

En 1927, Herman Blumgart, un médico de la ciudad de Boston, empleó por primera vez radiotrazadores para diagnosticar enfermedades cardíacas.

En 1937, John Livingood, Glenn Seaborg y Fred Fairbrother descubrieron el hierro-59, luego, en 1938, el yodo-131 y el cobalto-60, isótopos ampliamente empleados en medicina nuclear.

En 1939, Emilio Segré y Glenn Seaborg descubrieron otro isótopo muy empleado con el mismo propósito; el tecnecio-99m.

En 1940, The Rockefeller Foundation financió el primer ciclotrón dedicado a la producción de radioisótopo para usos médicos.

La introducción de los radioisótopos en el campo de la biología se debe a George von Hevesy, Premio Nobel de Química en 1943, quien adelantándose veinte años, concibió el empleo de radiotrazadores para el estudio de átomos estables en plantas y animales.

En 1946, Samuel M. Seidlin, Leo D. Marinelli y Eleanor Oshry, utilizaron el yodo-131 para el tratamiento de un paciente que padecía cáncer en la tiroides.

En 1948, los Laboratorios Abbott empezaron a suministrar comercialmente los radioisótopos.

En 1954, David Kuhl inventó un sistema fotoregistrador dedicado al barrido de radionúclidos.

En 1958, Hal Anger inventó la cámara de centelleo o gammacámara; un sistema productor de imágenes que hizo posible el registro de fenómenos dinámicos. Alcanzó su industrialización en 1964 y con ella fue posible obtener imágenes en menor tiempo.

En 1962, David Kuhl presentó el tomógrafo de reconstrucción por emisión, que posteriormente se popularizó con el nombre SPECT y PET (Single Photo Emission Computed Tomography y Positron Emited Tomography).

En 1963, Henry Wagner empleó albúmina marcada para producir imágenes de profusión pulmonar en pacientes normales y con embolia.

En 1976, John Keyes desarrolló la primera cámara de uso general SPECT

En 1978, David Goldenberg empleó anticuerpos marcados para producir imágenes de tumores en humanos.

En 1981, J.P. Mach empleó anticuerpos monoclonales marcados para producir imágenes de tumores.

La creación artificial del radioyodo y el metabolismo del yodo en la tiroides, orientaron las primeras investigaciones radioisotópicas. En 1939, Herz, Roberts y Evans inyectaron conejos con yodo radiactivo y comprobaron que se acumula en la tiroides. En 1940, Hamilton y Soley administraron I-131 a pacientes y midieron la tasa de radioyodo acumulada. Hamilton y Lawrence aplicaron el I-131 para el tratamiento del hipertiroidismo.

La radiología no ofrece la posibilidad de obtener imágenes de órganos con densidades similares, en cambio los radiotrazadores brindan esta posibilidad. Herbert Allen Jr. aprovecho la propiedad y obtuvo las primeras imágenes de la tiroides, previa inyección de 100-200 mCi de I-131. Así, en 1949 inició la centellografía y con ella se obtuvo la imagen estática de la glándulas. Nació un equipo, llamado *scintiscanner*, que se difundió rápidamente y en ocasiones todavía está en uso. Con el centellógrafo lineal se produjeron las primeras imágenes de órganos y sistemas.

La exploración funcional de la médula ósea fue ensayada por Hahn en 1941, quien comprobó que el Fe-59 era captado por ésta.

APENDICE 2
Serie de desintegración radioactiva del uranio-238

Isótopo		Vida media	Emisión
^{238}U	Uranio-238	$4,55 \times 10^9$ años	alfa
^{234}Th	Torio-234	24,1 días	beta
^{234}Pa	Protactinio-234	1,14 minutos	beta
^{234}U	Uranio-234	235.000 años	alfa
^{230}Th	Torio-234	80.000 años	alfa
^{226}Ra	Radio-226	660 años	alfa
^{222}Rn	Radón-222	3,85 días	alfa
^{218}Po	Polonio-218	3,05 minutos	alfa
^{214}Pb	Plomo-214	26,8 minutos	beta
^{214}Bi	Bismuto-214	9,7 minutos	beta
^{214}Po	Polonio-214	15×10^{-5} segundos	alfa
^{210}Pb	Plomo-210	22,2 años	beta
^{210}Bi	Bismuto-210	4,97 días	beta
^{210}Po	Polonio-210	139 días	alfa
^{216}Pb	Plomo-206	Estable (no radiactivo)	

APENDICE 3
Algunos radioisótopos empleados en medicina nuclear

Isótopo		Emisión	Energía fotón (MeV)	Vida media
Carbón	^{11}C	β^+	0,511	20 min.
Nitrógeno	^{18}N	β^+	0,511	10 min.
Oxígeno	^{14}O	β^+, γ	0,511	71 seg.
Oxígeno	^{15}O	β^+	0,511	2 min.
Oxígeno	^{19}O	β^-, γ	0,197	29 seg.
Flúor	^{18}F	β^+	0,511	10 min.
Fósforo	^{32}P	β^-	ninguna	14,5 días
Cromo	^{51}Cr	γ	0,320	28 días
Hierro	^{52}Fe	β^+, γ	0,165	8 horas
Cobalto	^{57}Co	γ	0,122 y 0,136	270 días
Galio	^{67}Ga	γ	0,093 y 0,296	78 horas
Galio	^{68}Ga	β^+, γ	0,511	68 min.
Rubidio	^{81}Rb	β^+, γ	0,253 y 0,450	4,7 horas
Tecnecio	^{99m}Tc	γ	0,140	6 horas
Indio	^{113}In	γ	0,393	102 min.
Yodo	^{123}I	γ	0,159	13 horas
Yodo	^{125}I	γ	0,028 y 0,035	60 días
Yodo	^{131}I	β^-, γ	0,364	8 días
Oro	^{198}Au	β^-, γ	0,412	2,7 días
Talio	^{201}Tl	γ	0,081 y 0,135	73 horas
Mercurio	^{203}Hg	γ	0,279	47 días

REFERENCIAS

1.- www.accaessexcelence.org
2.- Instrumentación Biomédica, Alvaro Tucci R., Published by Lulu, 2007, ISBN 978-1-43032625-0
3.- La energía Atómica, Samuel Grastone, Compañia Editorial Continental, S.A. México. D.F., 1960
4.- Introducción a la Radioactividad, Eric Neil Jenkins, Editorial Paraninfo, Madrid, 1967.
5.- www.angeldelaguarda.com.ar/alternativo
6.- www.bluegrass.kctcs.edu
7.- perso.wanadoo.es/chyryes/glosario.htm (Neutron)
8.- www.maloca.org/f2000/isotopes/index.html
9.- www.airynothing.com/high_energy_tutorial/index.html.
10.- www.monografias.com/trabajos5/menu/munu/shtml#ante
11.- www.hospitales.nisa.es/nuclear/medinuc/fisica/interac.htm
12.- www.wikipedia.org/wiki/Radiacion_ionizante-30k-
13.- www.ansto.gov.au/info/report/radboyd/html#Art%20Rad
14.- www.//omega.ilce.edu.mx:3000/sites/ciencia/volumen3/ciencia3/120/htm/sec_4.htm
15.- nuclear.fis.ucm.es/webgrupo/Lab_DetectorGaseoso.html
16.- www.geocities.com/edug2406/fision.htm
17.- nuclear.fis.ucm.es/webgrupo/Lab_Detector_Semiconductor.html
18.- en.wikipedia.org/wiki/Semiconductor_detector
19.- www.health.howstuffworks.com/nuclear-medicine.htm
20.- www.uic.com.au/nip26.htm
21.- health.howstuffworks.com/nuclear-medicine.htm
22.- interactive.snm.org/index.cfm?PageID=3106&RPID=
23.- www.pamf.org/nucmed/scans.html
24.- www.hospitales.nisa.es/nuclear/medinuc/fisica/gam.htm
25.- www.pet-imaging.org/
26.- www.petimaging.net
27.- www.pet.radiology.uiowa.edu/
28.- www.hospitales.nisa.es/nuclear/medinuc/fisica/gam.htm
29.- www.physics.ubc.ca/~mirg/home/tutorial/acquisition.html
30.- en.wikipedia.org/wiki/Gamma_camera
31.- es.wikipedia.org/wiki/Tomograf%C3%ADa_por_emisi%C3%B3n_de_positrones

32.- www.medicalimagingmag.com/issues/articles/2004-06_02.asp
33.- en.wikipedia.org/wiki/Nuclear_medicine#Imaging_equipment
34.- en.wikipedia.org/wiki/SPECT
35.- en.wikipedia.org/wiki/Image_registration
36.- en.wikipedia.org/wiki/Single_photon_emission_computed_tomography
37.- en.wikipedia.org/wiki/Artifact_%28medical_imaging%29
38.- en.wikipedia.org/wiki/Positron_emission_tomography
39.- www.hospitales.nisa.es/nuclear/medinuc/fisica/tomo.htm
40.- Physics in nuclear medicine, third edition, Cherry, Sorenson, Phelps
41.- www.en.wikipedia.org/wiki/Electron-positron_annihilation
42.- www.hospitales.nisa.es/nuclear/medinuc/fisica/gam.htm
43.- www.positronannihilation.net
44.- www.hyperphysics.phy-astr.gsu.edu/hbase/nucene/nucmed.html
45.- www.geocities.com/fisicaquimica99/radiacion06.htm
46.- www.omega.ilce.edu.mx:3000/sites/ciencia/volumen2/ciencia3/094/htm/sec_10.htm
47.- www.dialnet.unirioja.es/servlet/articulo?codigo=871083
48.- www.escuelayogaclasico.cl/antena-23.htm
49.- www.clinicadetiroides.com.mx/tiroides07-trazadores-radiactivos.htm
50.- bioinstrumentacion.eia.edu.co/docs/signals/2006/exposiciones/MedicinaNuclear_documento.pdf
51.- Historia de la Ciencia 1543-2001, John Grabbin, A&M Gráfic, Santa Perpétua de Magoda (Barcelona), 2003.
52.- Manual de Radiofarmacia, Jesús Mallol, 2008, ISBN9788479788544
53.- Medicina Nuclear, Harvey A. Ziessman et al, 2007, ISBN8480862246
54.- www.medicinanuclear.cl/generalidades.htm
55.- www.san.gva.es/comun/ciud/docs/pdf/nuclear20c.pdf
56.- kroger.staywellsolutionsonline.com/.../92,P09170?...
57.- www.molypharma.es/esp/medicina_nuclear.html
58.- sisbib.unmsm.edu.pe/bvrevistas/.../Gammagrafia_tiroides%20.htm

59.- www.nlm.nih.gov/medlineplus/.../003790.htm
60.- www.urologia.tv/icua/es/diagnostics.aspx?cod=13
61.- www.freewebs.com/alfapsp/tiroides.htm
62.- www.tiroides.net
63.- www.tiroides.net/gamma.htm
64.- www.thyroid.org
65.- es.wikipedia.org/wiki/Tecnecio
66.- www.medicosecuador.com/.../vol13.../neuro_descripcion_spectra.htm

CAPITULO 5

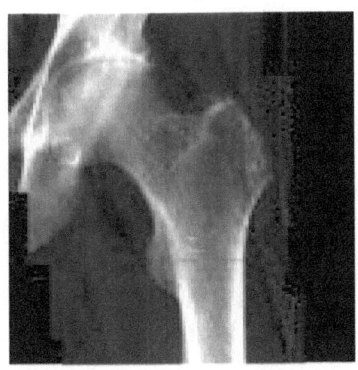

DENSITOMETRIA OSEA

La densitometría ósea, también llamada absorciometría ósea, es una técnica de diagnóstico que permite medir el contenido de la masa mineral del hueso y su densidad. Constituye la principal herramienta para detectar la osteoporosis en etapa precoz e instaurar un tratamiento preventivo. Se emplea para determinar el riesgo de sufrir fracturas, evaluar la pérdida ósea y evaluar la respuesta al tratamiento. Es una técnica indolora, no genera molestia alguna y el grado de radiación al que se somete al paciente es pequeño, hasta treinta veces menor de la que recibe en una radiografía normal.

EL SISTEMA ESQUELETICO

El esqueleto humano, constituido por un conjunto de huesos organizados y unidos mediante articulaciones, actúa como sostén estructural del cuerpo, le da forma, permite mantenerse erguido y protege de traumatismos externos a órganos vitales como el cerebro, la médula, el corazón y los pulmones. Los huesos actúan como depósito de minerales, y también desempeñan una función hematopoyética o formadora de sangre, que es llevada a cabo por células de la medula ósea localizadas entre las trabéculas del tejido óseo esponjoso.

El hueso es un tejido vivo en constante crecimiento, cuenta con sus propios vasos sanguíneos y nervios, y está compuesto por células vivas que contribuyen a su crecimiento y reparación. El cuerpo produce continuamente tejido óseo nuevo y elimina el viejo.

Los minerales de los huesos no son componentes inertes y fijos; son constantemente intercambiados y reemplazados junto con los componentes orgánicos en un proceso que se conoce como *remodelación ósea*. El calcio y el fósforo depositado en ellos se moviliza y puede ser liberado a fin de mantener dentro de la normalidad su nivel en la sangre.

Si bien no todos los huesos son iguales en tamaño y consistencia, su composición química, en promedio, es: 25% agua, 45% minerales, como el fosfato y el carbonato de calcio y 30% materia orgánica, principalmente colágeno y otras proteínas. Así, los componentes inorgánicos alcanzan aproximadamente el 65% de su peso y los orgánicos el 35%.

Aunque los huesos están recubiertos por una capa dura muy densa y resistente, denominada *hueso cortical*, la parte interna es esponjosa, más liviana y menos densa, pero aún así, muy resistente, y se denomina *hueso trabecular*. El tejido óseo se compone en un 80% de hueso cortical y un 20% de hueso trabecular. El hueso trabecular está muy vascularizado y su metabolismo es mayor, por este motivo es más sensible a cambios hormonales y terapéuticos. Las fracturas por fragilidad frecuentemente se localizan regiones ricas en hueso trabecular.

Los huesos empiezan a formarse durante las primeras dos semanas de gestación y alrededor de la sexta semana ya se pueden identificar por medio de la ecografía del feto. Los bebés nacen con huesos blandos, constituidos principalmente por cartílago. Durante la niñez y la adolescencia el cartílago crece y es reemplazado progresivamente por materia ósea dura. Los huesos dejan de crecer entre los 18 y 21 años de edad, etapa en la cual se han osificado y endurecido totalmente.

Durante la primera mitad de la vida el esqueleto acumula más tejido óseo del que elimina y los huesos se hacen más densos y fuertes, y alcanzan su máxima fortaleza cerca de los 30-35 años, después la situación se invierte; se comienza a eliminar más tejido óseo del que se produce. Se calcula que la pérdida de densidad ósea es del 0,3% al 0,5% por año.

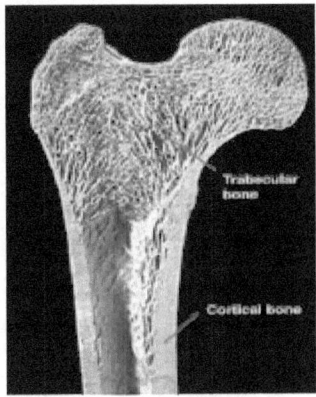

Fig.5.1. Hueso trabecular y hueso cortical

OSTEOPOROSIS

Es el tipo más común de enfermedad ósea, significa hueso poroso. Se caracteriza por una disminución en la densidad ósea debida a la pérdida progresiva de calcio y al descenso de la masa ósea, lo cual produce un debilitamiento de su microestructura originando un deterioro en la calidad de los huesos. Se presenta cuando el organismo no es capaz de formar suficiente hueso nuevo, cuando gran cantidad del hueso es reabsorbido por el cuerpo, o cuando ambos procesos ocurren simultáneamente.

A medida que los huesos se tornan más porosos y frágiles, el riesgo de fractura aumenta considerablemente. La pérdida de la densidad ósea se produce de forma «silenciosa» y gradual durante varios años sin producir síntomas, y en la mayoría de los casos el primer síntoma de la enfermedad es una fractura. Cuando esto ocurre, la enfermedad ya se encuentra en sus etapas avanzadas y el daño óseo es grave.

Los síntomas que se presentan cuando la enfermedad está avanzada son dolor y sensibilidad ósea, fracturas con poco o ningún traumatismo (fractura patológica), reducción de la estatura, que puede llagar hasta 15 cm, lumbalgia y/o dolores en el cuello debidos a fracturas de las vértebras, y postura encorvada o cifosis.

Aunque la osteoporosis es una condición que se asocia con la disminución generalizada de la masa ósea, la pérdida ósea no es uniforme en todos los huesos del esqueleto. La mayor capacidad de predicción de riesgo de fractura se obtiene cuando las mediciones se efectúan en la misma región que se desea evaluar. La importancia clínica de las fracturas de columna y fémur proximal y el hecho de que esas zonas disponen de una mayor proporción de hueso trabecular, las convierten en las «preferidas» para el diagnóstico de la osteoporosis.

INCIDENCIA DE LA OSTEOPOROSIS

El calcio y el fósforo son dos minerales esenciales para la formación normal del hueso. A lo largo de la juventud el cuerpo utiliza estos minerales para producir hueso. La ingestión o absorción inadecuada de estos minerales conlleva a la formación impropia del tejido óseo, lo que a su vez hace que sean frágiles, quebradizos y más propensos a fracturas, incluso en ausencia de traumatismo alguno.

La causa principal de osteoporosis es la disminución del nivel de estrógenos en las mujeres después de la menopausia y la disminución de la testosterona en los hombres. Las mujeres mayores de 50 años y los hombres mayores de 70 tienen un riesgo más alto de sufrir osteoporosis. En términos generales, las mujeres, especialmente caucásicas y asiáticas, tienen menor masa ósea que los hombres, lo cual las hace más propensas a sufrirla.

Las investigaciones muestran que 1 de cada 5 mujeres mayores de 50 años presenta osteoporosis, y cerca de la mitad tendrá una fractura de cadera, columna vertebral o muñeca. La osteoporosis afecta a más de 200 millones de personas en todo el mundo. En los Estados Unidos, 44 millones de mujeres mayores de 50 años se encuentran afectadas por la osteoporosis y cada año se producen más de 1,8 millones de fracturas óseas osteoporóticas. A medida que la población envejece, la prevalencia de fracturas y los costos de atención a la salud aumentan considerablemente.

El tipo de afectación ósea varia según la edad; en mujeres perimenopausicas los huesos mas afectados por la osteoporosis son las vértebras, en tanto que en mujeres mayores de 70 años la mayor afectación se observa en el fémur proximal (cadera).

Debido al envejecimiento progresivo de la población mundial, la osteoporosis se ha convertido en un problema de salud pública. Uno de los abordaje más efectivos para combatirla es la prevención y el seguimiento de la enfermedad. La prevención consiste en adoptar una serie de medidas con el objetivo de evitar o retardar la progresión de la enfermedad, mientras que el seguimiento consiste en la evaluación continua de los pacientes sometidos a tratamiento, a fin de determinar si este ha sido efectivo en términos de detener la pérdida de masa ósea, o idealmente, en recuperar la masa perdida.

Aparte de la edad, existen ciertos factores de riesgo que aceleran la perdida de masa ósea, entre estos se encuentran, ciertas enfermedades, el sedentarismo, el déficit de vitamina D y de calcio en la dieta, el uso fármacos, como los corticosteroides y la hormona tiroidea, el abuso de tabaco y el alcohol, la menopausia prematura y la extirpación quirúrgica de los ovarios.

El déficit de estrógenos, que ocurre a consecuencia de la menopausia, es el principal factor de riesgo. Si bien no todas las mujeres en esta situación desarrollan la enfermedad, se estima que aumenta la posibilidad de sufrir una fractura en un 30 por ciento, sobre todo a partir de los 65 años. En los primeros cinco años después de la menopausia se puede llegar a perder hasta el cinco por ciento de la masa ósea, y en los años posteriores se pierde entre el 1 y 2 por ciento anual.

DENSITOMETRIA OSEA

La masa ósea es la cantidad de hueso que posee una persona determinada en un momento específico de su vida. Depende de múltiples factores, entre ellos la edad, el sexo y la raza. En el interior del hueso se producen numerosos cambios metabólicos, alternando fases de destrucción y de formación. Estas fases están reguladas, entre otros factores, por distintas hormonas, la actividad física, la dieta, los hábitos y la ingesta de vitamina D.

La densitometría ósea, también denominada *osteodensitometría*, engloba aquellas pruebas diagnósticas no invasivas que miden la masa ósea en diferentes partes del cuerpo. Existe la densitometría central y la periférica. En la densitometría central las medidas se hacen habitualmente en la columna lumbar y caderas. La densitometría periférica suele realizarse con aparatos portátiles, útiles para el despistaje de osteoporosis y se estudia la densidad ósea en muñecas, dedos o el calcáneo.

La densitometría ósea es una prueba utilizada para diagnosticar precozmente la osteoporosis, puesto que se ha demostrado que la densidad mineral ósea (DMO) es el factor predictivo más confiable de riesgo de fractura.

Hay zonas del esqueleto más propensas de padecer osteoporosis y por tanto fracturas, estas son las vértebras lumbares y la cadera, y otras menos propensas como el húmero y las muñecas. Con el término genérico *fractura de cadera* se describen las fracturas que ocurren en la extremidad proximal del fémur.

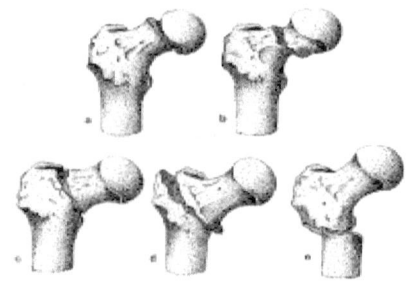

Fig.5.2. Líneas de fracturas del fémur

La fractura de cadera es una de las principales causas de incapacidad en la vejez. Entre el 12 y el 20 por ciento de los ancianos que han sufrido una fractura de cadera fallecen en menos de un año. Generalmente la fractura de cadera se produce en personas de edad avanzada, producto de caídas por la pérdida de estabilidad o por no poder soportar su propio peso. El grupo de personas más propensas a este tipo de lesiones son las mujeres mayores de 50 años, con sobrepeso o peso inferior al normal. La fractura del cadera se diagnostica mediante radiografías.

El aplastamiento de las vértebras es una fractura por compresión que puede afectar más de una vértebra, en especial las de la zona dorsolumbar. Esta afección, habitual a partir de los 65 años, es causada principalmente por la osteoporosis. Cuando las fracturas son múltiples dan origen a una desviación de la columna vertebral o cifosis, ocasionando una curvatura anormal en forma de joroba.

Esto produce una reducción de capacidad de la caja torácica y de la función respiratoria. Cuando la osteoporosis vertebral es detectada por las radiografías, normalmente ya se ha perdido un 25 por ciento de la masa ósea.

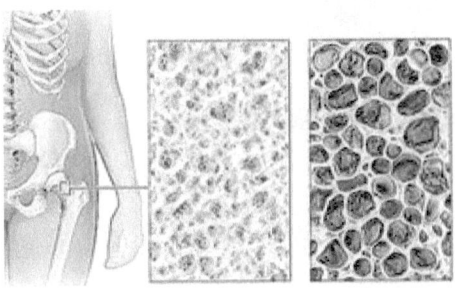

Fig.5.3. Vista microscópica del cuello del fémur normal y osteoporótico, poroso y quebradizo

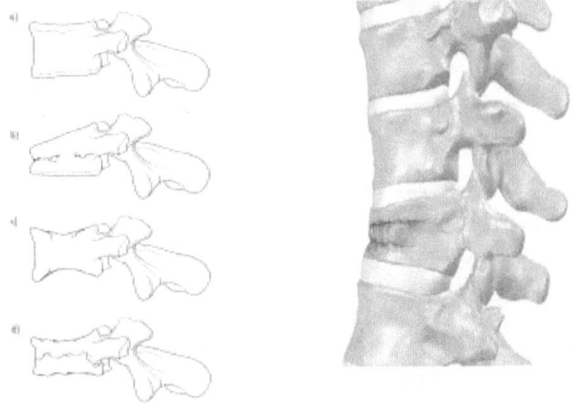

Fig.5.4. Tipos de lesiones de las vértebras, a) Cuerpo vertebral normal, b) fractura-acuñamiento, c) fractura bicóncava, d) fractura-aplanamiento

La fractura de la muñeca o fractura de Colles, que se produce frecuentemente en adultos, especialmente en ancianos, afecta a la parte distal del radio a nivel de la muñeca. Al caer, una persona tiende a extender la mano para amortiguar la fuerza de la caída contra el piso lo cual puede causar la fractura del hueso del antebrazo (radio) justo por encima de la muñeca. En los Estados Unidos la osteoporosis es la causa de más de 250.000 fracturas de muñecas al año. Aquellas personas que sufren fractura de muñecas deberían realizarse una densitometría ósea, especialmente si existen otros factores de riesgo.

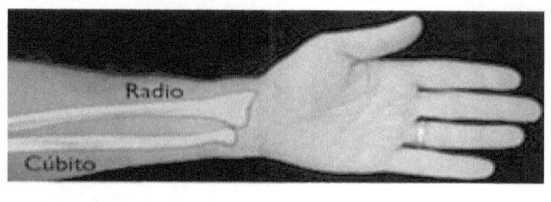

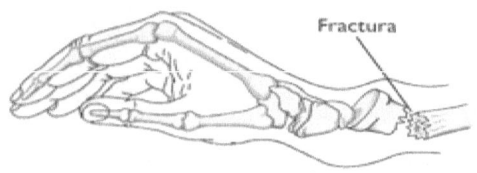

Fig.5.5. Huesos del brazo y fractura de Colles

Los indicadores más frecuentes para que una persona deba realizarse densitometría ósea son:
    1.- Edad: mujeres mayores 45 y hombres mayores de 55 años.
    2.- Menopausia temprana.
    3.- Antecedentes familiares de osteoporosis.
    4.- Uso prolongado de corticosteroide.
    5.- Osteopenia visible a los rayos X.
    6.- Enfermedades tiroideas o paratiroideas.
    7.- Hábito tabáquico y/o baja ingesta de calcio.
    8.- Talla baja y mala nutrición.
    9.- Fractura por traumatismo menor.
    10.- Patologías como la insuficiencia renal o hepática crónica.
    11.- Niños con alteraciones óseas metabólicas o desnutridos.

La fortaleza de un hueso, y por consiguiente su resistencia a la fractura, depende de la cantidad de masa mineral. La pérdida mineral ósea se produce tanto en el hueso trabecular como en el cortical. Los pacientes osteoporóticos tienen niveles bajos de Densidad Mineral Osea (DMO) y bajo Contenido Mineral Oseo (CMO). Según la Organización Mundial de la Salud, se diagnostica osteoporosis cuando la desviación estándar tiene un valor inferior a -2,5 respecto al promedio de la DMO o la CMO de mujeres jovenes y sanas.

TECNICAS DENSITOMETRICAS

Los distintos métodos densitométricos se basan en la medida de la atenuación que sufren los rayos X, los rayos gamma o el ultrasonido al atravesar los tejidos. Los tejidos a atravesar son el tejido óseo, la médula ósea y los tejidos blandos que los circundan, y los valores de la atenuación dependen de su espesor, densidad y composición. Sin embargo, la verdadera medida de la masa ósea debería excluir la médula ósea y los tejidos blandos que rodean el hueso, lo cual se logra mediante el empleo de la tomografía computarizada cuantitativa.

El calcio, un elemento abundante en los huesos, tiene la propiedad de absorber la radiación X o gamma en una proporción mayor que las proteínas y los tejidos blandos. De forma que la cantidad de energía radiante absorbida por el calcio en una sección, refleja el contenido mineral óseo en esa sección.

El método de diagnóstico más confiable consiste en la medición de la DMO en columna lumbar y en la cadera. Estas zonas son más vulnerables por tener alta concentración de hueso trabecular, el cual se afecta mucho antes que el hueso cortical.

Un densitómetro como el de la figura 5.6 consta de una unidad de exploración y una consola de control. La unidad de exploración está formada por una fuente de radiación debidamente blindada y colimada situada debajo de la camilla de tratamiento, en tanto que el sistema de detección de radiaciones está colocado en un brazo situado arriba de la camilla y «mira» hacia la fuente de radiación. El paciente, acostado en la camilla, queda entre la fuente y el detector.

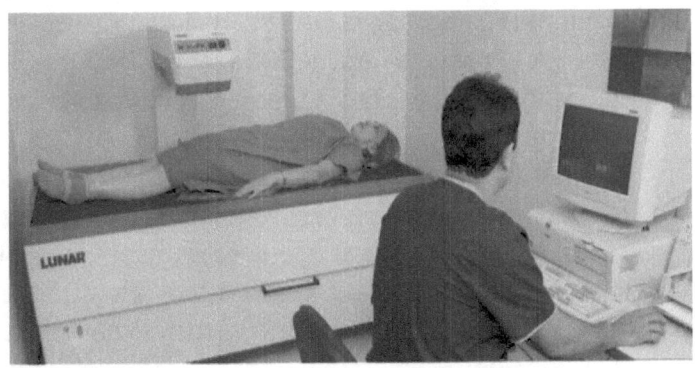

Fig.5.6. Densitómetro óseo marca Lunar

Cuando comienza la exploración, la fuente emite radiaciones y junto con el brazo empieza a moverse con velocidad constante. Mientras se mueve, las radiaciones van atravesando la zona del organismo a explorar. Los datos provenientes de la detección son enviados a un sistema de computación que se encarga de realizar los cálculos y producir los resultados

La fuente de radiación puede ser emisora de rayos X o de rayos gamma, sean estos monoenergéticos o de energía dual. El colimador restringe las radiaciones a un área determinada del esqueleto.

Las principales técnicas empleadas para medir la DMO son:

Densitometría ósea con ultrasonidos (BUA)
Absorciometría fotónica simple (SPA).
Absorciometría fotónica dual (DPA).
Absorciometría radiológica simple (SXA).
Absorciometría radiológica dual (DXA).
Tomografía computarizada cuantitativa (QCT).

A excepción de la densitometría por ultrasonidos, el resto de las técnicas densitométricas son radiológicas.

DENSITOMETRIA OSEA POR ULTRASONIDOS

El ultrasonido es empleado para medir DMO en el calcáneo, tibia o dedos. Cuando se realiza la prueba, el calcáneo, la tibia o un dedo se coloca entre el emisor y el receptor de ultrasonidos y se mide la atenuación que los tejidos interpuestos le ocasionan. Para asegurar buena transmisión se utiliza un gel de acoplamiento entre la piel y el emisor y entre la piel y el receptor.

El equipo utilizado para medir la DMO del calcáneo genera un haz de ultrasonidos cuya frecuencia varía de 200 a 600 KHz. El hueso del talón actúa como filtro sensible a la frecuencia, ya que la atenuación de las ondas sonoras aumenta a medida que la frecuencia aumenta.

El instrumento suministra información de la densidad y riesgo de fractura, para lo cual mide la velocidad del sonido (SOS: Speed of Sound), y la atenuación de la banda ancha de ultrasonidos (BUA: Broadband Ultrasound Atenuation) que utiliza para calcular el Indice de Calidad Osea (BQI: Bone Quality Index). Generalmente el estudio se realiza en 15 segundos y el equipo tienen capacidad para almacenar el resultado de unos 10,000 pacientes.

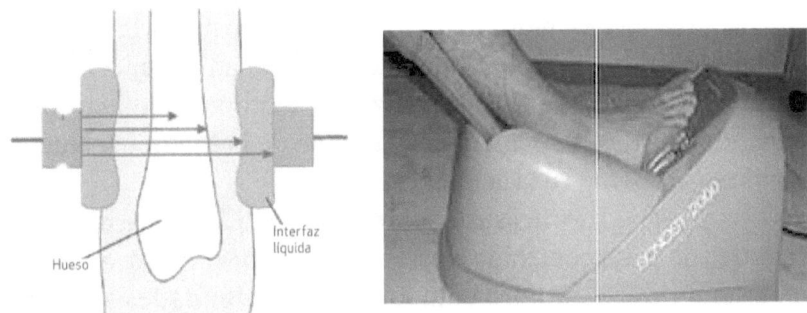

Fig.5.7. Esquema de atenuación de ultrasonido banda ancha y medición de la DMO del calcáneo

Este método, por no analizar las zonas más propensas a las fracturas (columna y cadera), no aporta una medida confiable, además, ha demostrado alta variabilidad entre medidas en un mismo individuo. Algunos autores reportan que los resultados son suficientemente confiables para determinar si existe riesgo de fractura lumbar o de cadera.

Estos equipos, por no utilizar radiaciones ionizantes no se requieren instalaciones especiales y pueden ser operados por personal no calificado, en tanto que los equipos que utilizan radiaciones ionizantes están limitado, en gran medida, a las clínicas especializadas y hospitales. Se utilizan en consultorios médicos o clínicas móviles para proporcionar al clínico una alternativa para el despistaje de la osteoporosis,

TECNICAS DE ABSORCIOMETRIA RADIOLOGICAS

Cuando la radiación penetra los tejidos, debido a su absorción y dispersión se produce una disminución progresiva del número de fotones. El número de fotones detectados a la salida de los tejidos respecto al número de fotones en la entrada se llama *atenuación*. La atenuación expresa, por tanto, la reducción en la intensidad del haz de radiación y en gran medida está determinada por la densidad del tejido que penetra. Si el grado de atenuación es cuantificado, también puede cuantificarse la densidad del tejido.

Para la determinación de la densidad ósea, las primeras técnicas utilizaban elementos radiactivos. El densitómetro medía la atenuación del haz de rayos gamma cuando estos penetraban los tejidos. Puesto que desde los orígenes se utilizaron isótopos radiactivos, la densitometría ósea se inició en el ámbito de la Medicina Nuclear, donde se mantiene en la actualidad.

La densidad de una sustancia es una medida que se refiere a la cantidad de masa contenida en un determinado volumen. Se expresa en gramo por centímetro cúbico (gr/cm^3) o unidades similares.

La densidad del agua es 1 gr/cm^3, mientras que la de los huesos es en promedio 1,8 gr/cm^3. Se dice, entonces, que el hueso es 1,8 veces más denso que el agua. En el ámbito de la densitometría ósea, la expresión «densidad del hueso» se refiere a su fortaleza; mientras más denso más fuerte.

Absorciometría fotónica de energía simple

La absorciometría fotónica simple (SPA: Single-energy Photon Absorptiometry) o de fotón único, utilizada a partir de la década de 1960, mide la atenuación que experimenta un haz de rayos gamma monocromático procedente de una fuente radioactiva, generalmente yodo-125 cuya energía es de 27,3 KeV, o americio-241 cuya energía es 59,6 KeV, al atravesar un hueso periférico.

Puesto que la SPA utiliza un solo haz monoenergético, no permite separar la atenuación producida por el tejido óseo de la atenuación producida por los tejidos blandos. Por ello, dicha técnica sólo se emplea en zonas, como en el calcáneo o el radio, donde el espesor del tejido blando es pequeño en comparación con el tejido óseo.

La cantidad de mineral atravesado por el haz puede ser cuantificada al sustraer de la intensidad inicial la intensidad del haz después de pasar por la región de interés. En los equipos de absorciometría de fotón único, los resultados se obtienen al promediar los valores obtenidos al efectuar múltiples barridos en una sola ubicación, usualmente en el talón o en el radio medio.

En equipos de fabricación más reciente, la fuente radiactiva y el receptor, unidos por un sistema mecánico se mueven simultáneamente a lo largo de la región de interés. Los barridos se realizan a lo largo del hueso con un haz de fotones altamente colimado, y la detección por medio de un detector de centelleo, de manera que puede calcularse la masa de mineral por unidad de longitud de hueso.

Para determinar la cantidad de mineral óseo a lo largo del hueso, se compara la atenuación de los fotones con la atenuación producida por un estándard de calibración derivado de un hueso humano seco, sin grasa y de peso conocido.

Se estima que con la SPA, la precisión de las mediciones en el calcáneo está dentro del 3%. Los resultados se reportan como el contenido mineral óseo (BMC: Bone Mineral Content) en gramos o como contenido mineral óseo por unidad de longitud (BMD/l) en gramos/centímetro. El tiempo requerido para realizar el estudios es de unos 10 minutos.

La SPA es raramente utilizada en la actualidad; fue reemplazada primero por la absorciometría de rayos X de energía única (SXA: Single-energy X-ray Absorptiometry) y posteriormente por la absorciometría de rayos X de energía dual (DXA: Dual-Energy X-ray Absorptiometry).

Absorciometría fotónica de energía dual

Para poder diferenciar y separar la atenuación producida por el tejidos óseos y el tejido blando, en la década de 1970 se desarrolló la técnica absorciométrica de fotón doble (DPA: Dual-energy Photon Absortiometry) y se introdujo el primer equipo con dos fuentes radiactivas.

Inicialmente, la radiación se obtenía a partir de dos radioisótopos monoenergéticos. Posteriormente se utilizó un solo isótopo, el gadolinio-153 (Ga^{153}) con vida media de 241,6 días, el cual tiene la particularidad de emitir fotones de 44 KeV y de 100 KeV.

El gadolinio, un metal de color blanco plateado, descubierto por el suizo Jean de Marigual en 1880, se coloca en forma de pastilla sólida dentro de un recipiente que va montado sobre el brazo que recorre la superficie del cuerpo del paciente. La radiación que atraviesa los tejidos es medida por un detector situados en la base del aparato.

Cuando los haces pasan a través de los tejidos, el haz de menor energía es absorbido principalmente por el tejido blando, mientras que el haz de mayor energía es absorbido por el tejido óseo. Los valores de atenuación de las radiaciones de baja y alta energía resultantes se miden por separado por medio de un detector y un analizador de doble canal que cuenta los fotones resultantes de cada energía. A partir de estos resultados se calcula el contenido mineral óseo (BMC) y la densidad mineral ósea (BMD) expresados en g/cm y g/cm^2, respectivamente. Por tanto, con el DPA se pueden realizar mediciones ya sea en huesos periféricos, como el antebrazo, o en la cadera y la columna.

Debido al decaimiento radiactivo la fuente de Ga^{153}, los valores obtenidos con DPA incrementan el 0.6% al mes, lo que obliga a compensar por este efecto, y una vez al año, exige realizar el costoso procedimiento de sustituir la fuente radiactiva. Por estos motivos se desarrollaron equipos cuya fuente de fotones es menos costosa y más estable.

Absorciometría ósea por rayos X

La variación de la intensidad del haz debido al decaimiento de la fuente radiactiva, el elevado coste de substitución de esta fuente y las dificultades en su fabricación, impulsaron el desarrollo de equipos con fuentes de radiación más estables. Así surgieron los densitómetros óseos radiológicos, en los cuales se sustituye la fuente radiactiva por un tubo de rayos X. Este arreglo tiene además la ventaja que la intensidad del haz puede ser dinámica, es decir, puede ser ajustada a la masa corporal del paciente.

Absorciometría por rayos X monoenergéticos

En la absorciometría radiológica simple (SXA: Single-energy X-ray Absorptiometry) se genera un haz de fotones de rayos X monoenergético. Al igual que la SPA, esta técnica no permite distinguir los tejidos óseos de los tejidos blandos; por tal motivo, sólo es adecuada para realizar medidas de atenuación en el esqueleto periférico.

Absorciometría por rayos X de energía dual

La absorciometría radiológica dual (DXA: Dual-energy X-ray Absorptiometry o DEXA: Dual-Energy X-ray Absorptiometry) para diferenciar el tejido óseo de los tejidos blandos utiliza dos haces de 38-45 KeV y 70-100 KeV, emitidos de una fuente de rayos X.

Los primeros sistemas DXA están disponibles comercialmente a partir de 1987. Debido a la baja radiación a que se expone el paciente, su precisión y capacidad para medir tanto el esqueleto axial como el apendicular, hacen que este método sea actualmente el más utilizado. Además, como los rayos X proceden de un punto focal muy pequeño, se obtiene mejor colimación, menos sobreposición de dosis entre líneas de barrido y mejor resolución de la imagen.

Como el haz que emerge de un tubo de rayos X está formado por fotones con un espectro amplio de energía, antes de hacerlo incidir en la región a explorar es necesario conformar el haz y producir dos haces de energía apropiada. A fin de lograrlo, los principales fabricantes de absorciómetros de rayos X de energía dual utilizan la técnica de modulación del haz o los filtros de borde en K (K-edge filter) de tierras raras.

Modulación del Haz

En la técnica de modulación del haz, se aplica al tubo de rayos X un pulso de voltaje de 40 KV y otro de 70 KV en forma alternada, de manera que durante cierto tiempo del tubo emergen fotones con energía de 40 KeV y luego fotones con energía de 70 KeV. Los equipos DXA marca *Hologic,* por ejemplo, utilizan esta técnica.

Filtro de borde en K

Con la técnica de filtrado de borde en K se aplica un potencial constante al tubo de rayos X y se utiliza un filtro de borde en K (K-edge filter). El filtro, valiéndose del espectro generado por el tubo de rayos X, produce haces con un alto contenido de fotones con la misma energía. Un detector con analizador de doble canal cuenta los fotones resultantes de alta y baja energía.

El filtro de borde en K, hecho de tierras raras como el samario o cerio, está dispuesto en el equipo de la forma mostrada en la figura 5.8. La explicación teórica relacionada con el funcionamiento del filtro de borde en K va más allá de los objetivos de este libro. Sin embargo, cabe aclarar que la letra K se refiere a la energía de enlace de los electrones de las capa K de los materiales de que está hecho el filtro.

En la figura se ilustra la disposición de un DXA que utiliza un filtro de borde en K, donde A es el detector de energía alta, B es el detector de energía baja, C es un indicador láser, D es el modulo del filtro de borde en K, formado por tiras de samario, una fija y tres seleccionables y E es una fuente de rayos X de 100 KV.

El rango de energía de los fotones que emergen del filtro en borde K debe ser ligeramente superior al borde de absorción K del tejido en cuestión. Debido a que los fotones tienen energía ligeramente superior al borde K, sufren máxima atenuación al transmitirse por el tejido, lo que permite una óptima separación del tejido blando del tejido óseo.

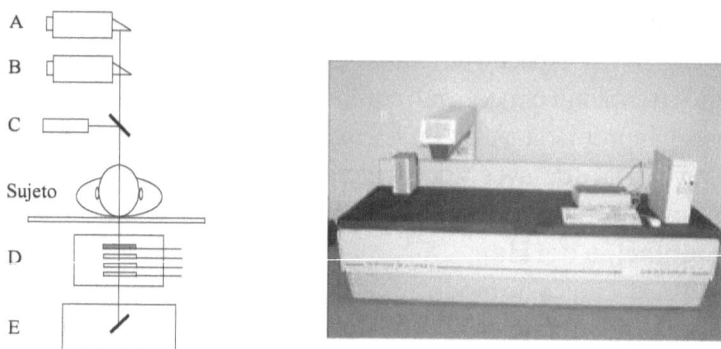

Fig.5.8. Esquema y densitómetro DXA marca Norland modelo XR-26

El equipo GE Healthcare, por ejemplo, utiliza un filtro de cerio con borde de absorción en K de 40 KeV. Un espectro de rayos X de 80 KeV filtrado con cerio contiene dos picos fotoeléctricos aproximadamente en 40 KeV y 70 KeV.

El espectro de rayos X de 100 KV, filtrado con samario, produce un pico de baja energía a 46.8 KeV y un pico de alta energía variable debido a que el sistema emplea niveles seleccionables de filtración.

El borde K de cerio y samario produce un pico de baja energía que se aproxima al pico de baja energía de 44 KeV del Ga^{153} empleado en los sistemas de fotón dual.

La densitometría DXA de cadera y columna lumbar tiene la ventaja de medir la masa ósea precisamente en la ubicación en que se quiere prevenir fractura. Los resultados son confiables y precisos, y han demostrado su capacidad de predecir fracturas en las localizaciones estudiadas. Generalmente analizan la cadera y la columna lumbar dando valores por separado de la DMO en L2, L3 y L4, así como en distintas localizaciones de la cadera: cuello femoral, trocánter y región intertrocantérea.

La medición en cadera y columna con densitómetros DXA se ha convertido en la determinación estándar y con la que se compara cualquier otro densitómetro. Tienen el inconveniente de su alto costo, y para su operación requerir espacio y personal técnico especializado.

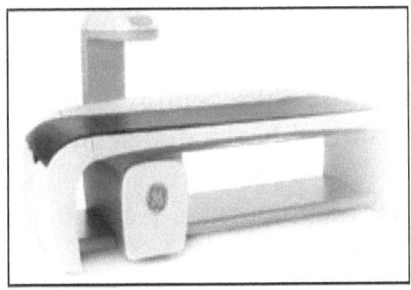 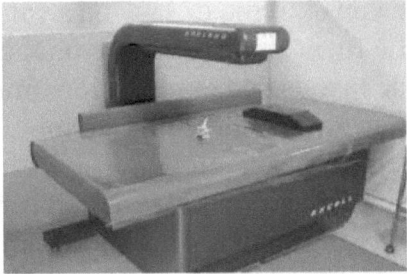

Fig.5.9. Densitómetro marca General Electric y marca Norland

Se puede emplear para medir el calcio total del esqueleto, evaluar la composición corporal y monitorear la densidad ósea durante terapia hormonal tiroidea. Además, la investigación sugiere que la DXA puede ser de utilidad en el monitoreo de otras enfermedades relacionadas con los huesos, tales como osteomalacia (reblandecimiento del hueso como resultado de déficit de minerales), osteopenia (disminución de la masa ósea resultante de una tasa de síntesis ósea baja), osteodistrofia (desarrollo anormal de los huesos) e hiperparatiroidismo (actividad excesiva de las glándulas paratiroides que termina por alterar el funcionamiento de las células óseas).

La DXA ha hecho posible la detección de cambios pequeños en el contenido mineral óseo (CMO) con una precisión de 0,5 a 2%, lo que permite la evaluación precisa de pacientes con osteopenia y osteoporosis.

GEOMETRIA DEL BARRIDO

Para determinar la DMO, los densitómetros pueden barrer la zona del cuerpo por medio de un haz de rayos X en forma de haz puntiforme (Pencil Beam) o por medio de un haz en forma de abanico (Fan Beam). Los primeros son más lentos, pero exponen al paciente a menor dosis de radiación.

Los primeros equipos DXA, construidos hacia finales de la década de 1980, utilizaban el haz de geometría puntiforme. El escáner proyectaba un haz fino de rayos X con dos picos de energía dirigido a los huesos a examinar y realizaba la exploración de rastreo de la forma mostrada en la fig.5.10. El barrido se inicia en un extremo de la zona a valorar y progresa hasta terminarla. La fuente emisora de rayos X normalmente está situada debajo de la masa de exploración, mientras que el receptor, formado por un solo detector, se monta sobre el brazo que se mueve sobre el paciente.

Posteriormente se desarrollaron los densitómetros que emiten el haz en abanico y detectores múltiples, que colocados en forma transversal abarcan todo el ancho de la región a estudiar, de forma que se explora toda la zona de interés mediante un solo barrido. Algunos fabricantes utilizan una serie de detectores de estado sólido en línea, otros utilizad detectores de centelleo. Unos detectores discriminan las diferentes energías, otros lo hacen es sincronismo con la modulación del haz.

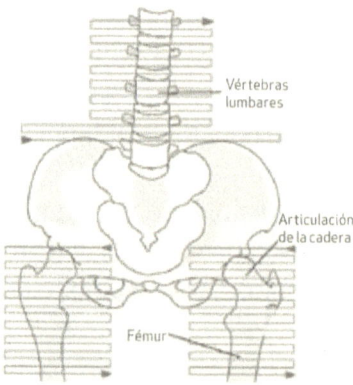

Fig.5.10. Recorrido del haz de rayos X al explorar por medio de un haz de geometría puntiforme la cadera y la zona lumbar

Muchos equipos incluyen, además, un sistema de barrido inteligente capaz de reconocer los bordes óseos y realizar la medición de ambos fémur sin necesidad de mover el paciente.

El detector de radiación registra todos los cambios que sufre el haz de rayos X al atravesar los tejidos, y mediante un sistema informático analiza estos cambios y crea una imagen digital de las regiones anatómicas analizadas. Los equipos de densitometría ósea pueden tener conexión con internet, de forma que el médico puede recibir por esta vía los resultados y diagnosticar a distancia.

Al seleccionar los densitómetros DXA se debe considerar la forma del haz. Los que utilizan la tecnología de haz en abanico ofrecen tiempos de exploración más cortos, y por tanto tienen capacidad de explorar un mayor volumen de pacientes. Los sistemas de haz en lápiz, sin embargo, ofrecen menor exposición a la radiación y generalmente son de menor costo. La instalación de un sistema DXA de cuerpo entero, por lo general requiere una sala de examen que pueda acomodar la mesa para escáner, así como la consola del operador.

DENSITOMETRIA PERIFERICA

La Densitometría periférica mide la masa ósea en una única región localizada en el esqueleto periférico (extremidades). En los últimos años se han desarrollado densitómetros periféricos, unos por absorciometría de rayos X simple (pRA) y otros por doble energía de rayos X (pDXA).

La radioabsorciometría simple (pRA) utiliza una sencilla radiografía de manos con una placa de alta precisión. Algunos equipos analizan localmente la densidad mineral ósea mediante la digitalización de la imagen radiográfica y calculan la densidad de la región central del segundo metacarpiano comparándolo con una placa de aluminio que se utiliza como patrón. El resultado de masa ósea se expresa en equivalentes de aluminio, lo cual permite calcular el índice metacarpiano.

Entre los DXA periféricos (p-DXA) destaca la absorciometría digital computarizada de doble energía de rayos X (CDA), diseñada para medir la masa ósea de la falange media del tercer dedo de la mano no dominante.

Uno de estos densitómetros, como el de marca AccuDexa, presenta una alternativa para la predicción de riesgo de fracturas y para seguimiento de las condiciones de los huesos. Suministra en forma rápida la densidad ósea con la puntuación T (T-score) y la puntuación Z (Z-score). El examen dura unos 30 segundos y el instrumento presenta los resultados impresos e interpretados en 5 minutos, en tanto que los equipos que exploran la cadera y la columna emplean unos 15 minutos y algunos días o semanas para suministrar los resultados. Los densitómetros periféricos son de menor tamaño y menor costo y no precisan de personal especializado ni de espacio con aislamiento radiológico. Además, el paciente se expone a 1/500 de la radiación a que estaría expuesto en equipos convencionales.

El valor de densidad ósea de falanges o de metacarpianos tiene el inconveniente de dar una medición fundamentalmente cortical, mientras que la pérdida de hueso trabecular es más frecuente en todos los tipos de osteoporosis. La medición en carpo y epífisis de radio contiene entre un 50 y un 75% de hueso trabecular.

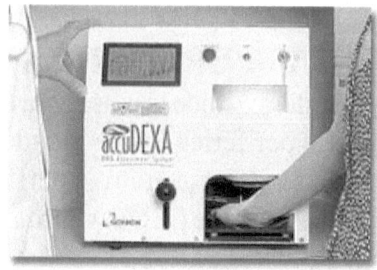

Fig.5.11. Densitómetro periférico marca AccuDexa

Aunque estas técnicas son bastante predictivas, su capacidad de predicción de fractura de cadera es inferior a la DMO medida con DXA a nivel de la cadera. Igualmente, su capacidad predictiva de fracturas vertebrales también es menor que la DXA de cadera y columna.

Uno de los problemas que presentan los densitómetros periféricos es su escasa coincidencia con el T-score. La proporción de pacientes con T-scores inferiores a –2.5 varia de forma considerable entre los varios tipos de densitómetros. Por lo cual, en la actualidad no hay consenso sobre la interpretación de los resultados de las medidas periféricas, y se continúa debatiendo acerca de la capacidad de estos aparatos para identificar a pacientes con una DMO central baja.

Una de las posibles aplicaciones de los densitómetros periféricos es como herramienta de exploración para disminuir el número de densitometría axiales DEXA a realizar.

TOMOGRAFIA CUANTITATIVA COMPUTARIZADA

Antes de que aparecieran los primeros densitómetros DXA ya existían algunos aparatos tipo escáner para medir la masa ósea, y para diferenciarlos del resto de los tomógrafos computarizados, fueron llamados *tomógrafo computarizado cuantitativo* (QCT: Quantitative Computed Tomography).

La tomografía computarizada cuantitativa es la técnica absorciométrica más precisa de que se dispone para determinar la DMO. Proporciona una medición tridimensional o volumétrica de la densidad ósea y permite la diferenciación espacial del hueso trabecular del cortical, tanto en el esqueleto axial como en el periférico. Dado que es una medida volumétrica, los valores de densidad los proporciona en gr/cm^3.

Esta diferenciación es importante, ya que las variaciones en la cantidad de hueso trabecular, a pesar de que este sólo representa sólo el 20% de la masa ósea total, por su mayor actividad metabólica en relación con el hueso cortical, indica en forma más precisa y precoz ciertos cambios óseos.

La medida de la masa ósea del esqueleto axial, donde se encuentra principalmente el hueso trabecular, se efectúa con los tomógrafos computarizados convencionales, monoenergéticos o duales, en tanto que la medida de la masa ósea del esqueleto periférico se realiza preferentemente con tomógrafos periféricos (pQCT).

Con la aparición del pQCT se ha disminuido considerablemente el tiempo de adquisición de las imágenes. La irradiación del paciente se ha reducido, debido a que las zonas donde se mide la DMO se encuentran a bastante distancia de los órganos sensibles a las radiaciones, por lo que las dosis que reciben son muy bajas.

Para la determinación de la DMO de la tibia y el antebrazo se han diseñado escáneres pequeños, móviles y de menor costo.

Cuando los QCT axiales miden la masa de cuatro cuerpos vertebrales, hacen cortes sagitales de algunos milímetros de espesor.

El aparato mide la media de atenuación del hueso del cuerpo vertebral y lo compara con los valores estándar para cada localización y con un valor promedio basado en edad, sexo y tamaño del paciente. La comparación de los resultados se utiliza para determinar el riesgo de fracturas y el estadio de osteoporosis en el individuo.

Se ha demostrado que la diferencia de la densidad mineral ósea debida a la edad entre sujetos sanos y osteoporóticos es mayor si es medida con QTC que con DXA. La QTC tiene un buen valor predictivo de fractura, siendo la precisión del 1% en columna y del 1,2 a 3,0% en cadera.

La QCT tiene la desventaja del alto costo del equipo, el alto costo del examen y es técnicamente más complejo, por lo que no se emplea habitualmente.

Repaso de algunos conceptos estadísticos

Promedio
El promedio de un conjunto finito de números es igual a la suma de todos sus valores dividido entre el número de sumandos. Por ejemplo, el promedio de (3, 4, 2, 2, 5, 2) es:
(3 + 4 + 2 + 2 + 5 + 2) ÷ 6 = 3

Desviación estándar
Para conocer con detalle un conjunto de datos, no basta con conocer las medidas de tendencia central, sino que es necesario conocer también la desviación que presentan los datos en su distribución respecto al promedio de dicha distribución. La desviación estándar es una medida del grado de dispersión de los datos con respecto al valor promedio.

Percentil
El percentil es una medida de posición no central que expresa cómo está posicionado un valor respecto al total de una muestra. Si se tiene una muestra con muchos valores y se divide en 100 partes, cada una de ellas es un percentil. El Percentil 0 es el menor valor de la muestra y el Percentil 100 el mayor valor. Supóngase que se tiene una muestra con 1000 datos

de personas y salarios. El P-75 sería el valor de salario que ganan el 75% de las personas, o el P-20 el que ganan el 20%.

INTERPRETACION DE LOS RESULTADOS

El resultado obtenido de la densitometría ósea proporciona los valores promedios de masa ósea en cada zona explorada y medida con los que se estima el riesgo de fractura. Con los resultados de las exploraciones sucesivas se puede construir una gráfica de la evolución de la osteoporosis antes y durante el tratamiento.

El calcio presente en los huesos absorbe la radiación, la cantidad absorbida se compara con unos valores de referencia normales elaborados según la edad y el sexo del paciente. Si los valores obtenidos son inferiores a los normales, el grado de pérdida de masa ósea depende de la diferencia; cuanto mayor es la diferencia, mayor será el grado de pérdida de la masa ósea. Se habla de ostopenia, cuando la pérdida es pequeña y de osteoporosis, cuando la pérdida es más elevada.

Generalmente, el resultado de la comparación se expresa en desviación estándard (DE) respeto a la curva de referencia normal y la mayoría de las decisiones clínicas se basan en valores denominados puntuación T (T-score) y puntuación Z (Z-score).

La **puntuación T** compara la densidad ósea del paciente con la de un grupo de referencia formado por personas jóvenes y adultas, de unos 30 años. La puntuación T es un número que indica la desviación estándard de la DMO respecto a ese grupo. Si el número es positivo indica que la densidad ósea es superior al promedio del grupo de referencia; si es negativo indica lo contrario.

La **puntuación Z** compara la densidad ósea del paciente con la de un grupo de referencia de la misma edad y género. La puntuación Z es un número que indica la desviación estándard con respecto a la media de la DMO de ese grupo. Algunos equipos, para valorar la puntuación Z consideran también el peso y raza del paciente. El equipo marca *Hologic* determina la puntuación Z considerando la edad, el género y la raza, en tanto que el equipo marca Lunar considera la edad, el género, la raza y el peso.

Una puntuación Z igual a cero indica que la DMO de paciente es igual a la media del grupo de referencia, es decir, el 50% del grupo tienen mejor densidad ósea que el paciente y el 50% la tiene peor.

La tabla siguiente, suministrada por la University of Washington en su página web «Osteoporosis and Bone Physiology» suministra la relación que existe entre el percentil y la puntuación Z.

Percentil	Puntuación Z	Percentil	Puntuación Z
5	-1,65	55	+ 0,13
10	-1,29	60	+ 0,26
15	-1,04	65	+ 0,39
20	-0,84	70	+ 0,53
25	-0,68	75	+ 0,68
30	-0,53	80	+ 0,84
35	-0,39	85	+ 1,04
40	-0,26	90	+ 1,29
45	-0,13	95	+ 1,65
50	-0,00		

La puntuación Z de -0,68, por ejemplo, sitúa al paciente en el percentil 25, lo cual indica que el 75% de su grupo de comparación tienen mayor densidad ósea. La puntuación Z de +0.68 coloca el paciente en el percentil 75, lo que indica que tiene un 75% menos probabilidad de fracturarse en comparación con individuos de su mismo grupo.

La puntuación Z indica si la densidad ósea de un individuo está cerca del promedio de personas con las mismas características de edad, raza y genero, pero no indica que sus huesos son resistentes. Una anciana de raza blanca aún con densidad ósea promedio tiene de todas maneras los huesos frágiles y alta probabilidad de sufrir fracturas.

Significado de los resultados

* La puntuación T es normal si el resultado es un número positivo o no menor de -1,0. Por ejemplo, -0,5 está dentro del rango normal.
* Una puntuación T de -1 a -2,5 indica ostopenia o principio de pérdida ósea.
* Una puntuación T menor de -2,5 indica osteoporosis.
Por ejemplo, -3,0 es indicación de osteoporosis.

El diagnóstico así establecido induce a la toma de decisiones clínicas de prevención y tratamiento. Puesto que el diagnóstico se hace en base a la determinación densitométrica, resulta indispensable disponer de instrumentos precisos y confiables que puedan medir la masa ósea y la puedan comparar con la población de referencia.

En cualquier puntuación, un número negativo significa que los huesos son más delgados que los de la población de referencia y cuanto más negativo es el número, más delgados son.

La Organización Mundial de la Salud (OMS) define la osteoporosis como la disminución de la masa ósea en -2,5 DE debajo de la masa ósea de la población de referencia. Eligió ese número por considerar que con un valor inferior, el riesgo de fractura supera el nivel aceptable, y por ello, a este número se le llama *nivel de fractura*. Se calcula que cada disminución de una desviación estándard, la pérdida de masa ósea es del 12%.

No existen criterios unánimes en cuanto a la indicación de la densitometría, no obstante distintos organismos y sociedades científicas, como la National Osteoporosis Foundation (NOF), la Sociedad Española de Reumatología (SER) o el Royal College of Physicians, han elaborado sus recomendaciones basadas en los factores de riesgo de fracturas. En general, hay acuerdo en que no es necesario evaluar a toda la población y que tampoco se debería hacer densitometría a menos que ello vaya comportar una decisión terapéutica.

Algunas características de las principales técnicas de medición de la densidad ósea son las siguientes:

	Radiación (mRem)	**Precisión** (%)	**Tiempo exposición** (min)	**Costo**
SXA	10-20	1-2	15	+
DXA	1-5	0,5-2	3-7	++
QTC	60	2-5	10-15	+++
BUA	0	0,4-4	3-7	+
Rx simple	700			

Otras características a considerar son: el tamaño del densitómetro, la portabilidad, la facilidad de acceso al equipo, el tiempo de exploración, el tiempo de acceso a los resultados, el costo del equipo y de las instalaciones civiles, el costo de la exploración y determinar si es necesario personal especializado para su manejo.

COMPOSICION CORPORAL

El término *composición corporal* alude a un sistema de teorías y modelos orientados a comprender cómo está constituido el ser humano, y cómo interactúan entre sí los distintos elementos componentes a lo largo se su ciclo biológico. Si bien la composición corporal de un individuo está determinada genéticamente, no es menos cierto que también está sujeta a la influencia de factores ambientales como los hábitos alimentarios, culturales e incluso estéticos.

El análisis de la composición corporal indica que el cuerpo humano está formado por materia similar a la que encuentra en los alimentos, es decir, los nutrientes de los alimentos pasan a formar parte del cuerpo, por lo que las necesidades nutricionales dependen de la composición corporal.

El cuerpo de un hombre joven, sano, de unos 65 Kg. de peso está formado por uno 11 Kg de proteína, 9 Kg de grasa, 1 Kg de hidrato de carbono, 4 Kg de diferentes minerales, principalmente depositados en los huesos, 40 Kg de agua y una cantidad muy pequeña de vitaminas.

El agua es el componente mayoritario, constituye con un 50% a 65% de su peso y el 80% se encuentra en los tejidos metabólicamente activos. La grasa, considerada metabólicamente inactiva, se clasifica por su localización en grasa subcutánea, donde se encuentran los mayores depósitos, y grasa interna o visceral.

El estudio de la composición corporal es un aspecto importante para valorar el estado nutricional, pues permite cuantificar las reservas corporales y, por tanto, detectar y corregir problemas nutricionales como situaciones de obesidad, en las que existe un exceso de grasa, o por el contrario, desnutriciones, en las que la masa grasa y la masa muscular podrían verse severamente disminuidas.

ANALISIS DE LA COMPOSICION CORPORAL

Una de las herramientas para el estudio y tratamiento de la obesidad es el análisis de la composición corporal. La composición corporal es una medida del porcentaje de grasa, hueso y músculo presentes en el cuerpo en un momento determinado. A lo largo de su ciclo vital, el cuerpo de un hombre y de una mujer, adultos y sanos, debería tener un porcentaje de grasa como el indicado en la tabla siguiente.

Edad	hasta los 30 años	entre 30 y 50 años	> 50 años
Mujeres	14-21%	15-23%	16-25%
Hombres	9-15%	11-17%	12-19%

Durante las diferentes edades, los porcentajes de grasa, hueso y músculo varían cuantitativa y cualitativamente. Sin embargo, el índice de grasa corporal entre el 18% y 25% para los hombres y entre 25% y 31% para las mujeres son aceptables. Se consideran obesos los hombres con un índice de grasa corporal superior el 25% y las mujeres con un índice de grasa corporal superior al 31%.

La grasa corporal es necesaria ya que protege los órganos internos, aisla térmicamente el organismo y suaviza los golpes, aporta energía y produce hormonas, particularmente en la mujer. Según sus funciones, la grasa contenida en el cuerpo se clasifica en *grasa esencial* y *grasa de almacenamiento*. La primera se aloja en pequeñas cantidades en músculos, sistema nervioso central, órganos y médula ósea. En la mujer el porcentaje es mayor debido a que incluye la grasa del tejido mamario y depósitos en caderas, abdomen y pelvis, donde es necesaria para el funcionamiento del sistema reproductivo. La grasa almacenada, es la que el organismo guarda como reserva energética en todo el cuerpo.

La obesidad es perjudicial; el peso excesivo puede provocar trastornos graves y aumenta la probabilidad de muerte prematura. La persona obesa es propensa a sufrir una serie de enfermedades, y el riesgo aumenta en la medida que la obesidad es más elevada. Estas enfermedades son: diabetes, calculosis biliar, insuficiencia respiratoria, apnea nocturna, enfermedades cardiovasculares, hipertensión arterial, artrosis de la columna vertebral y las extremidades inferiores, anomalías de la fecundidad y cáncer.

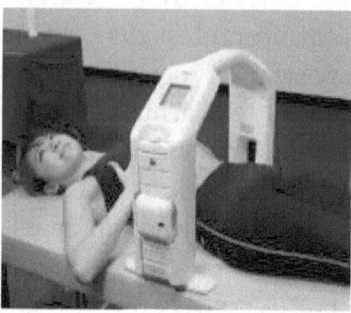

Fig.5.12. Analizador de la composición corporal

La obesidad puede considerarse como una enfermedad crónica de naturaleza complicada que afecta un porcentaje elevado de la población. En la mayoría de los casos, es el resultado de una mayor ingesta calórica con respecto al gasto diario. Además de ser un factor de riesgo para enfermedades, para muchas personas es una cuestión estética que puede dar lugar a problemas psíquicos y sociales. Como en muchas otras enfermedades, en la obesidad es fundamental la prevención, y esta debe comenzar desde la primera infancia. Un niño de más de 4 años con sobrepeso tiene muchas más probabilidades de ser obeso en la edad adulta.

Como factor de riesgo de enfermedades crónico-degenerativas, la acumulación de grasa en el abdomen puede ser incluso más crítica que la grasa total. Está relacionada con una mayor prevalencia de intolerancia a la glucosa, resistencia a la insulina, aumento de presión arterial y aumento de lípidos sanguíneos.

La determinación de la composición corporal se puede llevar a cabo usando instrumentos como el densitómetro de doble haz, la resonancia magnética nuclear, la tomografía axial computada o utilizando el método de dilución de ciertos isótopos, por la determinación del peso en un medio acuoso, utilizando el ultrasonido o midiendo la impedancia bioeléctrica. En este capítulo se aborda únicamente el uso del densitómetro de doble haz (DXA), considerado uno de los métodos más confiables, pero también uno de los más costosos debido al valor del equipo. Con el DXA con geometría de exploración en abanico el estudio puede durar de 2 o 3 minutos, en tanto que con los de geometría puntiforme puede durar de 5 a 10 minutos.

La DXA se ha convertido en la técnica de referencia, debido a que su validez ha sido extensamente verificada tanto por métodos directos como indirectos. Los datos publicados demuestran, en general, que la DXA permite determinar con gran precisión y fiabilidad el contenido mineral óseo, la masa magra y la masa grasa, ya sea del cuerpo entero, o de regiones seleccionadas. Presenta gran coherencia a largo plazo, por lo que resulta ideal para la realización de estudios durante buena parte del ciclo vital.

Para valorar la composición corporal, es usual considerar el cuerpo dividido en compartimientos. La DXA permite determinar la proporción corpórea de los tres compartimientos: la masa grasa, la masa magra y los hueso. El equipo diferencia los tres tipos de tejidos debido a que su coeficiente de atenuación es diferente. El tejido óseo presenta un coeficiente de atenuación de 3,0; el tejido magro blando 1,4 y el adiposo 1,2.

La Masa magra está compuesta por todos los componentes corporales excepto la grasa, es decir: los huesos, los músculos esqueléticos, sólidos no óseos, vísceras, agua, proteínas, minerales, glucógeno y las fluidos corporales y se mide en kilogramos. El músculo esquelético es el mayor componente de la masa magra, representa el 70% de la masa celular activa y constituye la mayor reserva de proteínas del cuerpo.

La Masa grasa es la totalidad de los lípidos contenidos en el cuerpo, es decir, la grasa esencial y grasa de reserva. La masa grasa es un depósito de energía que se caracteriza por no contener potasio y por su densidad relativamente constante de 0.9 g/ml. Su proporción en el cuerpo define la condición de obesidad y presenta una gran variabilidad, incluso entre sujetos del mismo sexo, etnia y edad.

Los estudios hechos con DXA son utilizados para la primera evaluación de la composición corporal y para la evaluación de un tratamiento. Se están utilizando en forma creciente para medir ciertos desórdenes clínicos como los trastornos de la nutrición y anorexia; el uso de hormona de crecimiento, el efecto del tratamiento con estrógenos; enfermedades renales; la administración de anabólicos esteroides, hipertiroidismo y diabetes.

La actividad física, especialmente la actividad deportiva de alta competencia, tiende a modificar la composición corporal; disminuye el compartimento de tejido graso y aumenta el compartimento de masa muscular, el tamaño y la mineralización del esqueleto.

Mediante la interpretación informática de los resultados, se estima la masa grasa, la masa magra y la masa ósea. Se realizan cálculos, se presentan gráficos, se comparan resultados y se producen imágenes de los tejidos. Los resultados de la composición grasa, magra y de los huesos pueden referirse a la totalidad o a los distintos segmentos del cuerpo.

REFERENCIAS

1. www.geosalud.com/osteoporosis/huesossanos.htm
2. www.nlm.nih.gov/medlineplus/spanish/ency/article/000360.htm
3. es.wikipedia.org/wiki/Hueso
4. www.analisisclinico.es/sistema.../densitometria-osea
5. www.imsersomayores.csic.es/documentos/.../saludlandia-fracturas-01.pdf
6. www.saludalia.com/docs/Salud/.../doc_desintometria1.htm
7. www.medicinanuclear.cl/generalidades.htm
8. www.medynet.com/elmedico/documentos/desint/Notadensitoesp.pdf
9. www.cfnavarra.es/salud/anales/textos/vol26/.../suple3a.html
10. scielo.isciii.es/scielo.php?pid=S0004...script=sci_arttext
11. www.freepatentsonline.com/5285489.html
12. www.elhospital.com/Reportes-ECRI.../d_4015_73939
13. www.jano.es/ficheros/sumarios/1/0/1682/41/00410044-LR.pdf
14. www.cesareox.com/opinion/.../el_concepto_de_percentil.ht...
15. www.foroactua.com/composicion-corporal/download/40/94/15
16. http://courses.washington.edu/bonephys/opbmdtz.html
17. www.directoal.com/goto/dominios/tld/cl/dominio/medicinanuclear
18. www.fitness.com.mx/medicina186.htm
19. portal.inder.cu/.../668-la-composicion-corporal-de-hombres
20. www.thebody.com/content/art43255.html
21. escuela.med.puc.cl/publ/boletin/.../Fisiopatologia.html
22. www.iofbonehealth.org/.../verdades-acerca-de-los-huesos.ht
23. www.portalplanetasedna.com.ar/esqueleto.htm
24. www.encolombia.com/medicina/.../reuma74-00estudio.htm
25. Bone Densitometry and Clinical Practice, Sidney Lou Bonnick, Humana Press, 3ra Edición, ISBN 978-1-60327-499-9
26. www.saludymedicinas.com.mx/centros-de.../grasa-corporal.html

27. www.cfnavarra.es/salud/anales/textos/vol25/sup1/suple9a.html
28. orthoinfo.aaos.org/topic.cfm?topic=A00479
29. www.tsid.net/tecnologia/tecnologia.htm
30. www.elmedicointeractivo.com/ap1/emiold/.../Notadensitoesp.pdf
31. books.google.co.ve/books?isbn=8498352304
32. www.kelloggs.es/nutricion/abcnutricion/pdf/capitulo2.pdf
33. www.mapfre.com › ... ›

CAPITULO 6

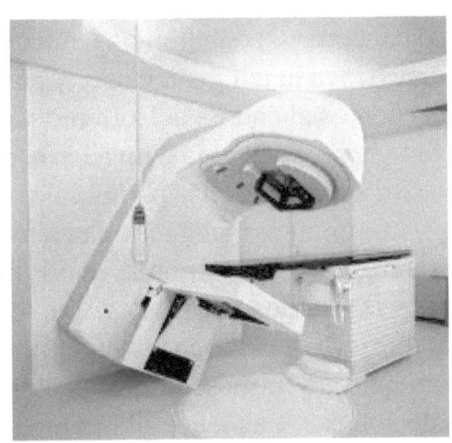

RADIOTERAPIA

La radioterapia es un tipo de tratamiento que utiliza las radiaciones ionizantes para destruir las células cancerosas. Puede administrarse bien como tratamiento único o como complemento de la cirugía y/o la quimioterapia. La irradiación previa a la cirugía se utiliza para reducir el tamaño de los tumores, lo que facilita la posterior intervención quirúrgica. La irradiación postquirúrgica tiene como objetivo destruir las células que hayan podido quedar tras la extirpación, y así prevenir la reaparición del tumor. También se puede utilizar para brindar alivio temporal de los síntomas. Para cierto tipo de cáncer, la radiación es el único tratamiento necesario.

Hace unos treinta años se sostenía que: «El tratamiento del cáncer es doloroso y sin sentido ya que esta enfermedad es incurable». Si bien esta afirmación pudo ser cierta, los avances médicos han hecho que los tratamientos actuales sean mucho más eficaces y causan menos sufrimiento al paciente. Hace algunas décadas, el 90% de los niños con leucemia morían, ahora el 80% sobreviven. Hoy en día muchas personas están completamente curadas, ya que existen varios medicamentos, y muchos de ellos extremadamente eficaces.

Un tumor puede definirse como una masa anormal de tejido compuesto por células que se dividen más de lo necesario, o que no mueren cuando deben hacerlo. Los tumores pueden ser benignos (no cancerosos) o malignos (cancerosos). Los tumores malignos pueden invadir tejidos cercanos y pueden diseminarse a otras partes del cuerpo valiéndose del torrente sanguíneo y del sistema linfático. Los tumores benignos no invaden ni destruyen los tejidos cercanos y no se diseminan a otras partes del cuerpo.

Los tumores malignos o cancerosos se clasifican en carcinomas y sarcomas. Los carcinomas se originan en los epitelios, es decir, la piel y los tejidos que revisten o cubren los órganos internos. Los sarcomas se originan en los tejidos mesenquimáticos como el hueso, cartílago, grasa, músculo, vasos sanguíneos, u otro tejido conectivo o de soporte. Las leucemias son enfermedades malignas que se originan en los precursores de las células sanguíneas. Se caracterizan por la proliferación y desarrollo anormal de dichas células y sus precursores, tanto en la sangre como en la médula ósea. El linfoma y el mieloma múltiple son cánceres que se originan en las células del sistema inmunitario.

Debido al aumento en la expectativa de vida, el cáncer se ha convertido en una enfermedad en expansión, y la radioterapia es una de las principales modalidades de tratamiento que se aplica aproximadamente al 60% de los pacientes. La radioterapia, junto a la cirugía y la quimioterapia, son los tres pilares utilizados para el tratamiento del cáncer a escala mundial. El tratamiento conjunto con radioterapia y quimioterapia se utiliza frecuentemente para aumentar la eficacia de ambos procedimientos.

La radioterapia es el mejor abordaje en el caso de lesiones malignas no accesibles a la cirugía, bien porque el tumor está situado en una región de difícil acceso, o su gran tamaño imposibilita la extirpación.

Las metástasis son la propagación de un foco canceroso a un órgano distinto de aquel en que se inició. Aproximadamente el 98% de las muertes por cánceres no detectados, son debidas a su metastatización. No todos los cánceres son igualmente agresivos en cuanto a hacer metástasis, depende del tipo, origen y tiempo de evolución.

Un 30% de las neoplasias malignas dan metástasis al pulmón y en la mitad de los casos estas comprometen únicamente este órgano. Esta preponderancia se atribuyó al hecho que el pulmón recibe toda la sangre venosa proveniente de todos los demás órganos. Sin embargo, hoy se sabe que no es suficiente que una célula tumoral llegue a un órgano, su asentamiento depende de presencia de receptores y condiciones bioquímicas aptas para ello.

De acuerdo con la Organización Mundial de la Salud, se detectan unos diez millones de nuevos casos de cáncer por año y la incidencia va en aumento, en parte debido al incremento de la esperanza de vida. Por medio del diagnóstico temprano se podría lograr que un 70% de los cánceres no tengan metástasis distantes, en cuyo caso sería suficiente un tratamiento localizado donde la radioterapia tendría un rol prominente.

El objetivo de la radioterapia es irradiar con dosis suficientemente altas el volumen tumoral y al mismo tiempo mantener en niveles aceptables las dosis en los tejidos sanos. Cualquier avance tecnológico que potencie este objetivo contribuye a superar la enfermedad. Los tejidos sanos inevitablemente se irradian, tanto alrededor del volumen tumoral como a lo largo de toda la trayectoria del haz de tratamiento.

La radioterapia se basa en el hecho de que las radiaciones afectan las células, especialmente cuando entran en el proceso de reproducción, concretamente en la metafase. Los tejidos neoplásicos están formados por células cuya tasa de división es muy superior a la de las células normales, en consecuencia son más susceptibles de ser afectados. Por esta razón, el daño producido por la radiación se manifiesta más rápidamente en los tejidos formados por células cancerosas, pues provocan su muerte radiobiológica o incapacidad de reproducirse. La radioterapia daña el ADN, y al hacer esto impide que crezcan y se dividan, lo que hace más lento o detiene el crecimiento del tumor. En muchos casos logra «matar» todas las células cancerosas, y de este modo el tumor se reduce o se elimina. La muerte de la células cancerosas no es instantánea, ocurre cuando tratan de dividirse (mitosis abortiva). Comienzan a morir a los días o semanas de ser expuestas a la radiación y siguen muriendo durante semanas o meses, en tanto que las células sanas casi siempre se recuperan.

Desafortunadamente, en el proceso muchas células sanas también son destruidas o afectadas, lo cual puede ocasionar efectos secundarios. Por tal motivo, durante el tratamiento, para proteger las células sanas, normalmente se adoptan ciertas medidas como:

Dosificación: La radiación a que se someten los tejidos tiene que ser suficiente para destruir las células cancerosas y al mismo tiempo producir el menor daño posible a las células sanas.

Fraccionamiento: El paciente recibe dosis pequeñas de radiación una vez al día, generalmente por un período de 5-8 semanas. Al fraccionar la dosis, las células normales se recuperan, en tanto que las cancerosas son destruidas.

Protección del tejido sano: Las radiaciones deben ser dirigida hacia el tumor y al mismo tiempo las zonas circundantes deben estar resguardadas «cubriéndolas» con las protecciones para que sean expuestas a la menor radiación posible.

Inmovilización del paciente: Se emplean sistemas de inmovilización e indicadores láser que aseguran que el paciente en cada sesión esté en la misma posición, de forma que se irradie siempre el tumor y mínimamente las zonas circundantes.

HISTORIA DE LA RADIOTERAPIA

El nacimiento de la radioterapia está directamente relacionado con dos grandes acontecimientos científicos que ocurrieron hace más de un siglo cuando Wilhelm Roentgen, en 1895, descubrió "un nuevo tipo de radiación" que llamó *rayos X* y Antoine Henri Becquerel, en 1896, descubrió la radiactividad.

Los rayos X fueron reconocidos inmediatamente por la comunidad médica como una nueva técnica de diagnóstico. Pronto se comprobó que también tenían efectos biológicos, ya que aparecieron zonas eritematosas y ulceraciones en la piel de los pacientes y de los operadores de los aparatos de rayos X. De este hallazgo surgió la idea de usarlos para tratar lesiones cancerosas.

A tal fin, a partir de 1897 fueron utilizados en Chicago, Hamburgo, Lyon y Estocolmo, sin embargo, los primeros resultados favorables no se obtuvieron hasta 1905, cuando se irradiaron pacientes con cáncer de piel y de cuello uterino.

RADIOTERAPIA

Para el tratamiento de lesiones neoplásicas también se comenzó a utilizar el cobalto-60. El cobalto fue descubierto en 1938 por John Livingood y Glenn Seaborg. Su nombre deriva del adoptado por los mineros del cobre de la Edad Media en Sajonia, Alemania. Estos mineros, encontraban de vez en cuando cierto mineral azul como el de una mena de cobre, pero al examinarlo no contenía cobre. Descubrieron que este mineral los hacía enfermar, pues contenía arsénico, cosa que desconocían. Por tal motivo, lo bautizaron «kobalt», nombre que las leyendas alemanas asignan a un espíritu malévolo.

En la década de 1730, un médico sueco, Jorge Brandt, empezó a interesarse por la química de este mineral. Lo calentó con carbón vegetal y lo redujo. Quedaba claro que no se trataba de hierro, puesto que al oxidarse no formaba una sustancia de tono pardorrojizo. Sin embargo, siendo una sustancia diferente al hierro era atraída por un imán. Brandt concluyó que se trataba de un nuevo metal no parecido a ninguno de los ya conocidos.

El cobalto es un metal duro, ferromagnético, blanco azulado, con número atómico 27 y símbolo químico Co. La máquina dedicada a la radioterapia que utiliza este isótopo se llamó *bomba de cobalto*. La primera fue construida en Canadá por un equipo de médicos liderado por Ivan Smith y Roy Errington y se utilizó por primera vez en un paciente en octubre de 1951.

Actualmente, la bomba de cobalto ha sido reemplazada por el acelerador lineal que produce radiación de mayor energía. Sin embargo, el tratamiento con este equipo es todavía utilizado en algunas centros.

El acelerador lineal fue desarrollado simultáneamente en USA e Inglaterra. Las investigaciones relacionadas con la aceleración de partículas empezaron a adquirir relevancia a partir de 1940 con la aparición del primer oscilador de alta frecuencia. Sin embargo, tuvieron que pasar 13 años para que se instalase el primer aparato destinado al uso médico en el Hammersmith Hospital de Londres.

El primer tratamiento de radioterapia con acelerador lineal se llevó a cabo en 1953, dos años después que se usara por primera vez la bomba de cobalto. Se utilizó un equipo de orientación fija que generaba fotones de 8 MV,

En los Estados Unidos, Henry Seymour Kaplan (1918-1984), un médico radiólogo norteamericano pionero de la radioterapia y de la radiobiología, junto al físico ucraniano-norteamericano Edward Ginzton (1915-1998), produjeron el primer acelerador lineal para uso médico. La máquina, cuyo costo fue de seis millones de dólares, fue utilizada por primera vez unos meses después que el primer modelo fuera utilizado en Inglaterra.

El paciente tratado por el Dr. Kaplan fue el niño Gordon Isaacs, quien sufría de retinoblastoma en su ojo derecho y la enfermedad amenazaba el ojo izquierdo. La históricas fotos de la figura 6.1. muestra al Dr. Kaplan y su paciente Gordon quien recibió radioterapia para tratar el cáncer de la retina. El ojo derecho de Gordon fue extirpado debido a que el tumor se había propagado, pero su ojo izquierdo que tenía un tumor localizado motivó al médico a irradiarlo con un haz de electrones. Este paciente tuvo visión normal en el ojo izquierdo hasta la edad adulta, cosa que no hubiera ocurrido de no haber recibido el tratamiento.

Kaplan se interesó por la oncología debido a que su padre murió de cáncer pulmonar, la misma enfermedad que sufrió el mismo no siendo fumador. En 1969, el Dr. Kaplan fue el primer médico en ser acreditado con el Premio del Atomo para la Paz.

Fig.6.1. El Dr. Kaplan con su equipo de radioterapia y el niño Gordon Isaacs

Es en 1922 cuando la Oncología se establece como especialidad médica, la radioterapia, al igual que el resto de las técnicas utilizadas para tratar el cáncer, han evolucionado a la par de otras disciplinas como la física, la electrónica y la informática. Ya en la década de 1970, innovaciones tecnológicas adaptaron los equipos a las necesidades clínicas, y a partir de 1990 el empleo del acelerador lineal se generalizó en los servicios de radioterapia.

Desde su inicio, los mayores esfuerzos se concentraron en obtener una mejor definición del área a irradiar. La bomba de cobalto y el acelerador lineal, utilizados a partir de mediados de los años 1950, y el desarrollo de nuevas especialidades, como la formación de médicos radioterapeuta y fisicomédico, quienes establecen los criterios para la correcta utilización de las radiaciones ionizantes, convergen en la obtención de esta meta. Además, se desarrollaron nuevas tecnologías como los sistemas electrónicos de adquisición de imagen, los sistemas de cálculo tridimensional para la distribución de la dosis; los sistemas de seguimiento de los órganos en movimiento y los módulos para radioterapia por intensidad modulada.

En 1904, ya se habían elaborado técnicas dosimétricas bastante precisas que evaluaban la relación dosis/efecto y que garantizaban la reproducibilidad de las exposiciones. Sin embargo, el descubrimiento de lesiones provocadas por la radiación llevaron a tomar algunas precauciones, y así surgió la radioprotección y la dosimetría, otra nueva disciplina encargada de velar por la seguridad de las personas y determinar la «cantidad y calidad» de las radiaciones.

TIPOS DE RADIOTERAPIA

El procedimiento para aplicar la radioterapia se planifica de acuer a la la meta del tratamiento y al tipo, extensión y lugar donde se encuentra la lesión. Los tratamientos disponibles son: la radioterapia externa, la radioterapia interna y la sistémica; un aspecto de la planificación es la selección apropiada en cada caso.

La radioterapia es externa cuando se irradia el tumor con la radiación generada por una máquina situada fuera del cuerpo del paciente. La radioterapia es interna cuando se coloca temporal o permanentemente un material radiactivo en el cuerpo del paciente en o cerca del tumor. La radioterapia es sistémica cuando se suministra una sustancia radiactiva, como un anticuerpo monoclonal radiomarcado, que circula en la sangre y se concentra en los tejidos tumorales.

RADIOTERAPIA EXTERNA

La radioterapia externa también llamada radioterapia de haz externo (EBT: External Beam Therapy), es un método utilizado con fines terapéuticos para irradiar un tumor con un haz de electrones o de fotones de alta energía. El haz, producido a distancia del paciente, es dirigido hacia el tumor desde distintas direcciones donde «deposita» su energía. Es habitualmente generado por un acelerador lineal y ocasionalmente por una bomba de cobalto.

La radioterapia es a menudo el tratamiento principal contra ciertos tipos de cáncer, tales como tumores cerebrales, de cuello, vejiga, pulmón, enfermedad de Hodgkin, mama, colorectal, próstata y muchos otros.

La radioterapia externa se puede usar para tratar grandes áreas del cuerpo o áreas limitadas, como por ejemplo el tumor principal y los ganglios linfáticos adyacentes. También se emplea para reducir el tamaño del tumor antes de la cirugía, y después de la cirugía, para prevenir que el tumor vuelva a aparecer.

La radioterapia de haz externo es frecuentemente utilizada como un tratamiento paliativo en pacientes con cáncer en estadio avanzado o cáncer que ha formado metástasis. En este caso, la terapia se utiliza para reducir los síntomas; no para curarlo.

La radioterapia externa se lleva a cabo en centros especializados, generalmente de forma ambulatoria y se aplica después de realizar una planificación rigurosa del tratamiento. Los pacientes deben acudir diariamente a recibir la dosis prescrita durante el número de sesiones establecidas en la planificación. Durante los días de tratamiento, los pacientes pueden realizar su actividades normales.

La primera fuente de radiación externa, utilizada extensamente a partir de 1951, fue la bomba de cobalto. Posteriormente, en la década de 1960, aparecieron los aceleradores lineales. La utilización de radiación de alta energía generada por estos dos equipos significó una considerable mejoría en los resultados clínicos.

Los aceleradores lineales, por razones económicas, por su versatilidad y por producir fotones de energía adecuada para el tratamiento de lesiones profundas, han sustituido casi totalmente a las unidades de cobalto. El acelerador lineal multienergético, además de producir fotones de energía dual de 6 y 10 MV, puede generar haces de electrones con energía de 6,9,12,15,18 MeV utilizados para el tratamiento de tumores superficiales.

Gracias a los progresos técnicos, la radioterapia externa es generalmente bien tolerada. Los efectos indeseables a corto y largo plazo son limitados. Un enrojecimiento localizado de la piel puede aparecer al cabo de 3 o 4 semanas y sólo en algunos casos se presentan lesiones que se circunscriben a la zona tratada.

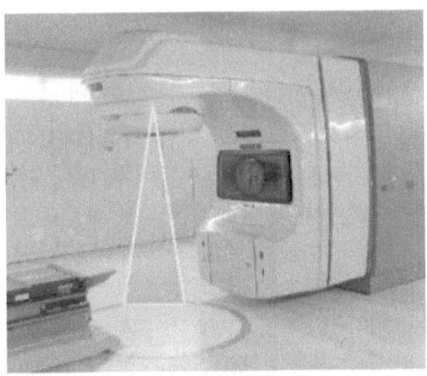

Fig.6.2. El acelerador lineal utilizado en radioterapia está montado en un brazo en C que puede girar alrededor del paciente.

RADIOTERAPIA INTERNA

La terapia interna, también llamada *braquiterapia* o *radiación por implante,* es un procedimiento en el cual un material radiactivo encapsulado es colocado dentro o en la proximidad de la zona que requiere tratamiento. El término procede del griego *brachys* que significa «corto» y fue acuñado por el radiólogo sueco Gosta Forsell (1876-1950) en 1931 para diferenciarla de la radioterapia externa.

El objetivo de la braquiterapia es administrar alta dosis de radiación mediante la colocación precisa de las fuentes de radiación directamente en el lugar del tumor. Al igual que la radioterapia externa, se puede utilizar sola o en combinación con otras terapias, como la cirugía, la radioterapia externa y la quimioterapia.

Las fuentes radiactivas utilizadas son radioisótopos de baja o moderada energía, por lo que la penetración tisular es limitada.

La radiación sólo afecta la zona localizada alrededor de las fuentes de radiación, por lo tanto la exposición de tejidos sanos alejados de la fuente es reducida. Además, si el paciente se mueve o si se produce desplazamiento del tumor, las fuentes de radiación conservan sus posiciones relativas con la zona a tratar.

El tratamiento con braquiterapia se completa en menos tiempo, con lo que se reduce la probabilidad de que las células cancerosas sobrevivan, se dividan y crezcan. Tiene el inconveniente de que sólo se puede emplear en el tratamiento de tumores pequeños y que la mayoría de veces la inserción del material radiactivo debe realizarse en el quirófano y requiere anestesia local o general.

La braquiterapia se ha venido utilizando desde 1901; comenzó cuando los esposos Curie, en 1898, aislaron una nueva sustancia radiactiva contenida en la pechblenda, a la que llamaron *radium*. Su aplicación en la clínica fue casi inmediata, principalmente en procesos oncológicos. Pierre Curie propuso al dermatólogo Henri-Alexandre Danlos (1844-1912) que insertase una fuente radiactiva en un tumor. Le cedió una pequeña cantidad de radio-226 para que fabricase aplicadores superficiales para el tratamiento de lesiones cutáneas. Posteriormente, el Dr. Danlos descubrió que cuando se insertaba una fuente radiactiva en un tumor, la radiación tenía la propiedad de reducir su tamaño. En forma independiente, el científico escocés Alexander Graham Bell (1847-1922) también sugirió usar la radiación de esta manera.

Después del interés inicial suscitado por la radioterapia interna, su uso disminuyó a causa de la exposición a que eran sometidos los operadores al manipular las fuentes radiactivas. Posteriormente, debido al desarrollo de sistemas remotos de entrega o 'afterloading' y a la utilización de nuevas fuentes radiactivas, se redujo el riesgo a la exposición para operadores y pacientes.

Estas modalidades, junto a los desarrollos recientes relativos al uso de imágenes tridimensionales, los sistemas de tratamiento de planificación computarizados y los equipos de entrega, han hecho de la braquiterapia un procedimiento seguro y efectivo para muchos tipos de cáncer.

Las fuentes de radio se utilizaron para el tratamiento de tumores desde el inicio de la braquiterapia hasta la década de 1960. El primer caso ilustrado en la literatura médica se reportó en Dublín en 1914 con el tratamiento de un sarcoma de parótida. La primera aplicación de braquiterapia endoluminal se realizó en Nueva York en 1921, cuando se introdujo gas radón en el tracto respiratorio de un paciente para tratar un carcinoma bronquial.

Desde su inicio, la braquiterapia se utilizó sin conocer exactamente su mecanismo de acción, ni la dosificación, ni las reacciones adversas. A partir de bases empíricas se profundizaron los conocimientos radiobiológicos, que junto al perfeccionamiento de los cálculos dosimétricos, minimizaron los efectos indeseables y la eficacia del método.

Después de la Segunda Guerra Mundial, la tecnología nuclear permitió la elaboración de numerosos isótopos artificiales que sustituyeron al radio-226 y al radón-222. Simultáneamente, se incorporaron al «arsenal» terapéutico otros radioelementos naturales y artificiales como el cobalto-60, y posteriormente el cesio-137 y el iridio-192, utilizados para realizar implantes removibles, y el yodo-125 para los implantes permanentes. El uso del iridio-192 en forma de hilos, que sustituyeron a las agujas de radio en la braquiterapia intersticial, fue un hecho de gran importancia en este tipo de tratamiento.

Los radioisótopos utilizados en braquiterapia deben tener alta actividad específica y no producir gases radiactivos. La actividad específica de un material radiactivo es el número de desintegraciones nucleares por unidad de tiempo y por unidad de masa de dicho material y se expresa en Ci/gr. o Bq/gr.

En todos los casos, el material radiactivo está *encapsulado*, lo que significa que no existe la posibilidad de contaminación.

Algunos de los radioisótopos utilizados son:

Radioisótopo	Vida media	Energía
Cesio-137	30,17 años	0,662 MeV
Iridio-192	74,0 días	0,38 MeV
Yodo-125	59,6 días	30 KeV promedio
Paladio-103	59,6 días	21 KeV promedio
Cobalto-60	5,26 años	1,25 MeV promedio
Rutenio-106	1,02 años	3,54 MeV

La braquiterapia se clasifica de acuerdo a: (1) la colocación de las fuentes de radiación, (2) la dosis de radiación depositada en el tumor y (3) la duración de la irradiación.

(1) COLOCACION DE LA FUENTE DE RADIACION

Los principales tipos de tratamientos en términos de la colocación de la fuente radiactiva son:

(a) Braquiterapia *intersticial* El material radiactivo se inserta directamente en el interior del tumor o en el lecho tumoral.

(b) Braquiterapia de contacto La fuente de radiación se coloca en un espacio junto al tejido a irradiar. Este espacio puede ser una cavidad corporal (braquiterapia endocavitaria) como del cérvix, el útero o la vagina; un lumen (braquiterapia endoluminal), como la tráquea o el esófago; o en el exterior (braquiterapia de contacto superficial), como la piel.

(2) DOSIS DE RADIACION DEPOSITADA EN EL TUMOR

De acuerdo a la dosis depositada en el tumor, la braquiterapia puede ser de baja, media o alta tasa.

Braquiterapia de baja tasa

En la braquiterapia de baja tasa (LDR: Low Dose Radiotherapy) los implantes se ubican y permanecen en el cuerpo por horas o días y luego se retiran. Como la dosis es pequeña, menor que 2 Gy/hora, para irradiar el tumor se requiere bastante tiempo.

A partir de los años 1960 la braquiterapia de baja tasa se utiliza extensamente. Se emplea en el tratamiento conservador del cáncer de mama, cavidad oral, canal anal, piel, pene, próstata, vejiga, etc. La mayoría de los implantes se llevan a cabo con cesio-137, iridio-192, yodo-125 y oro-198. El tumor más frecuentemente tratado con la braquiterapia endocavitaria de baja tasa ha sido el del útero con fuente de cesio-137 cuyo papel clínico está perfectamente definido.

Braquiterapia de media tasa

En la braquiterapia de tasa media (MDR: Medium Dose Radiotherapy), la dosis que se suministra está comprendida entre 2 Gy/hora y 12 Gy/hora. Para que el paciente pueda recibir la dosis adecuada debe permanecer durante varios minutos o varias horas aislado en una habitación.

Braquiterapia de alta tasa

En la braquiterapia de alta tasa (HDR: High Dose Radiotherapy) generalmente se emplea una cápsula de iridio-192 que suministra una dosis mayor que 12 Gy/hora. Las unidades de alta tasa generalmente tienen una sola fuente muy activa, de unos 10 Curie que se maneja a distancia. Frecuentemente, cada sesión dura unos 10 minutos y se programa para que la cápsula permanezca tiempos determinados en lugares preestablecidos.

(3) DURACION DE LA IRRADIACION

La fuente radiactiva puede permanecer en la zona del tumor en forma temporal o permanente.

Braquiterapia temporal

En la braquiterapia temporal, la fuente radiactiva se coloca en el tumor o cerca de él por un tiempo determinado, luego se retira. El material radiactivo está contenido en un portador pequeño llamado *implante*. Los implantes pueden ser alambres, tubos de plástico llamados *catéter*, cintas, cápsulas o semillas. La braquiterapia temporal puede ser de baja, media o alta tasa.

La fuente radioactiva se introduce en el tumor por medio de aplicadores huecos que permiten el desplazamiento de la fuente radiactiva, la cual es controlada a distancia. Existen varios tipos de aplicadores; catéter, agujas, cilindros, tubos, sistemas con balón, etc. ya que muchos de ellos son específicos para cada de intervención.

Se emplean diferentes tipos de isótopos radiactivo siendo el iridio-192 uno de los más empleados. Este isótopo, de alta actividad específica, está contenido en una pequeña cápsula de acero inoxidable de 1 x 4 mm. La cápsula esta soldada a un cable de tracción que la desplaza desde el equipo de almacenamiento a lo largo de todas las «posiciones de parada» dentro del aplicador. El desplazamiento y tiempo de permanencia de la cápsula en cada posición es controlando por un sistema remoto computarizado.

La braquiterapia temporal se emplea en tratamientos muy diverso, especialmente en tumores de próstata, ginecológicos o de mama. Frecuentemente se utiliza como tratamiento complementario a la radiación externa, a fin de administrar una dosis extra (sobreimpresión o boost) al tumor o al lecho tumoral.

En la braquiterapia temporal, ninguna de las fuentes radiactivas permanece en el cuerpo después del tratamiento, por lo tanto, al ser retiradas no existe ningún riesgo de irradiar a las personas cercanas.

Braquiterapia permanente

En la braquiterapia permanente, también llamada *implantación de semillas*, el material radiactivo previamente encapsulado se inserta en el tumor mediante un dispositivo de suministro que deja las semillas permanentemente implantadas. Tras varias semanas o meses el nivel radiactivo disminuye hasta casi desaparecer. Las semillas inactivas quedan dentro del cuerpo sin producir ningún efecto.

Al comienzo, debido a las limitaciones para distribuir las semillas, los resultados fueron inciertos. El tratamiento se realizaba sin poder monitorear ni la uniformidad de la dosis ni la extensión de la irradiación a los tejidos vecinos. A principios de los 1980 se comenzó a utilizar el ultrasonido y se diseñaron sistemas que permitían colocar las semillas con precisión milimétrica.

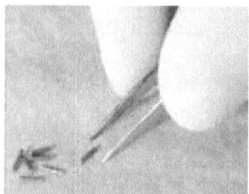
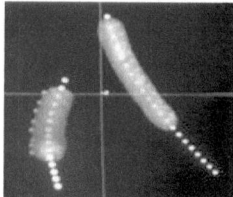

Fig.6.3. Implantes y semillas utilizados en la braquiterapia

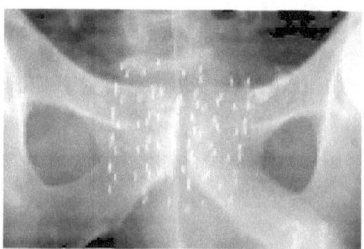

Fig.6.4. Radiografía de pelvis mostrando las semillas

Actualmente, para guiar el procedimiento de colocación de las semillas se emplea la fluoroscopia, el ultrasonido, la TC o la RMN. Posterior a la implantación, se realizan las misma pruebas para verificar su colocación exacta. El procedimiento se realiza bajo anestesia local o general. Actualmente existe la posibilidad de realizar los implante de fuentes radiactivas mediante técnicas de carga diferida y de verificar su efectividad mediante dosimetría computada.

Debido a que los radioisótopos utilizados son de baja energía, la dosis decrece rápidamente al alejarse de la semilla, de manera que el tumor recibe una dosis muy altas, en tanto que los órganos vecinos muy baja. La radiación sólo afecta los tejidos situados a unos pocos milímetros de las fuentes radiactivas. Esta característica hace que la radiación en el entorno es tan baja que no es necesario tomar medidas restrictivas para familiares y personal sanitario.

Por ofrecer excelentes resultados para tumores de próstata, el implante permanente de baja tasa con yodo-125 es muy utilizado. Se realiza en una única sesión, y a diferencia de la cirugía, la posibilidad de preservar la funcionalidad sexual es elevada, siendo muy bajas las probabilidades de causar incontinencia. El principal efecto secundario de la braquiterapia intersticial permanente en tumores de próstata es la irritación transitoria en la esfera genitouirnaria y rectal.

APLICACION DEL TRATAMIENTO

Las fuentes de radiación encapsuladas pueden ser colocadas manualmente o por medio de una técnica de colocación remota llamada *afterloading*. Debido al riesgo de exposición a la radiación para el personal, la administración manual se limita a unas pocas aplicaciones LDR.

Con los sistemas remotos no se expone el personal, ya que el material radiactivo se mantiene dentro de un blindaje. Una vez que los aplicadores están colocados en el paciente, la máquina afterloader, valiéndose de unos tubos de conexión, envía el material radiactivo a una posición precisa y predeterminada dentro del aplicador. El material radiactivo se mueve en forma programada y permanece en zonas preestablecidas el tiempo necesario obteniéndose al final la distribución de la irradiación deseada, luego es devuelto al blindaje. Durante el proceso, el personal sanitario se ausenta de la sala de tratamiento.

El paciente, después de retirarle los aplicadores se recupera rápidamente, lo que permite que el procedimiento pueda repetirse en forma ambulatoria con la frecuencia necesaria.

RADIOTERAPIA SISTEMICA

Algunos tipos de cáncer pueden tratarse ingiriendo o suministrando por vía intravenosa material radiactivo. Este tipo de tratamiento se llama *sistémico*, debido a que el medicamento no está encapsulado y se disemina por el cuerpo. Por ejemplo, al administrarse el yodo-131, este se concentra en la tiroides y se utiliza para tratar el cáncer de esta glándula; en tanto que el estroncio-89 se emplea para tratar el cáncer óseo o para aliviar el dolor producido por el cáncer que se ha diseminado a los huesos.

El cuerpo elimina estos materiales por medio de la orina, las heces, la saliva o el sudor, lo cual hace que estos fluidos sean radiactivos y deben tratarse de acuerdo a las normas radiosanitarias. Las personas que están en contacto directo con el paciente deben tomar las precauciones de radioprotección adecuadas.

BOMBA DE COBALTO

La bomba de cobalto o unidad de cobalto, es una máquina que utiliza las radiaciones emanadas de una fuente de cobalto-60 para el tratamiento de enfermedades tumorales. Se empleó extensamente en el tratamiento de diversos tipos de cáncer, bien en forma exclusiva o asociada a la cirugía y/o la quimioterapia.

El cobalto-60, se utilizó en radioterapia en sustitución del radio, por ser este elemento más costoso y por producir, al desintegrarse, un gas radiactivo, el radón, difícil de mantener encapsulado para evitar la contaminación radiactiva.

El cobalto-60 es un radioisótopo con vida media de 5,27 años, al desintegrarse producen dos rayos gamma con energía de 1,17 MeV y 1,33 MeV y radiación beta que es absorbida por el blindaje del cabezal. Después de la emisión beta se convierte en níquel-60.

La reacción nuclear es:

$$^{60}Co = {}^{60}Ni + \beta + 2\gamma$$

En la bomba de cobalto, la fuente radiactiva se aloja dentro de un tubo de plomo que evita que las radiaciones emitidas por el cobalto emerjan del aparato. El tubo de plomo tiene una ventana que «mira» hacia el colimador. Cuando se utiliza, la fuente radiactiva se desplaza hasta la ventana de donde emergen un haz de radiaciones que son dirigidas hacia zona a irradiar a través del colimador. El colimador, es una estructura de plomo interpuesta entre la fuente radioactiva y la zona a irradiar con el fin de restringir el haz a un área determinada. El plomo, debido a su alta densidad, impide que los rayos gamma que no contribuyen a irradiar el tumor no alcancen el paciente.

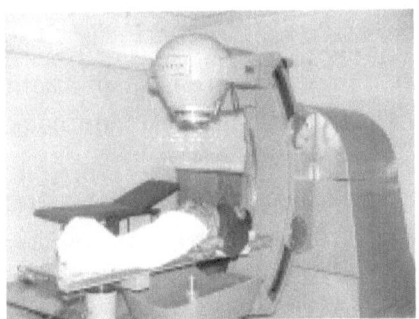 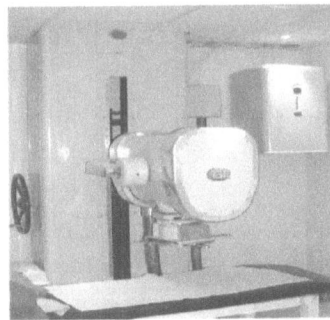

Fig.6.5. Primeras bombas de cobalto

A menos que el aparato se esté utilizando, ciertas medidas de seguridad impiden que la fuente permanezca frente a la ventana. Por ejemplo; cuando se abre la puerta de la sala de tratamiento, la fuente radiactiva automáticamente se «esconde» en el interior del tubo de plomo.

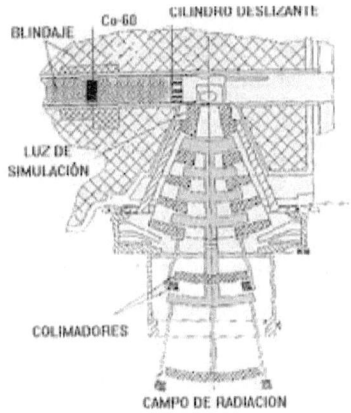

Fig.6.6. Esquema de un cabezal de la bomba de cobalto

ACELERADOR LINEAL

El acelerador lineal o LINAC (del inglés LINear ACcelerator) es una máquina maravillosa producto de la ciencia y de la tecnología del siglo veinte que ha contribuido significativamente con la investigación básica y particularmente en medicina. El acelerador lineal acelera partículas subatómicas cargadas, como electrones, positrones, protones y diferentes tipos de iones. Sin embargo, los equipos empleados para la radioterapia sólo aceleran electrones.

Se estima que la incidencia de cáncer es de 75 a 150 casos por 100.000 habitantes y que el 50% requiere en algún momento radioterapia, por lo que es necesario disponer de una máquina por cada millón de habitantes.

En la actualidad, los aceleradores lineales son capaces de generar haces de fotones y electrones, con lo cual pueden cubrir todas las necesidades de radioterapia externa. Sin embargo, la gran mayoría de los destinados a la radioterapia sólo producen haces de fotones.

El acelerador lineal se caracteriza por el tipo y número de partículas que acelera y la energía cinética que les imparte. El número de partículas da origen a una corriente eléctrica, fácil de medir. Una corriente de sólo un microamperio equivale a un flujo de $6,2 \times 10^{12}$ partículas/seg; un número muy superior a las producidas por una fuente radiactiva.

La emisión de fotones en un acelerador lineal responde al mismo principio de la producción de rayos X, con la diferencia que los electrones al chocar en el blanco poseen mucho mayor energía, normalmente comprendida entre 1,5 y 30 MeV.

La energía máxima de un fotón es limitada por la energía del electrón incidente en el ánodo, la cual es igual al voltaje aplicado al tubo. Si el tubo tiene aplicados 200 KV la máxima energía de los fotones emitidos no puede ser mayor que 200 KeV. En consecuencia, la energía de los fotones y de los rayos gamma utilizados con fines terapéuticos se expresa en kilovoltios (KV) y megavoltios (MV), en tanto que la energía de los electrones se suele expresarse en megaelectronvoltios (MeV).

El haz de radiación está formado por un espectro de fotones de diferente energía; la máxima energía es igual al producto de la tensión aplicada por la carga del electrón. La energía promedio del haz emergente es aproximadamente 1/3 de la energía máxima.

Generalmente, para mejorar la homogeneidad del espectro, se emplean filtros.

Originalmente, para obtener electrones con energía en el orden de los MeV se utilizaban campos eléctricos estáticos de varios millones de voltios y estructuras aceleradoras de varios metros de longitud, con las consiguientes dificultades tecnológicas de aislamiento y seguridad. En la actualidad, en al acelerador lineal, un campo eléctrico de unos 30 Kv asociado a una onda electromagnética de alta frecuencia, de unos 3.000 MHz, permite reducir la longitud del acelerador a aproximadamente 1 metro y obtener fotones con energía de varios MeV.

El acelerador lineal esta compuesto por una pieza fija enclavada en el piso de la sala de tratamiento y una pieza móvil, llamada gantry que rota alrededor del paciente y de donde emergen las radiaciones, una camilla y una consola de control situada fuera de la sala de tratamiento. En la pieza fija se encuentra alojada la fuente de poder, el generador de microondas y el sistema de refrigeración.

En el gantry se encuentra instalada la guía de onda aceleradora, el deflector magnético, el sistema de vacío y el cabezal (fig.6.7). Para evitar que las radiaciones dispersas puedan causar daño, el cabezal esta contenido en una camisa de material muy absorbente, generalmente plomo.

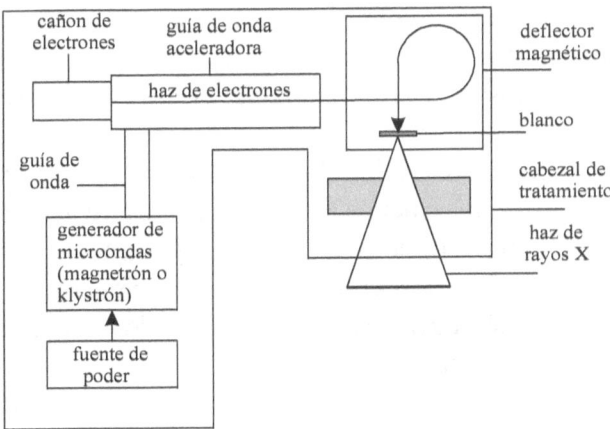

Fig.6.7. Esquema básico de un acelerador lineal

La fuente de poder suministra energía al generador de microondas, el cual está formado por un modulador que contiene un generar de pulsos utilizado para «disparar» un tiratrón. El pulso de salida del tiratrón es enviado simultáneamente al cañón electrónico y al klystron.

El Klystron es un generador de microondas; en este caso empleado para producir una onda de alta potencia que se aplica a la guía aceleradora. La onda puede ser generada por un klytron o por un magnetrón.

En la guía aceleradora se encuentra un cañón electrónico, similar al de los viejos tubos de TV, el cual produce un haz de electrones que se inyectan en un extremo de la guía. Los electrones son producidos por un filamento incandescente, controlados por una rejilla, focalizados y acelerados hasta alcanzar una energía de unos 150 KeV. Una fuente de alto voltaje, de 150 Kv, es empleada para producir la aceleración inicial de los electrones. La inyección de electrones se produce en forma pulsante y en sincronismo con la microonda.

Una guía de onda rectangular de cobre, llena con hexafluoruro de azufre, lleva la microonda producida por el klystron a la guía de onda aceleradora. El hexafluoruro de azufre o SF_6 es un gas inerte más pesado que el aire no tóxico ni inflamable. Una de sus principales características es su elevada constante dieléctrica, por lo que es frecuentemente empleado como gas aislante.

La guía de onda aceleradora es el elemento acelerador, está formada por un tubo de cobre de 1,0 a 1,5 metros la largo en el cual se mantiene alto vacío. En su interior se encuentran unos cilindros de arrastre de cobre aislados entre sí llamados *electrodos aceleradores*.

Los electrones, que se inyectan en sincronismo con la microonda, absorben energía, son acelerados a lo largo de la guía, aumentan su velocidad y su energía cinética, y emergen por una ventana de cerámica colocada al extremo opuesto de la guía de onda aceleradora. El haz de electrones que emergen de la ventana de cerámica tiene tres milímetros de diámetro y puede ser controlado a fin de adecuarlo a los condiciones del tratamiento.

De aquí en adelante se producen diferentes versiones en la construcción del acelerador lineal. Para aquel que producen radiaciones cuya energía es inferior a los 4 MV, la guía de onda aceleradora es corta y puede colocarse en forma vertical, en línea con el blanco, de forma que los fotones no se desvían de su trayectoria recta e inciden directamente sobre paciente.

Para el acelerador lineal que produce fotones de mayor energía, la guía de onda aceleradora es más larga y se coloca en forma horizontal; paralela a la mesa de tratamiento. En este caso, para que el haz de electrones puede incidir en el paciente debe ser desviado de su trayectoria recta. El haz de electrones debe seguir una trayectoria de la forma mostrada en la figura 6.7. La trayectoria curva del haz de electrones se obtiene sometiéndolo a un campo magnético, el cual es generado por las bobinas deflectoras.

(Recuérdese que es posible cambiar la dirección de los electrones, pero no es posible cambiar el curso de los fotones a menos que se disponga de una masa equivalente a la del sol o un agujero negro.)

Por esta razón, la mayor parte de los equipos tienen un dispositivo llamado deflector magnético (bending magnet) que cambia la dirección de los electrones. El ángulo de deflexión suele ser 90° or 270°. Si la deflexión es 90°, el haz se deforma y se vuelve «cromático». La cromacidad se debe al hecho de que no todos los electrones que emergen de la guía de onda tienen exactamente la misma velocidad; algunos son más rápidos y otros más lentos.

Cuando entran en el campo magnético, los electrones lentos se doblarán más de 90°, mientras que los rápidos menos de 90°, de forma que la sección del haz de electrones toma una forma oblonga. Esto produce un «espectro de electrones» y de allí el término «cromático»; término que deriva de la separación de la luz blanca en diferentes colores por medio de un prisma.

Una forma ingeniosa que minimiza este efecto consiste en «doblar» el haz 270°. Cuando esto sucede, los electrones lentos recorren un círculo de menor diámetro que los más rápidos. La combinación de menor velocidad y menor distancia recorrida por los electrones lentos, en comparación con mayor velocidad y mayor distancia recorrida por los más rápidos, hace que todos lleguen al mismo tiempo. De esta forma, el efecto cromático desaparece, y se dice que el haz de electrones es «acromático».

Los electrones que emergen del deflector magnético siguen una trayectoria recta. El primer dispositivo que encuentran en su camino puede ser unas folias dispersoras o un blanco de tungsteno. Que sea uno u otro depende del tipo de radiación qué se requiere producir. Si se requiere un haz de electrones, encuentran unas folias dispersoras cuya función es abrir el haz en abanico. Si se requieren fotones, los electrones inciden en un blanco de tungsteno, y por efecto de frenado se generan fotones con una amplia gama de energía.

Después de las folias dispersoras o el blanco de tungsteno, la radiación es detectada por cámaras de ionización que miden la intensidad del haz, la dosis y la simetría, con lo cual se controla el perfil del haz de radiación y la dosis suministrada al paciente.

Más allá de las cámaras de ionización se encuentra el colimador primario, el secundario y a veces un colimador adicional. El colimador tiene la función de dar forma al haz de radiación para adecuarla al área a irradiar. La construcción de los colimadores varía enormemente con el fabricante. El colimador primario y secundario están formados por gruesos bloques de plomo de unos 15 cm de espesor, que se mueven sobre rieles a fin de abrir o cerrar una apertura rectangular por donde emerge la radiación y un haz luminoso. El haz luminoso tiene las mismas medidas del haz de radiación; es utilizado para que el operador pueda ver proyectada sobre el cuerpo del paciente el área de radiación.

También existe un indicador óptico de distancia (ODI: optical distance indicator) utilizado para determinar la distancia desde la fuente a la piel del paciente.

La mayoría de los aceleradores lineales utilizados en medicina son isocéntricos, lo cual significa que el gantry, el colimador y la camilla rotan respecto a un punto del espacio llamado *isocentro*. El isocentro es un punto en el espacio donde se cruza el eje de giro del gantry con el del colimador y con el movimiento de la camilla. Si se sitúa el isocentro dentro del volumen a irradiar, aunque se muevan los componentes siempre se estarán «apuntando» al isocentro.

En las unidades de Co-60, el isocentro suele estar a 80 cm de la fuente, en tanto que en los aceleradores lineales a 100 cm, que es el punto focal del haz de radiación. En instrumentos modernos, la precisión del isocentro es del orden del milímetro.

HISTORIA DEL ACELERADOR LINEAL

Las primeras experiencia relacionadas con la aceleración de partículas subatómicas se efectuaron con voltaje continuo. Pronto se necesitó experimentar con velocidades comparables a la velocidad de la luz, por lo que se requerían voltajes extremadamente altos.

La producción de altos voltajes fue lograda por el generador eléctrico presentado en 1929 por el físico estadounidense Robert J. Van de Graaff en el Instituto Tecnológico de Massachussets (MIT).

El generador de Van de Graaff fue utilizado por Karl T. Compton para realizar experimentos relacionados con la física de partículas y física nuclear. En dichos experimentos las partículas cargadas aceleradas hasta adquirir gran velocidad se hacían chocar con blancos fijos.

En 1937, Van de Graaff instaló su generador en la Escuela de Medicina de Harvard, lográndose producir fotones con energía de 1 MeV en el sitio del tratamiento.

En tanto que el generador de Van de Graaff proporciona energía a las partículas en una sola etapa, el acelerador lineal suministra a las partículas pequeños incrementos de energía que se van sumando a medida que pasan a través de una secuencia de campos eléctricos alternos, con lo que se obtienen velocidades mucho mayores, sin la necesidad de emplear voltajes extremadamente altos.

Esta innovación fue presentada en 1924 por el físico sueco Gustaf Ising (1883-1960), quien propuso acelerar las partículas por medio de un campo eléctrico alterno aplicado a tubos de arrastre (drift tubes) colocados a intervalos adecuados dentro de una guía de onda aceleradora. Cuatro años más tarde, el ingeniero noruego Rolf Wideröe (1902-1996) construyó la primera máquina basada en este principio, con la que se lograba acelerar iones de potasio hasta los 50 KeV.

Las partículas eran aceleradas por un impulso de voltaje aplicado entre tubos de arrastre adyacentes. El sincronismo que debe existir entre pulso aplicado y el haz de partículas, se obtenía por medio de líneas de transmisión diseñadas para producir la demora adecuada entre la fuente del impulso y cada tubo de arrastre.

Durante la Segunda Guerra Mundial, se construyeron potentes osciladores de radio frecuencia necesarios para la operación del radar. Estos se utilizaron posteriormente en la fabricación del acelerador lineal de protones que trabajaba a la frecuencia de unos 200 MHz. El acelerador lineal de protones del Laboratorio de Berkeley, diseñado en 1946 por el físico norteamericano Luis Alvarez, tenía 875 m de largo y aceleraba estas partículas hasta alcanzar una energía de 800 MeV. El acelerador de la Universidad de Stanford, el más largo de los aceleradores lineales, mide 3.2 km y proporciona a los electrones una energía de 50 GeV. Afortunadamente, los aceleradores destinados a la radioterapia difícilmente exceden de los dos metros de longitud.

Una manera de reducir la longitud del acelerador lineal es hacer que la partícula lo recorriera varias veces de principio a fin. Esto es precisamente lo que hace el ciclotrón, un acelerador circular utilizado con otros propósitos.

El ciclotrón, que produce haces de protones, se empleó inicialmente para la investigación en el campo de la física, luego, en 1946, el Dr. Robert Wilson propuso utilizarlo para el tratamiento del cáncer. Wilson reconoció la importancia de disponer de energía altamente localizada que permite aumentar la dosis en el tumor y al mismo tiempo reducir la dosis en los tejidos sanos.

En Suecia, en la década de los años 50, la terapia fue aplicada éxitosamente, lo cual condujo a que el ciclotrón de Harvard fuera usado preferentemente para tratamientos médicos. Sin embargo, esta experiencia se vio limitada por la incapacidad de disponer de una imagen tridimensional del tumor, cuya tecnología era inexistente en esa época.

A finales de los años 1960, la firma Varian presentó el primer acelerador lineal de uso clínico, el cual muy pronto reemplazaría a la bomba de cobalto. Desde entonces se han instalado miles aceleradores lineales en hospitales y clínicas en todo el mundo. Actualmente, la unidad cuenta con una gran cantidad de accesorios como colimadores asimétricos y multiláminas, cuñas dinámicas, aplicadores para radio cirugía, sistemas de proyección tridimensional del tumor, etc.

A diferencia de la bomba de cobalto, la fuente de radiación del acelerador lineal sólo emite radiaciones cuando está en funcionamiento. Además, puede generar radiaciones de mayor energía y de diferentes intensidades, adecuadas para tratar eficientemente tumores malignos localizados en cualquier parte del cuerpo y al mismo tiempo ocasionar menos efectos secundarios.

A partir de los años 1970 surgieron aceleradores lineales que producen fotones y electrones de alta energía. Debido a que la radiación con electrones tiene bajo poder de penetración, sólo es utilizada para irradiar los tejidos superficiales, en tanto que los más profundos quedan ilesos. Por tal motivo, es empleado para tratar lesiones localizadas en la piel o ubicadas sólo a unos centímetros de profundidad.

De forma similar, la radioterapia con neutrones sólo disponible en algunos pocos centros, es utilizada para el tratamiento de tumores resistentes a la radioterapia convencional. La radiación con neutrones tiene mayor efecto biológico sobre las células, sin embargo, la radioterapia con partículas pesadas tiene uso limitado, debido a que requiere de una gran inversión y de una infraestructura muy importante en espacio y edificaciones.

PROCEDIMIENTOS DE RADIOTERAPIA EXTERNA

El oncólogo trabaja con una cifra llamada *relación terapéutica*. Esta relación compara el daño causado por las radiaciones a las células cancerosas con el daño causado a las células sanas y trata de optimizar esta relación. En el estado actual, los equipos, las técnicas de planificación del tratamiento y las innovaciones en el campo de la radioterapia externa contribuyen a mejorar el objetivo.

Hasta la década de 1980, el radioterapeuta no tenía certeza de la ubicación exacta del tumor; la planificación del tratamiento se realizaba con radiografías simples y verificaciones en dos dimensiones.

A partir de entonces, con la radioterapia conformada en tres dimensiones (RT3D) desarrollada con el apoyo de la tomografía axial computada y los sistemas de cálculo dosimétrico, se obtienen imágenes virtuales de los volúmenes a tratar, lo que permiten ubicar con mayor exactitud el tumor y concentrar mejor la dosis.

A partir de la década de 1990, otras técnicas de imagen como la resonancia magnética, la ecografía y PET, se utilizan para la planificación de la radioterapia, con las que se obtiene una delimitación más exacta del volumen tumoral.

Con la radioterapia por intensidad modulada, que es una forma más precisa de RT3D, se controla la intensidad del haz de radiación, obteniendo alta dosis en el tumor y mínima en los tejidos sanos. Para ello, se utilizan modernos aceleradores lineales con colimador multiláminas, complejos sistemas informáticos de planificación dosimétrica y verificación de la dosis.

En el siglo XXI, se han comenzado a utilizar sistemas de radioterapia 4D. Dichos sistemas corrigen las variaciones en los borde del tumor causados por los movimientos fisiológicos de los órganos, como los pulmones durante la respiración, o por la colocación del paciente en la camilla de tratamiento en las diferentes sesiones.

RADIOTERAPIA CONFORMADA EN TRES DIMENSIONES (RT3D)

En las últimas décadas, el computador se incorporó a los equipos de radioterapia y con ello los sistemas informáticos de cálculo dosimétrico y los métodos de planificación, y la obtención de imágenes virtuales de los volúmenes a tratar, lo que permiten administrar y distribuir mejor la radiación.

Los datos anatómicos se obtienen de la imagen adquirida con el paciente en la posición de tratamiento. Las imágenes tridimensionales muestran el tamaño, forma y ubicación del tumor y los órganos adyacentes. Esto permite establecer la localización de los órganos y tejidos en riesgo. Estos son tejidos sanos sensibles a la radiación situados en la vecindad de la lesión, y que mediante una planificación acertada deben excluirse del los haces de radiación.

En la planificación directa, el analista elige todos los parámetros del tratamiento, calcula la distribución de la dosis y determina su factibilidad. Algunos parámetros que intervienen son: número de haces, ángulo de incidencia, apertura del haz y energía de los fotones.

A pesar que la RT3D se ha convertido en un tratamiento generalizado, continuamente se están incorporando innovaciones técnicas. Dichas innovaciones permiten mejorar la distribución y administración de la dosis en el tumor y mayor precisión en el posicionamiento del paciente. Dos de estas mejoras son la radioterapia con intensidad modulada y la radioterapia guiada por la imagen.

RADIOTERAPIA CON INTENSIDAD MODULADA

La radioterapia de intensidad modulada (Intensity Modulated Radiation Therapy, IMRT) es una excelente innovación técnica de la radioterapia tridimensional externa de alta precisión. Utiliza aceleradores lineales controlados por computadora para administrar al tumor dosis de radiación precisas y en áreas específicas.

El haz de radiación está formado por cientos de pequeños "subhaces" de intensidad propia, que dirigidos hacia el blanco desde diferentes direcciones permiten concentrar de forma muy precisa la radiación en el tumor y minimizarla en los tejidos sanos adyacentes, de manera que pueden administrársele dosis más altas y por tanto más eficaces para la reducción de la lesión.

Los haces de radiación se producen mediante el uso de avanzados dispositivos mecánicos y complejos sistemas informáticos. El dispositivo mecánico más utilizado es el colimador multihojas o multiláminas (MLC: multi-leaf colimator) que, controlado por una computadora, da forma al haz de radiación de acuerdo al volumen a irradiar (Fig 6.8).

El gantry, al rotar ángulos fijos alrededor de paciente modifica la intensidad de cada uno de los "subhaces", los ajusta a la forma del tumor, planifica la dosis y la verifica.

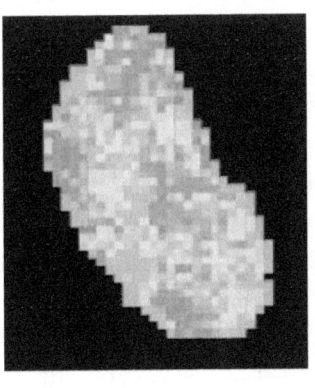 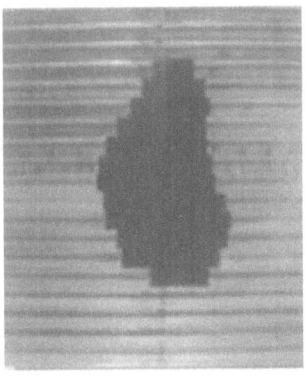

(a) (b)

Fig.6.8. (a) Ejemplo de un patrón de intensidad del haz de intensidad modulada donde las diferentes tonalidades de gris son proporcionales a la intensidad y (b) campo de tratamiento implementado con colimador multihojas

De esta forma, mediante la modulación de la intensidad del haz en varios volúmenes pequeños, la radiación se adapta con precisión a la forma tridimensional del tumor, de manera que es posible enfocar dosis más altas en regiones específicas dentro del mismo tumor.

PLANIFICACION INVERSA

La distribución de la dosis que mejor se adapta a los objetivos se obtiene mediante la planificación inversa del tratamiento. En ella, se calcula la modulación de los haces, se establece la dosis máximas y mínimas admisibles en el volumen blanco, las restricciones para los diferentes órganos de riesgo y se inicia un cálculo iterativo hasta obtener un plan óptimo.

A diferencia de otros métodos, en la planificación inversa antes de comenzar el tratamiento el médico prescribe cuáles son los resultados deseados en términos de relación dosis-volumen y la estación de trabajo IMRT converge a la solución propuesta mediante un complejo proceso de iteración.

El colimador, mediante el movimiento de las láminas controladas por computadora produce campos de intensidad radiante no homogénea. Puede tener, por ejemplo, 160 láminas que se mueven y ajustan automáticamente a la forma del tumor para cada haz de radiación y para cada paciente. El espesor de las láminas es generalmente 1 cm, sin embargo, para aumentar la precisión de los contornos especialmente para lesiones pequeñas, la tendencia es reducirlo. Actualmente los colimadores se construyen con láminas de 0,25 cm, lo que permite irradiar con mayor exactitud los contornos irregulares de los tumores. Tal exactitud, posibilita tratamientos mucho más precisos como los requeridos en la radiocirugía, radioterapia estereotáctica o radioterapia con intensidad modulada.

La delimitación exacta y la precisión de la dosis permite el tratamiento de patologías que con anterioridad no eran susceptibles de ser irradiadas, debido a la proximidad de órganos o estructuras críticas.

En los equipos que no disponen del sistema MLC, la conformación del haz de radiación se efectúa por medio de bloques colocados a mano en la boca del colimador.

El colimador mostrado en la figura 6.9. consta de dos carros opuestos formados por láminas que pueden moverse en forma independiente. El tumor y los órganos internos se «visualizan» mediante la TC, RMN o PET con lo que es posible determinar su forma, composición y zona de crecimiento, que es precisamente la que más se ataca. Una vez visualizado el tumor, las láminas se mueven para conformar el haz de radiación y con ello se logra delimitar su ubicación exacta para irradiarlo.

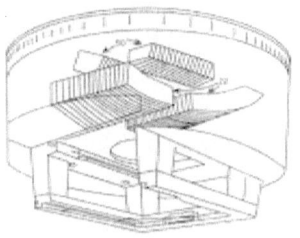

Fig.6.9. Colimador multiláminas binario o de dos capas

Otro accesorio importante es el «Dispositivo Electrónico de Imagen Portal» (EPID: Electronic Portal Imaging Device) que permite ver el campo de tratamiento en tiempo real en una pantalla tipo flat panel. Este dispositivo es una importante herramienta que facilita verificar la forma y la localización del haz con respecto a la anatomía del paciente.

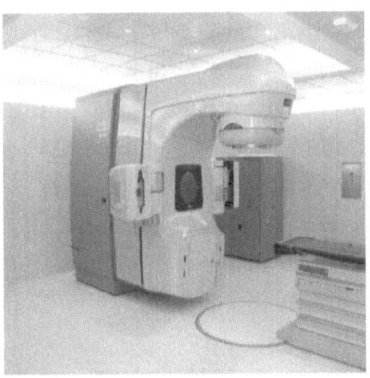 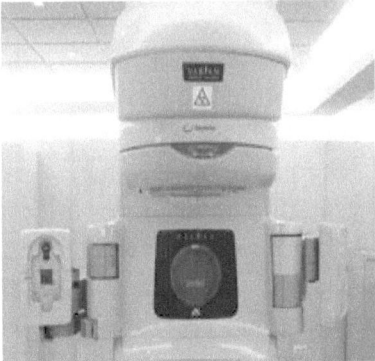

Fig.6.10. Acelerador Lineal Varian Clinac 2100 Multileaf, para el tratamientos de radioterapia tridimensional conformacional (3D) y de intensidad modulada (IMRT)

El rápido desarrollo del sistema de detección EPID, el cual incorpora una matriz de semiconductores, permite la verificación dosimétrica de los tratamientos. Ofrece mapas 2D en tiempo real de la posición del paciente y los perfiles de radiación, lo cual asegura la irradiación completa del tumor. El EPID también se emplea para medidas dosimétricas y para comprobar la uniformidad del haz. El EPID XRD-1640 de Perking-Elmer, por ejemplo, tiene un área de detección de 41x41 cm y resolución de 1024x1024 píxel.

En ciertos casos, donde el blanco a irradiar está rodeado de órganos críticos, el EPID no es adecuado. En dichas circunstancias, la localización del blanco se logra mediante la implantación de marcadores dentro del tumor, ya que las imágenes portales no permiten diferenciar los distintos tejidos blandos.

RADIOTERAPIA GUIADA POR IMAGEN

Las modalidades de radioterapia analizadas basan su acción en imágenes estáticas tomadas cuando se realiza la simulación días previos al inicio del tratamiento. Posteriormente, se procede a irradiar el tumor sin tener la posibilidad de seguir las variaciones debidas a la posición del paciente, el movimiento del blanco o la alteración de su volumen que podría producirse en los días sucesivos.

La radioterapia guiada por la imagen (IGRT: Image-Guided Radiation Therapy o Dynamic Targeting), es un procedimiento dinámico 4D que permite modificar el campo de radiación durante el transcurso del tratamiento. Con tal modificación, se logra alcanzar la totalidad de los objetivos y se evita lesionar las estructuras adyacentes sanas.

Durante o entre las fracciones del tratamiento, los tumores pueden moverse, cambiar la morfología o volumen, o el paciente puede moverse durante. Cualquier error en este sentido podría ocasionar que parte del volumen del tumor fuera subirradiado y/o que los tejidos normales adyacentes fueran sobreexpuestos.

Por estos motivos, el IGRT es ideal para tratar tumores en áreas del cuerpo propensas al movimiento como los pulmones, cuando se suministran dosis muy altas a tumores muy pequeños o cercanos a órganos muy críticos como la próstata, o los tumores en cabeza y cuello cercanos a la médula espinal.

Se verifica, por ejemplo, que debido a la respiración los tumores, especialmente los de mama o pulmón, pueden moverse de 2 a 4 cm, y por diferentes causas la próstata se desplaza hasta 2,5 cm entre sesiones de radioterapia.

Durante la terapia, la IGRT identifica las estructuras anatómicas mediante la adquisición de imágenes volumétricas, bien instalando en la misma sala de tratamiento dos unidades independientes, TAC y acelerador lineal, que emplean una mesa de tratamiento común, o utilizando la tomografía de haz cónico (TC Cone-Beam) que incorpora un sistema de imagen TAC colocado ortogonalmente en el mismo brazo del acelerador lineal, tal como se ilustra en la figura 6.11.

Con el paciente ya colocado en la posición del tratamiento, la imagen reconstruida inmediatamente antes de la terapia es comparada con las imágenes que se tomaron durante la simulación y un sistema informático calcula e implementa las correcciones de forma inmediata. Se estima que con la IGRT, el margen de error es menor de 3 mm.

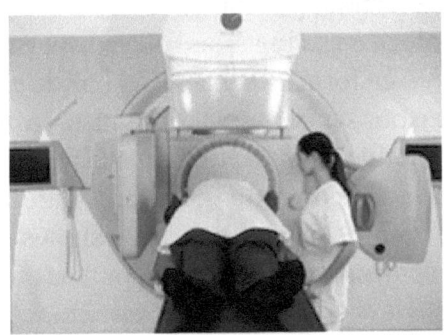

Fig.6.11. Acelerador lineal Elekta Synergy

Nuevos métodos, como el empleo de imágenes estereoscópicas obtenidas con rayos X, la verificación de la posición del paciente (PPVS: Patient Position Verification,) y la alineación in-situ del CT de haz cónico, persiguen reducir el error a menos de 0,5 mm.

La posibilidad de adaptar y dirigir el haz de radiación en función de las imágenes que se van obteniendo, causa que la dosis planificada sea muy similar a la dosis administrada, lo cual hace que el tratamiento sea óptimo y menos tóxico.

Por ser la IMRT una técnica menos sensible a las incertidumbres geométricas y por el hecho de que la dosis se conforma muy ajustada al volumen de la lesión (*PVT: Planning Target Volume*), permite irradiar con alta dosis lesiones muy cercanas a órganos de alto riesgo.

RADIOTERAPIA CON ELECTRONES

Gran parte de los aceleradores lineales son emisores de fotones, sin embargo, algunos tienen la opción de emitir un haz de electrones con fines terapéuticos. En este caso, los electrones son generados y acelerados de la misma manera, pero en lugar de hacerlos chocar contra un ánodo, este se «aparta de su camino» y se permite que el haz de electrones emerja de la unidad de radioterapia.

Cuando el acelerador lineal opera en «electron mode», usualmente se reduce la corriente de ánodo y los electrones de alta energía emergen por la ventana de salida de la guía aceleradora formando un haz de unos 3 mm de diámetro.

Para obtener un haz amplio, plano, uniforme y simétrico (electron flattening), se aparta el ánodo y el filtro aplanador del «camino de los electrones» y se coloca en su lugar las folias dispersoras (dual foil scattering) que abren en forma de abanico el haz de electrones.

Los electrones, por ser partículas cargadas, sufren una fuerte interacción con los tejidos vivos, por lo que la máxima entrega de energía ocurre en la piel o a muy poca profundidad. Su efecto terapéutico es, por tanto, específico para lesiones superficiales, salvaguardándose al mismo tiempo los tejidos más profundos.

Cuanto mayor es la energía de los electrones, mayor es su alcance terapéutico. La relación entre energía y alcance terapéutico es indicado en la tabla siguiente:

Energía (Mev)	Alcance (cm)
6	2
9	3
12	4
16	5,5
20	7

El acelerador lineal «Varian Clinac 1800», por ejemplo, suministra redacciones con las siguientes características:

1.- Fotones de 6 MV con dosis de radiación de 50-250 MU/min
2.- Fotones de 18 MV con dosis de radiación de 80-400 MU/min
3.- Radiación de electrones con 4, 9, 12, 16 y 20 MeV con dosis de radiación de 80-400 MU/min.

Existe un amplio espectro de tumores y lesiones que, por su localización cerca de la superficie, son aptas para ser tratados mediante radioterapia con electrones. La dosis óptima se establece para cada patología.

Cualquier tumor con profundidad menor de unos 7 cm puede ser considerado superficial. Un grupo lo componen los tumores superficiales de cabeza y cuello, que incluyen parótidas, tumores nasofaríngeos, glándulas salivares, oído, lengua, adenopatías cervicales o supraclaviculares, etc. lesiones de la pared costal, lesiones cutáneas o subcutáneas ubicadas delante de órganos o tejidos críticos, recidivas cutáneas de cáncer de mama posmastectomía, micosis fungoides y tumores extensos de la piel entre otros.

Una innovación tecnológica reciente es la Radioterapia IntraOperativa (RIO) (IntraOperative Radiation Theraphy, IORT) Con esta terapia, en la misma mesa de operaciones después de la remoción de la masa neoplásica, se suministra en el lecho del tumor una única dosis de radiación con electrones. El tratamiento se efectúa con un acelerador línea móvil, adecuado a las necesidades de la cirugía oncológica.

TOMOTERAPIA HELICOIDAL

La tomoterapia helicoidal (TH) es un sistema que integra en el mismo equipo la posibilidad de planificar y administrar el tratamiento, verificar la posición del paciente y del volumen del tumor a irradiar

Con la terapia helicoidal se logra irradiar el tumor con una precisión y seguridad imposible de obtener con los aceleradores convencionales. Además, a diferencia de lo que sucede con otras técnicas en las que cada tumor tiene que ser tratado en forma independiente, con la tomoterapia helicoidal el tratamiento se puede planificar, verificar y ejecutar para cada uno de los tumores en la misma sesión, reduciéndose el tiempo de tratamiento a menos de la mitad. Esta versatilidad, permite incluso considerar la tomoterapia helicoidal como una alternativa en cuanto tratamiento de rescate en recidivas tumorales en áreas previamente irradiadas.

La tomoterapia helicoidal se comenzó a desarrollar en la Universidad de Wisconsin-Madison por el profesor Thomas Rockwell Mackie, y Paul Reckwerdt en al año 1993. El primer paciente se trató en el 2002. El equipo lo comercializó *Tomotherapy Inc*.con el nombre de *Tomo Therapy Highly Integrated Adaptive Radiotherapy (HI-ART)* que puede describirse como una única unidad funcional de tratamiento e imagen que combina un acelerador lineal de 6 MV instalado en un *gantry* anular que rota alrededor del paciente guiado por un CT helicoidal.

La utilización del acelerador lineal como fuente de rayos X de baja energía genera una tomo imagen que permite, antes del tratamiento, la localización exacta del volumen tumoral. La utilización del mismo haz para obtener la radiografía y para el tratamiento, asegura que la tomoimagen coincida exactamente con el volumen a irradiar. Este hecho permite verificar, en tiempo real, que la posición del paciente es la correcta y además facilita adoptar las correcciones de acuerdo a posibles modificaciones en morfología, tamaño y movilidad del tumor que pudiera ocurrir durante el tratamiento.

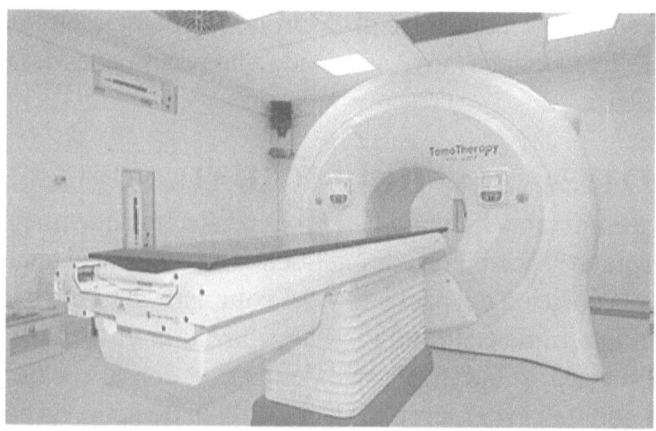

Fig.6.12. Equipo de tomoterapia Hi-Art

Estos comprobaciones en tiempo real son posibles debido a que la TAC genera imágenes cada 5 segundos, lo que permite, además, discriminar claramente las distintas estructuras anatómicas como la grasa, el pulmón, los músculos o los huesos.

Durante el tratamiento, el generador rota alrededor del paciente a velocidad constante suministrando radiación de intensidad modulada mediante un haz en forma de abanico. El haz en abanico es generado en forma continua por un acelerador lineal instalado en el gantry. Mientras el haz gira, la mesa de tratamiento desplaza el paciente de forma que el haz irradie el volumen completo del tumor. Una vez terminada la irradiación el proceso se detiene.

El colimador primario, formado por un sistema de mandíbulas independientes, conforma el haz rotatorio con espesor de 1 a 5 cm. El haz se modula mediante un colimador multiláminas, compuesto por 64 hojas cuyo espesor es de 6,25 mm en isocentro. Las hojas operan en forma binaria; completamente abiertas o completamente cerradas. El tiempo de apertura/cierre de las láminas es de unos 50 ms. La modulación de intensidad se obtiene variando el tiempo en que cada lámina permanece abierta, con lo que se definen pequeños haces individuales llamados *beamlets*. Varios miles de beamlets son utilizados en cada tratamiento, obteniéndose así un alto índice de conformación geométrica ajustado a las diferentes morfologías de los volúmenes tumorales. La distribución homogénea y la alta dosis de irradiación hace que la eficiencia del tratamiento sea de excelente calidad.

La distancia de la fuente de radiación al eje de rotación es de 85 cm, lo que permite irradiar un volumen cilíndrico de 40 cm de diámetro por 160 cm de longitud con una dosis de 850 cGy/minuto. La dosis en el blanco la calcula un sistema informático mediante el procedimiento llamado *convolución/superposición*.

La integración del acelerador lineal en el gantry anular proporciona las siguientes ventajas:
- El centro geométrico del tumor o isocentro se localiza con una precisión del orden de las décimas de milímetro, que en tanto que con el acelerador convencional la precisión es de aproximadamente un milímetro.
- La fuente de rayos X utilizada para generar la imagen es la misma que produce el haz de tratamiento.
- Para producir la imagen tomográfica se requiere una dosis de radiación de apenas 0,5 - 1,5 cGy, muy inferior a la utilizada por la TAC convencional.

La tomoterapia helicoidal permite irradiar tumores imposibles de tratar por medio de la radioterapia convencional como los muy cercanos a órganos vitales y los agresivos que han vuelto a aparecer después de haber sido tratados.

RADIOCIRUGIA ESTEREOTACTICA

La radiocirugía estereotáctica o estereotáxica (SRS: Stereotactic Radio Surgery), es una forma de radioterapia externa sumamente precisa. Se emplea principalmente para tratar pequeñas lesiones bien definidas, malignas o benignas, no mayores de 3 cm localizados en el cerebro a las que se le suministra una única dosis muy alta de radiación.

El término «estereotáctico» se refiere a la localización tridimensional de un punto en el espacio determinado por las coordenadas x, y, z referidas a un punto externo fijo. El punto externo normalmente contiene marcadores visibles a los rayos X.

A pesar de su nombre, la radiocirugía estereotáctica no es un acto quirúrgico, sino un procedimiento que emplea múltiples haces de radiación que convergen en un volumen pequeño donde la liberación la energía ejerce efectos terapéuticos.

A fin de poder lograr un abordaje radioquirúrgico preciso, antes de comenzar la terapia se estudian las imágenes digitales obtenidas por TC y RMN en los tres planos del espacio, se localiza el tumor y sus delimitaciones, y posteriormente con ayuda de los físicos médicos, se planifica el tratamiento.

Si bien la radiocirugía estereotáctica a menudo se completa en una sesión, a veces se realiza en múltiples sesiones, especialmente para tumores de más de una pulgada de diámetro. En este caso, el procedimiento se refiere como *radioterapia estereotáctica fraccionada,* con la que se obtienen mejores resultados y se reducen los efectos secundarios.

La radiocirugía estereotáctica extracraneal es una técnica que permite tratar lesiones que están fuera del sistema nervioso central, entregando la dosis prescrita en unas pocas sesiones con precisión submilimétrica.

Puesto que la cirugía puede ser aplicada en regiones como el tórax, abdomen o la pelvis, donde los movimientos involuntarios y los causados por la respiración del paciente pudieran hacer variar la localización exacta del tumor, es necesario el uso de tomógrafos con software 4D, es decir, aquellos con capacidad de detectar movimiento, tanto en el momento del barrido inicial, como durante el tratamiento. A veces es necesario que el equipo emisor de radiaciones cuente con un sistema de sincronismo (gating). El sincronismo se refiera a que la adquisición de la imagen se inicia en sincronismo con el movimiento, especialmente con el movimiento cardíaco o respiratorio.

La radiocirugía es una técnica incruenta, poco agresiva y que no requiere hospitalización. Representa una alternativa importante a la cirugía invasiva, especialmente para pacientes que no pueden someterse a este tratamiento por razones de edad, condiciones físicas o debido a que los tumores son difíciles de alcanzar o están cerca de órganos vitales.

La radiocirugía se ha utilizado en decenas de miles de pacientes obteniéndose, con mínimas complicaciones, resultados homogéneos con una tasa de éxito a largo plazo superior a la de los métodos convencionales. Durante todo el procedimiento el paciente permanece consciente y puede comunicarse con el equipo quirúrgico por medio de un sistema cerrado de TV.

Puesto que los requerimientos de hospitalización son mínimos, los costos se reducen en un 25%. Habitualmente, el paciente puede volver a su estilo de vida preoperatoria al día siguiente de la cirugía. Por estos motivos, su uso se ha generalizado y actualmente se emplean centenares unidades en todo el mundo.

Los procedimientos radioquirúrgicos se iniciaron en 1949 cuando el neurocirujano Lars Leksell y el radiobiólogo Börje Larsson, en el Instituto Karolinska en Suecia, descubrieron que mediante la administración de una dosis única de radiación era posible exterminar en forma exitosa prácticamente cualquier estructura cerebral profundamente situada sin riesgo de hemorragia o infección.

El término *radiocirugía* fue acuñado por ellos para describir el proceso de destrucción de un blanco intracerebral localizado estereotáxicamente, por medio de haces convergentes de radiaciones ionizantes. Iniciaron sus investigaciones básica utilizando rayos X de baja energía en animales y posteriormente en humanos.

En 1955, en Berkeley, California, John Lawrence y Cornelius Tobias, aplicando el mismo principio geométrico de haces convergentes propuesto por Leksell, utilizaron un ciclotrón que generaba haces de protones para irradiar el blanco.

En 1967, Leksell desarrolló y construyó la *Gamma-unit*; el primer equipo dedicado exclusivamente a la radiocirugía cerebral. Contenía 179 pequeñas fuentes de cobalto colimadas de tal forma que permitía dirigir la radiación gamma hacia un punto central llamado *punto focal*. Tenía dos niveles de colimación, uno fijo adyacente a las fuentes y otro formado por colimadores circulares de 4, 8, 14 o 18 mm de diámetro.

La colimación precisa y la exacta ubicación del blanco se combinan para irradiar el punto focal con dosis suficiente para dañar el tejido tumoral y la reducción abrupta de la dosis en su periferia ocasiona mínima irradiación al tejido circundante. El primer tratamiento con esta unidad, instalada en el Sofiahemmet de Estocolmo, se llevó a cabo en octubre de 1967.

En 1981, el profesor argentino Osvaldo Betti realizó la primera radiocirugía utilizando un acelerador lineal. Lo instaló en Buenos Aires, en el *Hospital Privado Antártica*, donde inicio un largo período de tratamientos radioquirúrgicos. Logró un convenio con la *Securuté Sociale Francaise,* a través del cual trató a sesenta enfermos en Buenos Aires. En 1986, envió a Francia un equipo de radiocirugía, con el que se iniciaron los tratamientos radioquirúrgicos en ese país. Paralelamente, en 1982, se produjeron procedimientos similares llevados a cabo por el Dr. Federico Colombo en Vicenza, Italia, y por el Dr. Sturm en Heidelberg, Alemania.

El acelerador línea ha reemplazado el bisturí gamma debido a que cuesta la tercera parte y no ocasiona los gastos de reemplazo de las fuente radiactiva. Mientras la unidad gamma produce radiaciones de unos 1,25 MeV, el acelerador lineal entrega fotones cuya energía puede ajustarse, aunque por lo general se utilizan fotones de 6 MV.

En 1992, Varian Medical Systems de Palo Alto, California, presentó un acelerador lineal, el 600SR Clinac, diseñado especialmente para radiocirugía estereotáctica. Este equipo, para compensar por el movimiento del tumor durante el tratamiento, incorpora el sistema de radioterapia guiada por imágenes de alta precisión y con sincronización respiratoria.

En el sistema radioquirúrgico implementado con un acelerador lineal, un haz colimado de fotones de alta energía es enfocado en el volumen de la lesión intracraneal localizada estereotáxicamente. El gantry rota alrededor del paciente, describiendo un arco y suministrando haces de radiación desde distintos ángulos al volumen seleccionado. La mesa con el paciente rota en el plano horizontal y el gantry describe otro arco. El proceso se repite de manera que se producen múltiples arcos no coplanares de radiación, todos enfocados en el volumen de la lesión. Debido a esta geometría, se asegura que la dosis de radiación recibida por el blanco sea mucho mayor que la recibida por el tejido circundante.

La mesa de tratamiento se mueve respecto a la máquina en incrementos submilimétricos, para lo cual se utiliza una tecnología robótica avanzada. El LINAC–Varian / Brainlanb 2001, por ejemplo, produce haces de fotones de 6 MV con precisión geométrica para un punto dado dentro del sistema estereotáxico de 0.1 a 0,3 mm.

La radiocirugía con partículas pesadas irradia protones, neutrones o núcleos de helio, pero generalmente se emplean protones generados por un ciclotrón. Los protones son partículas subatómicas con carga positiva y masa unas 1800 veces mayor que el electrón. Los protones interactúan con el tumor de la misma manera que los fotones y electrones, aunque tienen un mejor rendimiento dosimétrico. Se estima que la terapia de iones pesados, que se comenzó a utilizar en 1970, destruye el 100% de las células malignas en división, si el tumor se irradia con una dosis de sólo 2 Gy.

Mientras que los fotones liberan su energía en forma continua a lo largo de su recorrido, los iones pesados, una vez que ingresan en el tejido, entregan la mayor parte de su energía al final de su recorrido; en una pequeña región del espacio conocida como pico de Bragg. Esta propiedad, detectada por William H.Bragg en 1903, representa una gran ventaja, pues permite entregar la energía mayoritariamente en el volumen del tumor y proteger los tejidos sanos que le rodean. La profundidad del pico de Bragg en el tejido blando depende de la energía del haz; a más energía más profundidad de entrega.

En la planificación del tratamiento y en el cálculo tridimensional de la distribución de energía depositada en el cuerpo de cada paciente intervienen computadores de alta velocidad, por lo que el error humano se reduce. La radiocirugía con partículas pesadas tiene un uso limitado debido al elevado costo del acelerador y de la infraestructura necesaria para garantizar seguridad radiológica.

CONCEPTOS FISICOS

Transferencia lineal de energía

La transferencia lineal de energía (TLE) es la cantidad de energía depositada en el tejido por un determinado tipo de radiación. A mayor energía depositada, mayor es el número de células que mueren por dosis de radioterapia. Tipos diferentes de radiación tienen niveles diferentes de transferencia lineal de energía. Los rayos X, los rayos gamma y electrones son de baja TLE en tanto que la radiación de neutrones e iones pesados son de alta TLE. Debido al costo del equipo y el grado de especialización que se necesita para realizar la radioterapia de alta TLE, su uso está restringido a unos pocos establecimientos.

Dosis de radiación

Es la cantidad de radiación absorbida por los tejidos. Antes de 1985, la dosis se medía en "rad" (*radiation absorbed dose*). Actualmente, la unidad de absorción es el "gray", que se abrevia "Gy". Un Gy es igual a la absorción de un Julio por kilogramo (1 J/Kg). Un Gy equivale a 100 rads y un centigray, abreviado cGy, es equivalente a un rad.

La tolerancia de los tejidos a la radiación se mide en cGy. El hígado, por ejemplo, tolera una dosis máxima de 3000 cGy, en tanto que los riñones sólo toleran 1800 cGy. Generalmente, durante el tratamiento la dosis total de radiación se divide en dosis diarias, llamadas *fracciones*, que se administran durante un periodo específico. Con esta práctica se maximiza la destrucción de las células malignas mientras que se reduce el daño causado al tejido sano.

La supervivencia de las células cancerosas no sólo depende de su tipo sino también de la fase en que se encuentra. Para conseguir la curación de un tumor es necesario que no sobreviva ninguna célula cancerosa.

Fraccionamiento estándar.

En la mayoría de los tumores se obtiene mejor índice terapéutico si la dosis se fracciona y se suministra de 180-200 cGy/día durante

5 días a la semana y el tratamiento dura de 5 a 8 semanas, con lo que se suministra una dosis total entre 50 y 70 Gy

Unidad de Monitor

La dosis suministrada al paciente por medio de la radioterapia externa es un parámetro dosimétrico muy importante, ya que la tasa de radiación a que se expone el volumen de tejido a tratar debe ser lo más exacta posible. En el caso de aceleradores lineales la tasa de irradiación varía con el equipo, por lo tanto, para garantizar la máxima precisión en la dosis a depositar en los tejidos expuestos, no se habla de tiempo de irradiación sino de unidades de monitor.

La unidad de monitor (MU; Monitor Unit) es la medida de la energía que suministra un determinado equipo de radioterapia.

Los equipos de radioterapia están calibrados de forma que una unidad de monitor deposita una dosis de 1 cGy distribuida en un campo de 10x10 cm perpendicular al eje de radiación, situado a 100 cm de la fuente. La unidades de monitor no son traducibles a segundos sino que son propias de cada aparato y es un número entero que varia entre 100 y 500 MU.

En el caso de las bombas de cobalto, como la energía de irradiación es conocida, la dosis es proporcional al tiempo de exposición, por lo cual el tiempo de tratamiento se expresa en segundos.

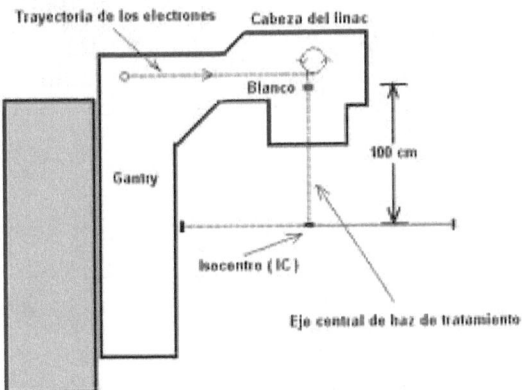

Fig.6.13. Trayectoria de los electrones y distancia de la fuente al isocentro

Isocentro:
Es el punto en torno al cual gira el origen de la irradiación.
Distancia de la fuente al isocentro
Distancia de la fuente al isocentro (SAD: Source to Axis Distance) en los aceleradores lineales es de 100 cm y en las bombas de cobalto suele ser 80 cm.
Boost o sobreimpresión
Durante el tratamiento con radioterapia hay regiones en las que es conveniente suministrar una dosis más alta que el entorno. La dosis extra de radiaciones suele administrarse en las últimas sesiones.

PREPARACION PARA LA RADIOTERAPIA

El procedimiento a seguir para administrar radioterapia con haz externo comprende:
- Simulación
- Planificación
- Administración del tratamiento

SIMULACION

Debido a que existen varios tipos de radiaciones y formas de administrarlas, el tratamiento a que se somete cada paciente debe ser cuidadosamente planificado. Con la planificación se determina la mejor forma de eliminar la células malignas alterando lo menos posible las células sanas. Si se opta por la radiación externa, el físico médico y el oncólogo radioterapeuta utiliza un proceso llamado *simulación* y para implementar las simulación se emplea un simulador.

Generalmente el simulador está formado por un equipo de rayos X o un tomógrafo, los cuales permiten la reconstrucción digital del tumor y de los órganos a proteger.

Antes de comenzar las sesiones diarias se establecen las condiciones del tratamiento, se determina la posición del paciente durante la irradiación, se precisan las referencias anatómicas y se configura el campo de irradiación.

Para realizar la simulación, se procede a colocar e paciente en la camilla de tratamiento en una posición cómoda y reproducible que será utilizada diariamente durante las sesiones. La posición depende de la localización de la lesión y de la precisión requerida.

Para ayudar al paciente a permanecer inmóvil y en una posición específica, el radioterapeuta puede crear moldes del cuerpo, como mascarillas termoplásticas, utilizar almohadones, planos inclinados u otros dispositivos ordinariamente construidos con espuma, plástico o yeso, y para proteger los órganos y tejidos cercanos a la lesión utiliza blindajes. Luego, con el paciente en posición de tratamiento, el radioterapeuta procede a tomar imágenes del área de la terapia, traza pequeñas marcas en la piel del paciente, que son las referencias anatómicas que le sirven de guía para las sesiones sucesivas. Si el paciente ha sido sometido a un procedimiento quirúrgico, a veces el cirujano considera conveniente colocar semillas marcadoras en el tumor u órgano a fin de localizar la lesión con exactitud.

PLANIFICACION

Una vez colocado el paciente en la posición de tratamiento y en condición de inmovilización se realiza un TC de planificación, con el que se adquieren las imágenes que son enviadas a un computador para la programación virtual del tratamiento. La planificación auxiliada por sistemas computados modelan las fuentes y los haces de radiación. Determinan también la energía de los fotones, los ángulos de giro del cabezal del acelerador, la forma de administrar la dosis, cuántas sesiones se deben realizar y el número de campos de radiación, que habitualmente son de dos a cuatro.

Una vez definidos los campos y los haces de radiación, con la ayuda de un modelo tridimensional de la lesión se calcula la distribución de la dosis. La exactitud del cálculo depende de la exactitud con que se hayan modelado los haces de radiación, la anatomía del paciente y la eficiencia con que el físico médico maneja el algoritmo y el programa de cálculo.

Generalmente se generan varias alternativas de tratamiento, de forma que el equipo radioterapéutico pueda seleccionar la que presente una mejor distribución, máxima dosis de irradiación en el tumor y mínima en las estructuras adyacentes.

La radiación se puede administrar desde cualquier ángulo rotando el gantry y moviendo la camilla de tratamiento que puede desplazarse en todas direcciones.

ADMINISTRACION

La irradiación del tumor se inicia después de concluida la fase de simulación y planificación. Antes de comenzar cada sesión, el radioterapeuta, utilizando los mismos dispositivos de inmovilización, coloca al paciente en la camilla de tratamiento, exactamente en la misma posición usada para la simulación. Para colocar el paciente utiliza unos rayos láser de alineación y las marcas que hizo en la piel del paciente durante la simulación. Luego, el terapeuta abandona la sala de tratamiento, cierra la puerta de seguridad y desde fuera enciende el acelerador lineal.

El diagnóstico determina la duración del tratamiento y la dosis diaria. Ocasionalmente los tratamientos se dan dos veces al día. El tumor generalmente se irradia desde una o más direcciones y cada periodo de irradiación puede durar algunos minutos.

En condiciones ideales, el acelerador lineal tiene capacidad para atender unos cuatro pacientes por hora; el tiempo de tratamiento por pacientes es de unos pocos minutos, el resto transcurre configurando la máquina, ubicando el paciente en la camilla y colocando los blindajes que protejen los tejidos cercanos a la zona de irradiación. El tratamiento con radioterapia es indoloro y el paciente no percibe sensación alguna.

EFECTOS SECUNDARIOS DE LA RADIOTERAPIA

Generalmente la radioterapia es muy bien tolerada, sin embargo, debido a la alta dosis de radiación a que se somete el paciente, a veces se generan efectos secundarios causados por el daño que sufren las células sanas en el área de tratamiento. Los efectos secundarios varían con cada paciente; mientras algunos no son afectados otros si lo son, y ocasionalmente puede ser necesario suspender temporalmente la terapia.

Los efectos secundarios tienden a ser más marcados si el paciente recibe quimioterapia antes, durante o después de la radioterapia.

Las reacciones más frecuentes son fatiga y cambios en la piel, en tanto que otras reacciones son específicas y sus manifestación depende de la parte del cuerpo que se ha irradiado. Generalmente, los cambios en la piel se produce en aquella área donde el haz de radiación penetra en el cuerpo. En dicha área se lesionan las células de la piel, por lo que es necesario recurrir a medicamentos que ayuden a aliviar los síntomas y a propiciar su recuperación. Estos cambios pueden incluir sequedad, prurito, cambio de pigmentación, enrojecimiento o quemaduras y ampollas. Según la parte del cuerpo en la que esté recibiendo el tratamiento, también es posible padecer de diarrea, caída del cabello en el área tratada, cambios en la boca, náuseas y vómitos, trastornos sexuales, dificultad para tragar, cambios urinarios y en la vejiga.

Los efectos secundarios inmediatos pueden desaparecer en uno o dos meses, sin embargo, los efectos secundarios tardíos pueden aparecer unos seis meses después de terminada la radioterapia, y las secuelas dependen de la cantidad de radiación recibida y de la parte del cuerpo que estuvo expuesta. Los efectos secundarios tardíos pueden incluir, infertilidad, cambios en las articulaciones, como los codos y las rodillas, linfadema, cambios en la boca y cáncer secundario.

FUNDAMENTOS FISICOS DE LA ACELERACION LINEAL

Una partícula cargada situada en un campo eléctrico «V», experimenta una fuerza «F» igual al producto de su carga por la intensidad del campo eléctrico

$$F = q \cdot V$$

donde: $q = ze$

$z = 1,2,3,....$

e = carga del electrón

Si el campo es uniforme, la fuerza es constante y también lo es la aceleración ($a = qV/m$) donde «m» representa la masa de la partícula.

La energía se expresa en ergios o julios, sin embargo, para cuantificar la energía de partículas aceleradas es conveniente usar el electronvoltio (eV), debido a que la energía expresada en esta forma es numéricamente igual al voltaje. El eV es una unidad cuyo valor es 1.602×10^{-19} J.

Considérese un tubo al vacío con dos electrodos separados 1 cm a los que se le aplica una diferencia de potencial de 1 voltio. Un electrón libre situado en el electrodo negativo será atraído por el electrodo positivo; el campo eléctrico de 1 v/cm ejerce sobre él una fuerza que lo acelera y le imparte una energía cinética de 1 eV.

Así, el electronvoltio es la cantidad de energía cinética que adquiere un electrón libre cuando es acelerado por una campo cuya diferencia de potencial es 1 voltio. Si la diferencia de potencial entre los electrodos fuera 12 voltios, la energía impartida a los electrones sería 12 eV.

Para obtener un haz de electrones en forma continua, en lugar de acelerar un solo electrón se podría utilizar como cátodo un filamento incandescente que los produce.

Los aceleradores de electrones que utilizan un filamento incandescente y un ánodo a los que se les aplica voltaje continuo son los *aceleradores electromagnéticos estacionarios*, los cuales incluyen el tubos de rayos catódicos y el tubos de rayos X.

Si el ánodo se construye con un pequeño orificio, se consigue extraer los electrones que lo atraviesan. Si no existe ese orificio y la diferencia de potencial es elevada, los electrones chocan con el ánodo con suficiente energía y generan fotones o rayos X.

Para una aceleración del orden de los MeV, se utiliza el generador de Van de Graaff; que es una máquina diseñada para producir voltajes del orden de algunos millones de voltios. Sin embargo, el empleo de voltajes tan altos crean problemas de generación, aislamiento y descargas eléctricas.

Este inconveniente es superado mediante el empleo del acelerador lineal, el cual permite obtener electrones con energía de muchos millones de electronvoltios sin la necesidad de emplear tensiones tan elevadas. En tanto que el generador de Van de Graaff proporciona energía a la partícula en una sola etapa, el acelerador lineal suministra energía a la partícula por etapas y en pequeñas cantidades que se van sumando.

El elemento fundamental del acelerador lineal es una estructura metálica cilíndrica llamada *guía aceleradora*, en la cual se imparte energía cinética a electrones u otras partículas cargadas. La longitud de guía aceleradora depende de las aplicaciones, si se aceleran electrones para la producción de fotones destinados a aplicaciones médicas, su longitud es de 0,5 a 2 metros.

La guía contiene un conjunto de cilindros llamados *electrodos de aceleración*, aislados eléctricamente y al vacío, separados por un pequeño espacio interelectródico o gap, todos en línea y todos con un pequeño orificio. A los electrodos de aceleración se les aplica un campo eléctrico alterno y la forma de aplicarlo se muestra en la figura 6.14.

Los electrones emitidos por el cañón son atraídos y acelerados hacia el primer electrodo debido a que en ese instante tiene polaridad positiva. Justo cuando los electrones salen del primer electrodo la polaridad se invierte, de forma que en ese momento el primer electrodo los repele acelerándolos hacia el segundo electrodo. El segundo electrodo, por tener en ese instante polaridad positiva, los atrae. Los electrones pasan por el segundo electrodo y el proceso se repite en cada gap hasta que alcanzan el blanco.

El voltaje alterno que alimenta los electrodos es tal que en el momento que los electrones abandonan un electrodo son repelidos por este y al mismo tiempo son atraídos por el electrodo siguiente, de forma que los electrones son acelerados sólo cuando recorren el espacio interelectródico, en tanto que su velocidad es constante mientras los atraviesan. Si se dispone de suficientes electrodos la energía cinética de los electrones va incrementado en «saltos» cada vez que recorren un gap.

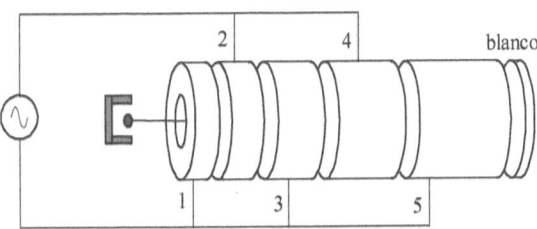

Fig.6.14. Disposición de los electrodos de aceleración dentro de la guía aceleradora

Para mantener el haz de electrones a lo largo de su recorrido confinado en el centro de la guía aceleradora, dentro de la guía se colocan lentes electrostáticos y magnéticos.

Debido a la alta velocidad de las partículas, el tiempo que demoran a atravesar los electrodos es muy pequeño, por lo que la velocidad de inversión de los campos eléctricos es tan alta que deben operar a frecuencias de microondas. La microonda es generada por un klystron o un magnetrón, es transportada por una guía de ondas e «inyectada» a la guía aceleradora a través de una ventana.

El klystron y el magnetrón son tubos al vacío que generan microondas de alta potencia, las cuales son utilizadas para impulsar el haz de electrones dentro de la guía aceleradora. Un klystron, que es utilizado por el acelerador lineal de uso médico es el VK8 8252 de Varian, tiene 5 cavidades y emplea modulación de pulsos por cátodo. La frecuencia media de salida es de 2,856 GHz, lo que corresponde a una longitud de onda de unos 10 cm, y ancho de banda de sólo 5 MHz.

El desarrollo del acelerador lineal moderno no hubiera sido posible sin el empleo de los generadores de microondas. El Klystron fue inventado por los hermanos Russell y Sigurd Varian de la Universidad de Stanford, quienes terminaron el prototipo en 1937. Su publicación, en 1939, influyó rápidamente en los proyectos en marcha relacionados con el radar que se desarrollaba USA e Inglaterra. Los hermanos crearon la empresa Varian Associates, la cual comercializó la tecnología para fabricar, por ejemplo, un acelerador lineal pequeño que producía fotones adecuados para la radioterapia.

El magnetrón fue desarrollado hacia el final de los años 1930 con el fin de alimentar el radar con una fuente radioeléctrica de varios cientos de vatios y con frecuencia elevada, que para la época era de 300 MHz a 3 GHz. Fue inventado en 1924, en forma independiente, por el físico checo August Zaker (1886–1961) y el físico alemán Erich Habann (1892–1968).

El tiempo que demora una partícula en recorrer cualquier cilindro de aceleración debe ser constante e igual 1/2 del periodo de la microonda. Pero como las partículas son aceleradas, su velocidad aumenta, por lo tanto, para cumplir con este requisito la longitud de los cilindros $L_1, L_2, L_3,....L_n$ es diferente, siendo L_1 más corto que L_2 y L_2 más corto que L_3, etc.

Los cilindros se conectan entre sí en forma mostrada en la figura 6.14. y se le aplica una diferencia de potencial sinusoidal. En un instante dado, la polaridad de los cilindros de aceleración identificados con números pares podrían ser positiva y los impares, negativas. En el semiciclo siguiente la polaridad se invierte.

COMPONENTES DEL ACELERADOR LINEAL

Los componentes principales en la cadena de generación y conformación del haz de radiación de un acelerador lineal son: el klystron o magnetrón, la guía de transporte de onda, el inyector, la guía de onda aceleradora, el deflector magnético, el blanco, los colimadores, el filtro aplanador, las cámaras de ionización y opcionalmente una variantes para la emisión de electrones. Otros componentes, como la mesa de tratamiento, la fuente de poder, el modulador de pulsos y los sistemas de enfriamiento, vacío y seguridad, también forman parte del sistema. Estos componentes, a excepción de la consola de control y el computador, se encuentran dentro de la sala de tratamiento. Los componentes que se encuentran en esta sala están distribuidos en el armario, el gantry y en la mesa de tratamiento.

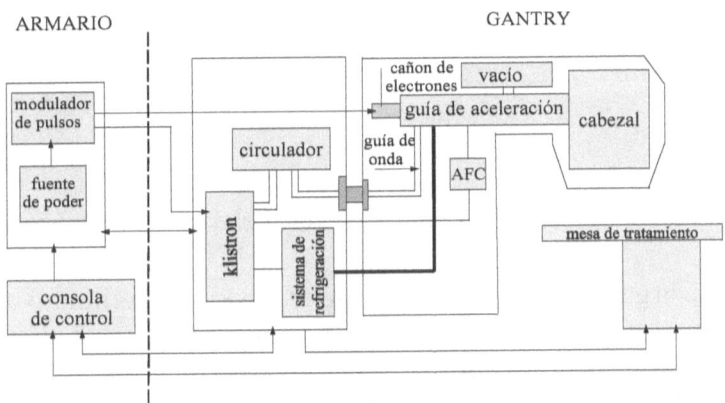

Fig.6.15. Esquema de un acelerador lineal de electrones con guía de aceleración horizontal

En el armario se halla la fuente de poder y el modulador. El modulador genera pulsos de alto voltaje utilizados para la sincronizar la señal producida por el klystron y el flujo de electrones que «viajan» en la guía de aceleración.

El klystron es utilizado para producir una onda portadora de alta potencia, la cual es acoplada por medio de la guía de trasporte a la guía de onda aceleradora.

En un extremo de la guía aceleradora se encuentra el inyector. El inyector está formado por un filamento incandescente que produce electrones los cuales son acelerados hacia el ánodo. Los electrones, antes de inyectarlos en la guía de onda, son acelerados por medio de una fuente de alto voltaje de unos 150 Kv, luego por medio de la rejilla de control, son sincronizados con la señal de microonda.

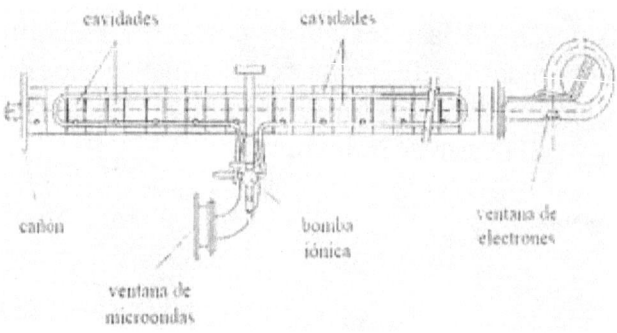

Fig.6.16. Corte de una guía de anda aceleradora y accesorios

En la guía aceleradora, el voltaje aplicado a cada cilindro oscila a la frecuencia de las microondas. Los electrones son inyectados formando pequeños «paquetes» en fase con el voltaje de microondas, de forma que el paquete es acelerado a lo largo de la guía.

EL CABEZAL

El cabezal (head) forma parte del gantry, que es la pieza que gira alrededor del paciente y de donde emerge el haz de radiación. Contiene los elementos necesarios para adaptar el haz al proceso terapéutico de irradiación. En el cabezal está el flexionador magnético, el blanco, la lámina dispersora, el filtro aplanador, las cámaras de ionización, los colimadores fijos y móviles, las cuñas y el sistema de luz de campo, todos incluidos en un blindaje de plomo o plomo-tungsteno de espesor suficiente para adecuarse a las normas de radioprotección.

Los electrones, al salir del flexionador magnético se encuentran con un blanco retráctil. Si el blanco se interpone en su trayectoria se producen fotones, en caso contrario se producen electrones de alta energía. Más adelante encuentran la lámina dispersora y el filtro aplanador montados sobre un carrusel que permite seleccionar uno u otro. La lamina dispersora es utilizada para la irradiación con electrones, en tanto que el filtro aplanador es utilizado para irradiar con fotones. A continuación, las radiaciones encuentran en su trayectoria las cámaras de ionización que miden la intensidad del haz, y por último, los colimadores y los dispositivos ópticos de distancia y simulación de campo.

Cuando se irradia con electrones el blanco se retrae, de manera que los electrones emergen de la guía aceleradora sin impedimento alguno, sólo se coloca en su trayectoria la lámina dispersora. Cuando se irradian fotones se interpone el blanco, de forma que los electrones al chocar con él, generan un haz de fotones. Para que el haz de fotones sea uniforme, se coloca en su trayectoria el filtro aplanador.

Colimadores: El cabezal contiene los colimadores los cuales tienen la función de delimitar el campo de radiación que emerge del equipo. El colimador primario, que es el primer dispositivo que atraviesa el haz después de tomar la orientación vertical. (figura 6.17a) y el colimador secundario, formado por dos pares de bloques o mandíbulas de plomo o tungsteno. Las mandíbulas se mueven abriendo y cerrando el campo de tratamiento, dándole una forma rectangular de hasta 40 cm x 40 cm a la distancia normalizada de 100 cm de la fuente de radiación. Si la colimación es asimétrica, las mandíbulas no se mueven por pares, sino en forma independientemente.

Para conformar el haz al área de tratamiento, el colimador puede incluir un colimador multilámina, formado por 50 a 160 láminas de material pesado. Este colimador, se caracteriza por número de láminas, su espesor, la superficie del campo útil y por el sistema de control de posicionamiento de las láminas. El campo útil podría ser de 20 cm x 20 cm y la velocidad de desplazamiento de las láminas unos 2 cm/s.

Cuando la irradiación es con electrones, como estos se dispersan fácilmente en aire, la colimación del haz debe hacerse cerca de la superficie de la piel del paciente. Para lo cual se mantienen los colimadores para fotones totalmente abiertos y se utilizan colimadores auxiliares para electrones, que consisten en un conjunto de conos o aplicadores de diferente tamaño.

Filtro aplanador: (flattening filter) La distribución del haz de fotones que emerge del blanco no es uniforme; se observa que la intensidad es mayor en el centro. Si el paciente fuera irradiado con esta distribución, las células ubicadas en el área central del campo recibirían una dosis mayor que las células circundantes. El filtro aplanador tiene por objeto reducir la intensidad en el centro del campo, de manera que todas las células incluidas en el campo de irradiación reciban la misma dosis. Se dice entonces que el perfil de dosis es uniforme o plano. El filtro aplanador generalmente esta hecho de plomo, tungsteno, uranio, acero, aluminio, o una combinación de estos materiales.

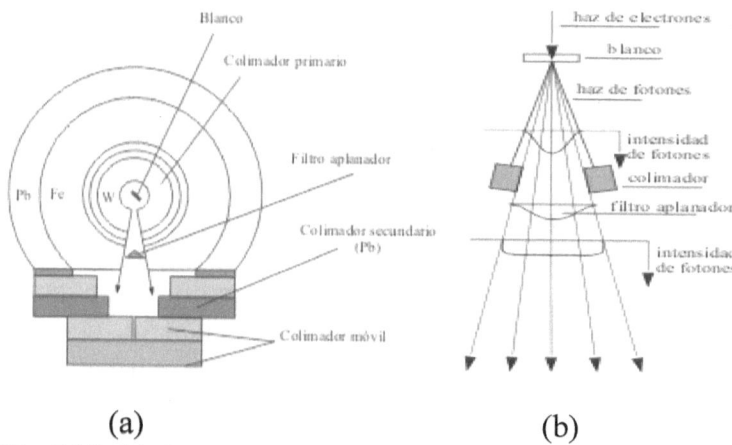

(a) (b)
Fig.6.17. (a) Geometría de un cabezal de un acelerador lineal y (b) efecto del filtro aplanador

La figura 6.17b muestra el efecto del filtro aplanador sobre la distribución de la energía de los fotones; los fotones que inciden en toda la superficie de irradiación son de energía similar.

Filtro a cuña: (Wedge filter) Es un dispositivo sólido en forma de cuña que se sitúa en el recorrido del haz de irradiación para disminuir progresivamente la intensidad del haz en una región del campo.

Cámara de ionización: El haz de irradiación, ya sea de fotones o de electrones, incide sobre varios monitores que miden la dosis a que somete el paciente. La función de estos monitores, formados por cámara de ionización, es medir la intensidad, la dosis integrada y la simetría del campo.

Una cámara, llamada primaria, detiene el tratamiento cuando el paciente ha recibido la cantidad de unidades de monitor programadas. La cámara secundaria es una cámara de seguridad que detiene la irradiación en caso que falle la primera. Dos cámaras adicionales controlan la dosis y la uniformidad del campo de irradiación y la interrumpen si se superan los límites prefijados.

SISTEMAS AUXILIARES

Para buen funcionamiento del equipo, el acelerador lineal cuenta con los siguientes sistemas auxiliares.

Sistemas de enfriamiento: El enfriamiento normalmente se obtiene haciendo circular agua u otro líquido refrigerante que regula la temperatura de los diversos dispositivos.

Sistema de aislamiento: Para evitar descargas eléctricas dentro de la guía de trasporte se emplea el hexafluoruro de azufre, SF6. Este gas es un excelente dieléctrico, inerte y no tóxico que se coloca donde existe alto voltaje. Su rigidez dieléctrica en mucho mayor que la del aire seco o el nitrógeno. El SF6, es uno de los gases más costosos utilizados en la industria, y que por razones ambientales y de costo, tiende a reciclarse.

Sistema de vacío: Dentro de la guía de onda de aceleración y en el sistema de deflexión de electrones debe mantenerse alto vacío. El vacío es necesario para evitar que se produzca interacción entre los electrones que forman el haz y los átomos o moléculas que pudieran existir debido a un vacío residual. Esta interacción, dispersa el haz y produce pérdida de energía en los electrones con la consiguiente limitación en su funcionamiento. El sistema de vacío suele contar con una bomba de extracción mecánica en serie con una bomba de difusión o turbomolecular, aunque pueden existir otras configuraciones.

Con las bombas, que deben permanecer en funcionamiento continuo, se puede alcanzar presiones del orden de 10^{-6} - 10^{-7} Torr. Para presiones menores, en el rango de ultra alto vacío, se utilizan bombas ionicas, cuyo principio de funcionamiento consiste en producir una descarga eléctrica que ioniza las moléculas de gas residual. Una vez ionizadas, con la ayuda de un campo eléctrico las moléculas son atraídas por un electrodo metálico que las absorbe. El material más empleado es el titanio.

Sistema de movimiento de cabezal: Comprende el mecanismo para la rotación precisa del gantry con los respectivos indicadores de posición.

Sistemas de seguridad: Durante el tratamiento, la seguridad del paciente es muy importante, por tal motivo los equipos de radioterapia disponen de sistemas de seguridad que se activan automáticamente y otros que son activados por el operador. Disponen, además, de sistemas de verificación internos que evitan que el equipo emita radiaciones hasta tanto no se cumplan todos los requisitos prescritos por el médico y comprobado todos los sistemas de seguridad. Cuentan, además, con botones rojos de parada de emergencia normalmente situados en la pared y en el pie de mesa, con los cuales, ante cualquier situación anormal, puede interrumpirse la irradiación y los movimientos mecánicos. También disponen enclavamientos, que no permiten iniciar el tratamiento a menos que todos los mecanismos funcionen adecuadamente, o si la puerta de la sala de tratamiento no se encuentra bien cerrada.

Sistema de visualización del haz de radiación: Es un campo luminoso que se proyecta sobre la piel del paciente o del fantón. El campo luminoso simula el haz de radiación y le permite al personal médico ver y modificar, si es necesario, la forma del haz de radiación que incidirá sobre el paciente.

Telémetro: Es un sistema óptico utilizado para la determinar la distancia de la fuente hasta la piel del paciente o hasta la superficie de la mesa de tratamiento.

Sistema Láser: Tres láser de centrado de baja intensidad proyectan un sistema de coordenadas perfectamente alineados con el isocentro de la unidad de radioterapia. La luz emitida por los láser puede observarse claramente sobre la piel del paciente y es empleada como guía para asegurar que su posición sea exactamente la misma en cada sesión.

Mesa de tratamiento: (Treatment couch) Es una mesa móvil isocéntrica de fibra de carbono sobre la que se coloca el paciente para que reciba radioterapia externa. Un control remoto permite moverla con movimientos muy precisos en cualquier dirección, incluso rotarla respecto al isocentro. Sobre la mesa se encuentran los mecanismos de inmovilización y bajo la mesa se encuentra un porta chasis donde se colocan las placas radiográficas o el flat-panel. Con ellos se obtienen imágenes para la documentación de los campos de tratamiento y de las referencias anatómicas.

Detector de radiación: Es utilizado para medir el nivel de radiación en el interior de la sala de tratamiento. Emite una señal acústica y visual si los niveles máximos permitidos son excedidos. Su escala puede leerse desde el exterior.

Consola de control: La consola de control, situada fuera de la sala de tratamiento, se utiliza para seleccionar el modo de funcionamiento y para definir las condiciones de irradiación de la unidad de radioterapia. La componen un computador, un teclado, un ratón, la unidad de disco, un monitor gráfico a color, un impresora y los monitores del circuito cerrado de TV. Cuando todos los enclaves de seguridad están satisfechos, el radioterapeuta puede encender el acelerador sólo desde la consola de control. Por tal motivo, el riesgo a la exposición accidental es improbable, de hecho, se permite a las mujeres embarazadas operar la unidad de radioterapia.

Sistemas de vigilancia: Durante el tratamiento, el radioterapeuta vigila constantemente al paciente a través de un circuito cerrado de TV y controla la dosis que se le está entregando. Además, si fuera necesario, el paciente puede comunicarse con el terapeuta por medio de un intercomunicador.

Sistema de extinción de incendios: Los posibles incendios en la sala de tratamiento se controlan por medio de disparadores automáticos de gases extintores de halón o inergén. El halón, por su baja toxicidad y por no provocar daños ni dejar residuos sobre los equipos eléctricos, fue un producto muy eficaz para combatir el fuego. Sin embargo, su empleo está prohibido en la mayoría de los paises debido a sus efectos extremadamente perniciosos para la capa de ozono. Fue sustituido por el gas inergén, un gas diseñado para la extinción de fuego eléctrico en ambientes cerrados.

SALA DE TRATAMIENTO O BUNKER

Por razones de seguridad radiológica, el acelerador lineal debe esta alojado en un recinto llamado sala de tratamiento o bunker. El bunker, está formado por un habitáculo central al que se tiene acceso a través de una sola entrada y a través de un laberinto simple o doble, con un muro común y otro externo.

El bunker es una obra civil de gran envergadura destinada a evitar que las radiaciones indeseadas provenientes de acelerador lineal alcancen al personal, pacientes y el público en general. La superficie de la planta es de unos 100 metros cuadrados con altura de 4,5 metros y su costo es de alrededor del millón de dólares.

El espesor de las paredes y techo, y la consistencia de los materiales utilizados en la fabricación del bunker se cuantifican para que las fugas de las radiaciones se mantengan dentro de los límites establecidos por las normas de radioprotección. Las fugas de las radiaciones deben ser inferiores a los límites permitidos para cualquier posición que toma el gantry durante los tratamientos.

En los lugares de la pared donde el haz de radiación puede incidir directamente, el espesor de la pared debe ser mayor que en aquellos lugares sólo expuestos a radiaciones dispersas.

Se denomina *barrera primaria* la que se construye donde las radiaciones inciden directamente y *barrera secundaria* aquella que sólo recibe radiaciones dispersas.

El espesor de la barrera primaria debe ser suficiente para absorber la más alta energía que el acelerador lineal pueda generar. Para una energía de 6 MeV, un espesor de concreto de 1,80 metros es suficiente. Este espesor puede reducirse si se emplean materiales más absorbentes, como metales u hormigón baritado, cuya densidad es mayor que la del hormigón estándard. La barrera secundaria está diseñada para absorber la radiación dispersa. Se considera que la mitad del espesor de la barrera primaria es suficiente para absorber este tipo de radiación, es decir 0,90 metros de concreto que debe extenderse también en el techo del bunker. La figura 6.19. muestra un bunker con laberinto simple y la posición de la barrera primaria respecto al acelerador lineal.

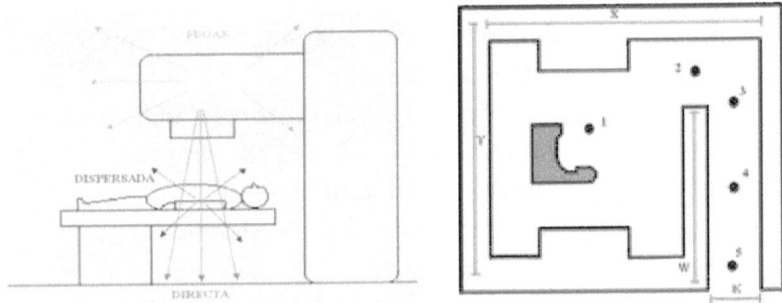

Fig.6.19. Radiaciones dispersas y fugas y un tipo de bunker para el acelerador lineal

La radiación secundaria esta formada por una mezcla de fotones provenientes de la fuga del cabezal, fotones dispersados por el paciente, por los detectores y por las paredes del bunker y los fotones generados por los electrones de alta energía al chocar con cualquier material distinto del blanco.

Los fotones dispersos dentro del bunker podrían «salir por la puerta», a menos que a esta la oculte un laberinto. La presencia del laberinto hace que los fotones dispersos deban interactuar varias veces con las paredes antes de alcanzar la puerta, con lo cual se reduce significativamente la radiación que pueda «escapar». A pasar de esta precaución, en la entrada del laberinto se coloca una puerta blindada que sella completamente la sala de tratamiento.

El cierre de la puerta blindada está controlado por células fotoeléctricas y sistemas de seguridad que evitan que se inicie el proceso de irradiación a menos que la puerta esté perfectamente cerrada.

REFERENCIAS

1.- www.monografias.com › Ingenieria
2.- Linear Accelerator for Radiation Therapy, Second Edition, David Greene and P.C. Williams, Amazon.com
3.- https://anuncioslicit.carm.es/pls/contra/.../MIG_125200809t.doc?fichero
4.- Siewerdsen JH, Jaffray DA. Cone-beam computed tomography with a flat-panel imager: Magnitude and effects of x-ray scatter. Med Phys 2001
5.- www.cun.es/areadesalud/.../cancer/radioterapia/)http://6.
6.- es.wikipedia.org/wiki/Radioterapia
7.- sciencerad.blogspot.com/2009/08/colimadores.html
8.- www.scielo.isciii.es/scielo.php?pid=S0378...script...
9.- www.RadiologyInfo.org/sp/info.cfm?pg=igrt
10. www.RadiologyInfo.org/sp/info.cfm?pg=stereotactic
11.-pt.wikilingue.com/es/Braquiterapia
(es.oncolink.org › ... › Terapia con Protón › Recursos
12.-www.worldlingo.com/ma/enwiki/es/Bragg_peak
13.-www.cancer.gov/espanol/.../tratamiento-adioterapia
scielo.isciii.es/scielo.php?pid=S1137...script=sci_arttext
14.-www.radiologyinfo.org/sp/info.cfm?pg=imrt
15.-es.wikipedia.org/.../Radioterapia_con_Intensidad_Modulada
16.-www.vidtcm.com.ar/imrt.asp
17.-www.radioterapia.com.ve/.../Radioterapia/RadioterapiaconintensidadmoduladaIMRT.aspx
18.-www.aeesa.com.mx/sinergy.html
18.-www.worldlingo.com/ma/enwiki/es/Klystron
19.-http://es.wikipedia.org/wiki/Acelerador_lineal
20.-http://es.wikipedia.org/wiki/Acelerador_de_part%C3%ADculas
21.-www.solociencia.com/.../05052505.htm
22.-eltamiz.com/.../¿como-funciona-un-acelerador-de-particulas-aceleracion/
23.-www.cadime.com.ar/documentos/capitulo10.pdf
24.-en.wikipedia.org/wiki/External_beam_radiotherapy

25.-www.fuesmen.edu.ar/paginas/index/inicio-rtx
26.-www.cancer.gov/espanol/tipos/necesita.../page15
27.-axxon.com.ar/zap/285/c-Zapping0285.htm
28.-www.libredecancer.com/.../acelerador-lineal.php
29.-RF Linear Accelerators, Thomas P. Wangler, Wiley-VCH,2008, ISBN 978-3-527-40680-7
30.-www.scribd.com/.../Aplicaciones-Medicas-de-las-Radiaciones-Ionizantes
31.-www.uned.es/portal/posgrados/215301_ 2009.pdf
32.-http://radonc.wikidot.com/linear-accelerator
33.-es.wikipedia.org/wiki/Acelerador_lineal
34.-books.google.co.ve/books?isbn=3527406808
35.-www.sc.ehu.es/.../lineal/lineal.htm
36.-gustaf Ising, linear accelerator
37.-scielo.isciii.es/scielo.php?pid=S1137...script=sci_arttext
38.-www.RadiologyInfo.org/sp/info.cfm?pg=imrt
39.-www.aeesa.com.mx/sinergy.html
40.-en.wikipedia.org/wiki/External_beam_ radiotherapy
41.- www.radonic-cri.com/acelerador.shtml
42.-dea.unsj.edu.ar/mednuclear/CAP10.PDF
43.-www.vidtcm.com.ar/acelerador_lineal_electrones.asp
44.-www.libredecancer.com/.../radioterapia-guia.php
45.-es.wikipedia.org/wiki/Tomoterapia
46.-www.isciii.es/htdocs/investigacion/.../ SINTESIS_Tomoterapia.pdf
47.-www.juntadeandalucia.es/.../ AETSA_2009_1_Tomoterapia.pdf
48.-recyt.fecyt.es/index.php/ASSN/article/viewFile/7247/5756
49.-www.radiologyinfo.org/sp/info.cfm?pg
50.-www.medigraphic.com/pdfs/gaceta/gm-2005/gm055d.pdf
51.-www.cancer.gov/espanol/.../tratamiento-radioterapia
52.-www.fleni.org.ar/.../atencion_departamentos.php?...
53.-www.radiologyinfo.org/sp/info.cfm?pg=protonthera
54.-www.scielo.org.mx/scielo.php?...sci...
55.-www.neurotarget.com/osvaldo_betti.html
56.-www.saludymedicinas.com.mx/.../estereotaxia.../4

57.-www.radiologyinfo.org/sp/info.cfm?pg=ebt
58.-www.geosalud.com/.../radioterapia/efectos.htm
59.-www.cancer.gov/
60.-Física Nuclear, W.E.Burcham, Editorial Reverté, isbn 842914031X)
61.-http://es.wikipedia.org/wiki/Acelerador lineal
62.-es.wikipedia.org/wiki/Acelerador_de_partículas
63.-es.wikipedia.org/wiki/Acelerador_lineal
64.-www.cab.cnea.gov.ar/.../aceleradores/ m_aceleradores_fiii.html
65.-www.madrimasd.org/.../aceleradorlineal.htm
66.-www.cienciasdelasalud.edu.ar/.../radioterapia.html
67.-tecnicoderadioterapia.blogspot.com/.../unidades-de-tratamiento-de-teleterapia.html.
68.-www.foroiberam.org/view/download/ARGENTINA/ foro94.pdf
69.-www.telecable.es/personales/pgali1/rt4.pdf
70.-www.slideshare.net/pitrineca/clase-9-1030741
71.-en.wikipedia.org/wiki/Sulfur_hexafluoride
72.-www.haskel.com.au/02_products/energy.htm
73.-www.lhc-closer.es/php/index.php?i=2&s=4&p=15
74.-bibliotecadigital.ilce.edu.mx/sites/.../sec_8.h
75.-www.levante-emv.com/.../bomba-cobalto.../292967.html
76.-www.medicalrp.com/nuevavision.htm
77.-dea.unsj.edu.ar/mednuclear/CAP10.PDF) pagina 184
78.- www.radiologyinfo.org/sp/info.cfm?pg=brachy
79.- http://es.wikipedia.org/w/ index.php?title=Bomba_de_cobalto&oldid=48696345
80.-web.educastur.princast.es/.../vermensajebbb.asp?...
81.-es.oncolink.org
82.-www.ferato.com/wiki/index.php/Radioterapia
83.-www.abc.es › Hemeroteca › 19/01/2009
84.-http://www.accuray.com.
85.-www.clinicalafloresta.com/uni-radiocirugia.html
86.-(www.uv.es/jaguilar/elementos/co.html)
87.-www.revistaesalud.com/index.php/.../article/.../378
88.- es.wikipedia.org/wiki/Cobalto

89.- www.radiologyinfo.org/sp/info.cfm?pg=ebt
90.- www.cancer.org/.../Radioterapia/.../principios-de-la-radioterapia-how..
91.- web.usal.es/lcal/Braquiterapia.doc
92.- ozradonc.wikidot.com/the-linac-bunker
93.- www.tuotromedico.com/temas/metastasis.htm

OTROS TITULOS DEL AUTOR

INSTRUMENTACION BIOMEDICA
Alvaro Tucci R.

Con esta obra, contenida en once capítulos y 370 páginas, el autor pretende ocupar el espacio entre la ingeniería electrónica y la instrumentación médica. Para llenar las expectativas de ambas disciplinas, está escrito en forma sencilla evitando el uso de términos matemáticos o muy especializados. En los primeros capítulos se trata de conectar ingenieros y técnicos con las ciencias médico-biológicas, en el resto, se describen algunos equipos empleados en hospitales y clínicas. Los principales temas son:

Cap.1- Evolución de la medicina y de los instumentos médicos.
Cap.2- El impulso nervioso, origen de los biopotenciales.
Cap.3- El sitema nervioso, la neurona y el sistema neuromuscular.
Cap.4- El sistema circulatorio.
Cap.5- Señales bioeléctricas y electrodos.
Cap.6- Amplificación y filtrado de biopotenciales.
Cap.7- Origen del electrocardiograma y sus derivaciones.
Cap.8- El electrocardiografo y el electrocardiograma.
Cap.9-Ultrasonidos y ecosonografía, modo A,B, tiempo real y Doppler.
Cap.10- Electrocirugía, electrobisturí.
Cap.11- Cirugía láser, dispositivos quirúrgicos
Apéndice 1- Seguridad eléctrica hospitalaria.
Apéndice 2. Términos médicos.

OBTENCION DE IMAGENES MEDICAS
Alvaro Tucci R.

El diagnóstico por imagen es un procedimiento no invasivo, rápido, limpio y seguro. Utiliza un conjunto de técnicas que producen imágenes de las estructuras internas y del funcionamiento del cuerpo humano. Ayudan a detectar posibles anomalías y aportan valiosos detalles para que el médico pueda llegar al diagnóstico acertado y documentado. Por estos motivos, la mayoría de las prácticas médicas modernas están asociadas a la imagenología.

Este libro expone en forma sencilla y amigable una versión general de los principios físicos y fisiológicos de la forma cómo los equipos médicos producen imágenes. Podría ser considerado como el primer contacto con estas tecnologías para el personal médico, ingenieros, técnicos, estudiantes y público en general. Los principales temas abordados en los seis capítulos y los 300 páginas son:

Cap.1- Nauraleza y producción de rayos X, fluoroscopia, angiografía, mamografía, radiología digital.

Cap.2- Tomografía computada, tipos, adquisición de datos y estudio tomográfico.

Cap.3- Ultrasonografía, generación, técnicas de exploración, doppler, elestografpia, litotricia

Cap.4- Endoscopia, ultrasonografía endoscopica, endoscopia por cápsula.

Cap.5- Medicina nuclear, radiactividad, cámara gamma, SPETC, PET, efectos biológicos de las radiaciones.

Cap.6.- Resonancia magnética, obtención de imágenes, angiografía, resonancia magnética funcional.

www.ingramcontent.com/pod-product-compliance
Lightning Source LLC
Chambersburg PA
CBHW020730180526
45163CB00001B/177